高职高专"十三五"规划教材

电子产品检验技术

(第二版)

丁向荣 刘 政 饶瑞福 编著

化学工业出版社

·北京·

本书涉及电子产品质量与产品标准、电子产品检验，包括电子元器件的进料检验、电子产品生产过程检验以及电子产品开发的型式检验等。本书共分为标准及标准化、电子产品检验基础、电子产品开发过程的检验、电子产品的进料检验、电子产品生产过程检验、电子产品的可靠性验证、电子产品的性能测试以及电子产品检验结果的分析与处理。

本书依照电子产品本身的产品实现来编排，从产品开发过程、生产采购过程、产品生产过程、成品验收等相关检验技术、检验要求、检验方法等内容。

本书可作为高职高专及中职学校电子技术类专业“电子产品检验技术”课程的教材，也可作为电子产品检验人员的培训教材。

图书在版编目（CIP）数据

电子产品检验技术/丁向荣，刘政，饶瑞福编著.
2版.—北京：化学工业出版社，2017.5（2025.5重印）
高职高专“十三五”规划教材
ISBN 978-7-122-29453-1

Ⅰ.①电… Ⅱ.①丁…②刘…③饶… Ⅲ.①电子产品-检验-高等职业教育-教材 Ⅳ.①TN06

中国版本图书馆CIP数据核字（2017）第071278号

责任编辑：王听讲　　装帧设计：韩　飞
责任校对：边　涛

出版发行：化学工业出版社（北京市东城区青年湖南街13号　邮政编码100011）
印　　装：北京盛通数码印刷有限公司
787mm×1092mm　1/16　印张13　字数328千字　　2025年5月北京第2版第8次印刷

购书咨询：010-64518888　　售后服务：010-64518899
网　　址：http://www.cip.com.cn
凡购买本书，如有缺损质量问题，本社销售中心负责调换。

定　　价：39.00元

前　言

电子产品的生产不同于机械产品的加工。机械加工可以说是一种刚性生产，只要有一点点偏差，产品缺陷就可以立刻体现出来，产品合格不合格一目了然。相对而言，电子产品的生产可以说是一种软性生产，比如说电子焊接，即使电路中存在虚焊、假焊，如不经过系统的测试，往往一时还察觉不出来，产品的功能也正常；但经过运输，或使用环境的变化，或时间的迁移，诸多隐患就会显现出来了。比如焊接质量的好坏，一时难以体现出其对产品质量的影响，因此许多生产厂家只对工人做简单培训就让工人上岗焊接。在产品质量管理的环节上，生产管理者更多注重产品的功能测试，而忽视电子产品的性能测试。

随着经济全球化进程的推进，电子产品的竞争更加激烈，电子产品生产管理者的产品质量意识也越来越强，电子产品检验已越发受到生产管理者的重视，具有系统的电子产品检验知识的技术人才捉襟见肘。目前图书市场尚缺少系统介绍电子产品检验方面的书籍，也正基于此，我们编写了本教材。

本教材是集一线工程师的生产实践与长期从事教学教师的教学实践于一体，具有较强的生产实用性而又易于教学。在内容的组织编排上，以产品实现过程为主线，安排了产品开发过程、生产采购过程、产品生产过程、成品验收等相关检验技术、检验要求、检验方法等内容，具有非常强的实操指导意义。在内容上贴近生产实际，突出实用性，强化产品标准的概念，强化了电子产品检验对于电子产品质量的重要性，较详细地阐述了电子产品检验的检验依据、检验过程与检验方法，并引入当今流行的 PDCA 全面质量管理方法。

本教材共分为 8 章，主要内容包括：标准及标准化、电子产品检验基础、电子产品开发过程的检验、电子产品的进料检验、电子产品生产过程检验、电子产品的可靠性验证、电子产品的性能测试以及电子产品检验结果的分析与处理。

本次修订根据现代生产实际，进一步优化与充实了各章节内容。此外，在各章的开始部分增加了学习要点，有助于读者对本章内容的宏观理解；优化了各章的习题形式与习题内容，能更好地引导读者对各章内容的理解和知识的拓展。

我们将为使用本书的教师免费提供电子教案，需要者可以到化学工业出版社教学资源网站 http://www.cipedu.com.cn 免费下载使用。

本教材编写过程中得到许多企业一线电子产品检验工程师或技术员的大力支持和帮助，在此一并表示衷心的感谢！

由于编著者水平有限，书中可能有疏漏和不周之处，敬请读者不吝指正。

编著者

2017 年 5 月

目 录

第1章 标准及标准化

【学习要点】

• ISO 9001目的在于建立一套共同的品质管理系统，以作为各国不同的品质管理系统的标准，减少因使用不同的标准而产生品质上的差异，特别是在这个追求品质的年代，若产品缺乏优良的品质，不但无法与市场竞争，甚至连生存的机会都会受到影响。

• 产品检验标准化的含义、分类、分级与体系，产品类别上、时间上、地域上之差异性与相同性。

• 生产体系执行ISO国际9000系列国际质量标准，将提升质量规范与要求，是品质标准的最终目标。

• 全面质量管理与ISO国际9000系列国际质量标准的共同点与差异点。

• 品质系统管理文件的全面性，有利于生产检验的实施。

1.1 标准

1.1.1 标准和标准化的基本概念

1.1.1.1 标准的概念

(1) 中国标准的定义　标准是指为了在一定范围内获得最佳秩序，经协商一致制定并由公认机构批准，以特定的形式发布，作为共同使用的和重复使用的一种信息化文件。即标准宜以科学、技术和经验的综合成果，以及经过验证正确的信息数据为基础，以促进最佳共同经济效率和经济效益为目的。

(2) 国际标准的定义　标准是由一个公认的机构制定和批准的文件，它对活动或活动的结果规定了规则、导则或特殊值，供共同和反复使用，以实现在预定领域内最佳秩序的效果。

因此，无论是中国标准还是国际标准，标准都是指衡量事物的准则，即本身是符合某种准则，可供同类事物比较核对的依据。主要可以从以下几个方面来理解标准的含义。

① 标准的本质属性是一种“统一规定”。这种统一规定是作为有关各方“共同遵守的准则和依据”。根据《中华人民共和国标准化法》规定，我国标准分为强制性标准和推荐性标准两类。强制性标准必须严格执行，做到全国统一。推荐性标准国家鼓励企业自愿采用。但推荐性标准如经协商，并被纳入经济合同或企业向用户做出明确承诺时，有关各方则必须执行，做到统一。

② 标准制定的对象是重复性事物和概念。这里讲的“重复性”指的是同一事物或概念反复多次出现的性质。例如批量生产的产品在生产过程中的重复投入，重复加工，重复检验等；同一类技术管理活动中反复出现并被反复利用的同一概念的术语、符号、代号等。只有当事物或概念具有重复出现的特性并处于相对稳定时才有制定标准的可能或必要，使标准作为今后实践的依据，以最大限度地减少不必要的重复劳动，又能扩大“标准”重复利用范围。

③ 标准产生的客观基础是"科学、技术和实践经验的综合成果"。这就是说标准既是科学技术成果，又是实践经验的总结，并且这些成果和经验都是经过分析、比较、综合和验证基础上，加之规范化，只有这样制定出来的标准才能具有科学性。

④ 制定标准过程要"经有关方面协商一致"，就是制定标准要发扬技术民主，与有关方面协商一致，做到"三稿定标"即征求意见稿→送审稿→报批稿。如制定产品标准不仅要有生产部门参加，还应当有用户、科研、检验等部门参加共同讨论研究、协商一致，这样制定出来的标准才具有权威性、科学性和实用性。

⑤ 标准文件有其自己一套特定格式和制定颁布的程序。标准的编写、印刷、幅面格式和编号、发布的统一，既可保证标准的质量，又便于资料管理，体现了标准文件的严肃性。所以，标准必须"由主管机构批准，以特定形式发布"。标准从制定到批准发布的一整套工作程序和审批制度，是使标准本身具有法规特性的表现。

⑥ 标准一般有一定的年限如 5 年，过了年限后需要被修订或重新制定。此外随着社会的发展，国家需要制定新的标准来满足人们生产、生活的需要，因此，标准是种动态信息。

1.1.1.2 标准化的概念

标准化就是为在一定的范围内获得最佳秩序，对实际的或潜在的问题制定共同的和重复使用的规则活动。

① 上述活动主要是包括制定、颁布及实施标准的过程；

② 标准化的主要意义是改进产品、过程和服务的适应性，防止贸易壁垒，并促进技术合作。

因此，标准化包括三个主要方面的内容：

① 标准化是一项完整的活动，是一个过程。它包括制定标准、发布标准、贯彻实施标准，对标准的实施进行监督检查，并根据贯彻中产生的问题，进一步修订完善标准。

② 标准是贯穿于标准化全过程的信息资源。标准化对象的选择要根据实际的需求和潜在的需求来确定。

③ 标准化的目的是取得社会效益和经济效益，其体现形式是改进产品、过程和服务的适用性，防止贸易壁垒，促进技术合作。

1.1.1.3 标准化的意义

我国现行的标准分为国家标准、行业标准、地方标准和经备案的企业标准。凡有国家标准、行业标准的，必须符合相应的国家标准、行业标准；没有国家标准、行业标准的，允许适用其他标准，但必须符合保障人体健康及人身、财产安全的要求。同时，对不符合国家标准、行业标准的产品，不符合保障人体健康和人身、财产安全标准和要求的工业产品，禁止生产和销售。

(1) 标准化与企业生产经营的关系　企业是商品的生产者和经营者，企业与标准化有着十分密切的关系。企业生产的产品必须按标准生产，对产品检验要遵守统一的检验方法，要有统一的包装、运输方式。可以这样说，没有标准，企业就无法组织好生产，生产的产品也无法更快更好地进入市场，也就不可能获取更多更好的经济效益；同时，违反强制性标准的企业，还要受到处罚。

(2) 标准化与消费者的直接关系　在科学技术、经济建设和社会生活中，我们都离不开标准，标准是制定产品质量的依据。人们经常接触的食品、饮料、服装、鞋帽、电冰箱、收录机、种子、农药、化肥以及信息产业、高科技产品等，都有标准问题。标准化实施后，消费者的切身利益就有了法律保障。

(3) 入世后标准化的重要性 随着我国成为世界贸易组织（WTO）的正式成员，标准化工作的重要性日益凸现，主要体现在以下几个方面：

① 标准化工作是我国社会主义市场经济体制逐步完善的必要支撑条件，标准是规范市场商品和整顿市场经济秩序的重要依据；

② 实现我国经济结构的战略性调整，实现科技创新和产业升级，必须有相应的高水平的标准支撑；

③ 标准化是打破国际贸易技术壁垒，适度保护国内市场和产业的重要手段。

(4) 标准的形成 中国国家标准制定程序划分为以下阶段：预备阶段、立项阶段、起草阶段、征求意见阶段、审查阶段、批准阶段、出版阶段、复审阶段、废止阶段。

1.1.2 标准的分类

1.1.2.1 按使用范围来划分

包括：国际标准、区域标准、国家标准、行业标准及企业标准等。

(1) 国际标准由国际标准化组织（ISO）和国际电工委员会（IEC）所制定的标准，以及由 ISO 理事会确认并公布的其他国际组织制定的标准。这里所说的其他国际组织包括国际计量局（BIPM）、世界知识产权组织（WIPO/OMPI）、世界卫生组织（WHO/OMS）等。如国际标准化组织 ISO 和国际电工委员会 IEC 关于静止图像的编码标准 JPEG、国际电信联盟 ITU-T 关于电视电话/会议电视的视频编码标准 H.261，H.263 和 ISO/IEC 关于活动图像的编码标准 MPEG-1、MPEG-2 和 MPEG-4 等。

(2) 区域标准由区域国际组织所制定的标准，在区域内颁布并使用，最典型的如 RoHS 标准，专门针对在欧盟区域内执行的标准。

(3) 国家标准：在中国由国务院标准化行政主管部门制定，中国国家标准化管理委员会（中华人民共和国国家标准化管理局）即为国务院标准化行政主管部门，是国务院授权的履行行政管理职能、统一管理全国标准化工作的主管机构，它受国家质检总局管理。

(4) 行业标准：由国务院有关行政主管部门制定，不同的行政主管部门会制定自己相关的行业标准，经国家标准管理委员会批准后发布实施。

(5) 企业标准：企业生产的产品没有国家标准和行业标准的，应当制定企业标准，作为组织生产的依据，并报有关部门备案。

1.1.2.2 按内容划分

包括基础标准、产品标准、辅助产品标准、原材料标准、方法标准等。

(1) 基础标准：在一定范围内作为其他标准的基础并普遍使用，具有广泛指导意义的标准，称为基础标准。基础标准按性质和作用的不同，一般分为以下几种：①概念、术语和符号标准；②精度和要素标准；③实现系列化和保证配套关系的标准；④结构要素标准；⑤产品质量保证和环境条件标准；⑥安全、卫生和环境保护标准；⑦管理标准；⑧量和单位。

(2) 产品标准：对产品结构、规格、质量和检验方法所做的技术规定，称为产品标准。产品标准按其适用范围，分别由国家、部门和企业制定；它是一定时期和一定范围内具有约束力的产品技术准则，是产品生产、质量检验、选购验收、使用维护和洽谈贸易的技术依据。《中华人民共和国产品质量法》第 12 条规定，产品质量应当检验合格。所谓合格，是指产品的质量状况符合标准中规定的具体指标。

(3) 辅助产品标准：作为产品标准的辅助检测用的标准工具、标准模具、标准量具、标准夹具等。

(4) 原材料标准：对原材料结构、规格、质量和检验方法所做的技术规定，称为原材料标准。

(5) 方法标准：规定相关标准检验方法的具体操作步骤和说明，包括工艺要求、过程、要素、工艺说明等。

1.1.2.3 按成熟程序来划分

包括法定标准、推荐性国标、试行标准、标准草案等。

(1) 法定标准又叫强制标准（GB），强制性国标是保障人体健康、人身、财产安全的标准和法律及行政法规规定强制执行的国家标准；例如：《GB 2312—80 信息交换用汉字编码字符集 基本集》、《GB 3100—1993 EQV ISO 1000：1992 国际单位制及其应用》等。

(2) 推荐性国标（GB/T）是指生产、交换、使用等方面，通过经济手段或市场调节而自愿采用的国家标准。但推荐性国标一经接受并采用，或各方商定同意纳入经济合同中，就成为各方必须共同遵守的技术依据，具有法律上的约束性。如《中华人民共和国行政区划代码》（GB/T 2260—2013）等。

(3) 试行标准一般是针对新电子产品，不排除标准有缺陷，在试行期考察标准的合理性、可行性，以便标准正式发布时进行必要的修正，如《电子工业高纯水水质试行标准》。试行标准的产品也可以销售。

(4) 标准草案是指批准发布以前的标准征求意见稿、送审稿和报批稿，它是承担标准的单位或个人，根据任务书或工作计划起草的文稿。如《电气设备标志标准草案》。

1.1.3 标准的分级

《中华人民共和国标准化法》将我国标准分为国家标准、行业标准、地方标准、企业标准四级。

对需要在全国范围内统一的技术要求或规范，应当制定国家标准。国家标准包括：GB（国家标准）、JJF（国家计量技术规范）、JJG（国家计量检定规程）、GHZB（国家环境质量标准）、GWPB（国家污染物排放标准）、GWKB（国家污染物控制标准）、GBn（国家内部标准）、GBJ（工程建设国家标准）、GJB（国家军用标准）九大类。

对没有国家标准而又需要在全国某个行业范围内统一的技术要求或规范，可以由对应的行政主管部门制定行业标准。中国的行业标准主要包括：ZY 中医药行业标准 、YZ 邮政行业标准、YY 医药行业标准 、YS 有色冶金行业标准等，详细的行业标准及其编码请参见附录 A：“行业标准代号及其主管部门”一览表。

对没有国家标准和行业标准而又需要在省、自治区、直辖市范围内统一的工业产品的安全、卫生要求，可以制定地方标准。

企业生产的产品没有国家标准、行业标准和地方标准的，应当制定相应的企业标准。对已有国家标准、行业标准或地方标准的，鼓励企业制定严于国家标准、行业标准或地方标准要求的企业标准。另外，对于技术尚在发展中，需要有相应的标准文件引导其发展或具有标准化价值，尚不能制定为标准的项目，以及采用国际标准化组织、国际电工委员会及其他国际组织的技术报告的项目，可以制定国家标准化指导性技术文件。

1.1.4 标准体系和标准体系表

《中华人民共和国标准化法》将我国标准分为国家标准、行业标准、地方标准、企业标准四级，这四级标准也就形成了中国的标准体系。

1.1.4.1 国家技术标准体系的战略地位和作用

(1) 国家技术标准体系是提高国家竞争力的重要技术支撑 随着经济全球化、贸易自由化进程的加快以及国际标准在国际贸易中的地位的加强，技术标准以其具有的“透明度、开放性、公平性、协商一致和适应性”特征而成为推动产业技术和专利技术在全球范围内应用的重要工具，致使技术标准的竞争成为国际经济和科技竞争的焦点。据统计，在德国工业领域，通过专利技术和技术标准的协调和整合，使技术标准所产生的增加值，约占整个 GDP 增长率的 26%，仅次于通过资本投入所产生的增加值，而专利所产生的增加值仅为 3%。因此，产品尚未商业化前，有关技术标准之战就已如火如荼。在发达国家和地区确立的标准化战略中，都竭力将与本国产业相关的技术要求转化为“国际标准”作为其基本内容。

(2) 国家技术标准体系是推动科技进步和社会发展的重要保障 首先，技术标准体系是促进科技成果迅速转化为现实生产力的桥梁和催化剂。通过将科技成果置于标准之中来指导生产，促使科技成果迅速转化为新产品进而形成产业，加速产业结构优化升级，带动信息化、工业化的良性发展。对于拥有自主知识产权的科研成果可以形成专利，企业可以将其纳入企业标准，使拥有知识产权的产品生产标准化，提高产品的科技含量和企业效益。

其次，技术标准体系的发展推动着科技进步。随着市场准入标准的不断提高，可以引导相关方集中力量突破技术难关，加快生产技术的更新速度，缩短新产品试制周期和生产准备周期，加速产品的更新换代，从而推动科技进步。

(3) 国家技术标准体系是实现国家产业结构调整的有效手段 先进的技术标准体系将对社会产生良性的技术导向作用，引导资金流向和市场取向，有助于经济结构调整目标的实现。如通过提高标准的技术指标来提高市场准入门槛，可以使落后产品无法进入市场，促使落后的技术和装备被淘汰。因此，建立和健全国家技术标准体系，运用标准的手段，将有利于淘汰落后的产品、设备、技术和工艺，压缩过剩生产能力，推广先进技术，使国家产业统筹规划、突出重点、合理布局，从而实现国家产业结构的战略性调整。

(4) 国家技术标准体系是促进国际贸易与交流的有效措施 技术标准在现代国际贸易和国际技术合作与交流中的主要作用包括：推动作用、协调作用、保护作用和仲裁作用。技术标准体系通过对国际贸易的作用最终促进了国际贸易的发展。标准是随人类社会交流和贸易活动的产生而产生，随着交流的领域和范围的扩大而发展。正是因为有了标准，社会化生产、跨国经营、经济全球化才能形成。我国加入 WTO 后，一方面，在出口贸易中面对由发达国家制定和设置的以技术标准、技术法规、合格评定程序为基本内容的技术性贸易壁垒，这就必须在 WTO 框架内，充分借用技术标准手段，积极采用国际标准，积极参与和主导国际标准的制定工作，强化我国在国际标准化活动中的地位，促进我国出口贸易的发展；另一方面，适应于进口贸易的需要，应充分利用 WTO 有关协定的例外条款，结合国情，成体系地制定和完善一系列技术标准，以及建立快速检验检疫的手段，为我国的消费者的利益和比较优势的产业提供保障。

(5) 国家技术标准体系是规范市场经济秩序的重要技术依据 技术标准规定了产品质量及其性能、试验方法等的基本要求和具体指标，技术标准是产品合格与否的判据，是产品能否获得市场准入的关键。依据技术标准可以鉴别以次充好、假冒伪劣产品，保护消费者的利益、整顿和规范市场经济秩序、营造公平竞争市场环境。因此，系统完善、科学合理的国家标准体系是国家质量监督与管理部门评定产品质量、规范市场行为的重要依据，为建立和完善市场规则体系、法律法规体系和市场管理体系奠定基础，提供技术依据和支撑。

1.1.4.2 国家技术标准体系构建的问题与对策

(1) 国家标准中存在的主要问题

① 技术标准的市场适用性差 标准立项的动因不完全来自市场和企业，不能及时而充

分地反映市场的需求，由此造成了技术标准的市场适用性差，具体表现在：a. 标准的制定、修订严重滞后于科技、经济和社会的发展；b. 技术标准总体水平偏低；c. 存在标准之间不协调，甚至互相矛盾的现象。

② 标准制定、修订及服务的信息化程度低，不能适应社会各方需求：a. 标准的立项、起草、征求意见、审查等各个工作环节，基本上停留于纸介文件形式；b. 标准的批准、发布、修改、出版、发行等管理信息系统不健全，信息传递速度慢，网络不够畅通，数据更新周期长；c. 标准贯彻执行情况和标准需要修订的信息不能及时全面反馈；d. 标准的电子版本还未能全面推行，没有全国统一的标准文本数据库，远不能满足查询、检索的需要。

③ 标准化人才短缺和制定、修订标准经费严重不足　当今社会转型期间，我国标准化工作领域所需的专门人才在教育和培训方面存在薄弱环节。原有标准化工作人员知识老化、年龄偏大且外语水平普遍偏低；“青黄不接”的现象相当普遍，具有较高的综合素质并能够参加和担纲国际标准化活动的人才紧缺。

(2) 问题产生的深层原因

① 传统观念亟待更新　我国逐步探索和实行社会主义市场经济体制以来，标准的管理部门对标准和标准化工作在市场监管中能够发挥什么作用以及如何发挥作用缺乏必要的认识和足够的重视，特别是对在完善市场经济体制、加强法律法规体系建设、调整产业结构、规范市场秩序、促进科技创新、保障安全生产、实施环境保护和可持续发展、提高国际竞争力以及保护国家经济安全中的作用和重要性认识不足。

② 法律法规滞后《标准化法》发布于1988年，立法宗旨是“为了发展社会主义商品经济，促进技术进步，改进产品质量，提高社会经济效益，维护国家和人民的利益，使标准化工作适应社会主义现代化建设和发展对外经济关系的需要……”，由于当时我国还没有提出社会主义市场经济的概念，该法也就不可能反映市场经济的内在规律和要求，更不可能满足加入WTO后建立技术性贸易措施的要求。

③ 管理模式僵化　一是标准化多头管理，责任不清。由国家标准化行政主管部门和若干行业标准化主管部门批准发布的国家标准和行业标准，都是在全国范围内适用的，都是国家意志的体现，而这种多头管理的局面往往造成权力重叠、职责不清。

二是管理职责交叉，各方坚持本位利益。行业与行业、行业与地方、地方与地方的管理范围往往重叠、交叉，这种局面造成针对同一项标准化对象，行业标准与行业标准、行业标准和地方标准、地方标准与地方标准的具体内容经常产生矛盾和重复，使技术标准成为部门和地方利益保护的一种形式。

④ 运行机制落后　我国目前标准制定、修订主要环节，包括立项、征求意见、审查、发布、维护等都不能保证标准制定、修订工作的公平、公正、透明和协商一致。

⑤ 缺乏经费投入机制　从经费投入机制来看，美国、日本和欧盟都有固定的模式。政府投入、会员会费、资助费和标准发行及服务收入等，每年都有经费的预算和决算。我国政府投入较少，会费一般都由各标准委员会收取作为活动经费，资助费很少，而标准发行费用也基本上没有用于标准的再生产。因此，与发达国家相比，我国基本上还没有形成稳定的经费投入机制和预决算制度，主要靠有限的标准补助费支撑。

(3) 产生的重大影响　我国标准化工作存在的上述诸多问题对我国的产品出口、产业安全、结构调整和规范市场秩序、新型工业化目标的实现等都产生明显的影响。

①国内市场面临极大的冲击和威胁；②严重制约我国的产品出口；③影响着产业结构调

整和市场秩序完善；④影响了新型工业化目标的实现。

(4) 建设国家技术标准体系实现跨越式发展的对策

① 法律法规保障 完善的法律法规体系是国家技术标准体系建立和运行的必要条件。目前我国标准化工作存在的大量问题都集中体现在现行的标准化法已不能适应社会主义市场经济的需要，因此，修改《标准化法》等法律法规，在法律法规的保障下建立适应我国社会主义市场经济体制的标准化管理体制和运行机制已势在必行。

② 资金保障

a. 理顺投资渠道，实行全周期预算 在国家财政预算中设立技术标准专项资金，形成稳定的财政资金投入渠道，用于国家技术标准体系的建设和运行。对技术标准体系建设实行全周期预算，体系建设和体系运行等经费统筹考虑。对政府需要支持的标准，以标准研制经费代替标准补助费，确保政府投入的力度和有效性。

b. 鼓励多方投资，形成多元化投入格局 在充分发挥中央政府财政投入主导作用的同时，借鉴国际经验，建立和完善投融资激励机制，出台鼓励多方投资的相关政策，运用市场力量吸引社会团体、企业、个人以及国外投资者的资金投入。

c. 加强投入的科学决策、健全监督机制 按照严格的程序，在充分做好前期研究的基础上进行项目遴选和立项、建设等决策，强化专家委员会在投入决策中的作用。建立和完善技术标准建设与运行经费使用监督评估制度，强调评估程序的制度化，并根据评估结果决定后续资金的投入。

③ 人才保障

a. 建立技术标准人才使用与激励机制 建立健全有利于标准化事业发展的人才评价方法，吸引和稳定一支技术标准的研发队伍，充分发挥其积极性、主动性与创造性。

b. 加大人才的培养力度，提高队伍素质 将技术标准人才的培养计划，尤其是国际标准化人才的培养计划纳入各级各类人才培养计划中，并建立经常性、普遍性的人员培训制度，不断提高标准化人员的知识水平与综合素质。

④ 信息化保障 国家技术标准信息服务平台建设是一项将技术标准信息资源、信息加工、信息服务与网络技术进行总体整合的系统工程，通过连接各省市标准情报部门，成为全国范围共享的标准信息服务平台。

应将建设国家技术标准信息服务平台，纳入国家科技条件平台建设规划，统筹安排。

1.2 全面质量管理和 ISO 9000 系列国际质量标准

1.2.1 全面质量管理（TQM）

全面质量管理 Total Quality Management 的英文简称为 TQM，最早提出全面质量管理的是费根堡姆，他给全面质量管理所下的定义是：为了能够在最经济的水平上，并考虑到充分满足顾客要求的条件下进行市场研究、设计、制造和售后服务，把企业内各部门的研制质量，维持质量和提高质量的活动构成为一体的一种有效的体系。所以为满足顾客目前与未来的需求，组织机构运用公司所有资源，以改进组织机构本身所提供的产品与服务，以及组织机构内所有作业过程。所以，全面品质管理不仅是一种组织机构的经营理念，也是企业持续改善的基础与指导原则。换句话说，已涵盖了整个企业的经营理念、政策方针及改善工具。

全面品质管理的意义可分述如下。

① 全面：指所有部门、所有人员都参与品质改进，且都能为品质负责。

② 品质：是指活动过程、结果与服务都能符合标准及顾客的需求。

③ 管理：指有效达成品质目标的策略、方法与技术。一方面是为了有效达成成品质目标的全面性做法，强调事先审慎安排与设计，使所有部门、成员任何时候都致力于品质的改进；另一方面，全面品质管理系指应用量化方法与人力资源，以改进组织所提供的产品与服务，组织中的所有过程，以及满足顾客目前与未来的需要。

全面质量管理过程的全面性，决定了全面质量管理的内容应当包括设计过程、制造过程、辅助过程、使用过程等过程的质量。

1.2.1.1 设计过程质量管理的内容

产品设计过程的质量管理是全面质量管理的首要环节。这里所指设计过程，包括市场调查、产品设计、工艺准备、试制和鉴定等过程（即产品正式投产前的全部技术准备过程）。主要工作内容如下。

(1) 通过市场调查研究，根据用户要求、科技情报与企业的经营目标，制订产品质量目标。产品质量的设计目标，应来自于市场的需要（包括潜在的需要），应同用户的要求保持一致；应具有一定的先进性。在可能的条件下，尽量采用国际先进标准。

(2) 组织有销售、使用、科研、设计、工艺、制度和质管等部门参加的“三结合”审查和验证，确定适合的设计方案。不同的设计方案，反映着同一产品的不同的质量水平或设计等级。不同质量水平的产品，必将引起成本和价格上的不同。而任何产品的价格，通常总是有限度的，当价格超过一定限度，用户就会减少；为了提高产品质量水平（设计等级），成本的上升趋势几乎是无限的。因此选定一个适合的设计方案，从经济角度看，就有一个产品质量最佳水平的问题。

(3) 保证技术文件的质量。这里讲的技术文件包括设计图纸、产品配方、工艺规程和技术资料等，它们是设计过程的成果，是制造过程生产技术活动的依据，也是质量管理的依据。这就是要求技术文件本身也要保证质量。技术文件的质量要求是正确、完整、统一、清晰。为了保证技术文件的质量，技术文件的登记，保管，复制，发放，收回，修改和注销等工作，都应按规定的程序和制度办理；必须把技术文件的修改权集中起来，建立严格的修改审批和会签制度；应当建立技术的科学分类和保管制度；对交付使用的技术文件实行“借用制”和以旧换新。

(4) 做好标准化的审查工作。产品设计的标准化、通用化、系列化，不仅有利于减少零部件的种类，扩大生产批量，提高制造过程质量，保证产品质量；而且有利于设计工作量，大大简化生产技术准备工作。因此，做好标准化的审查，也应是设计过程质量管理的一项工作内容。

(5) 督促遵守设计试制的工作程序。搞好新产品设计试制，应当按照科学的设计试制程序进行。一般这种工作程序是：研究，试验，产品设计，样品试制试验和有关工艺准备，样品鉴定，定型，小批试制和有关工艺准备，小批鉴定，定工艺。企业应当在确保前一段工作完成和确认的情况下，再进行下一阶段。任意违反这种工作程序，搞跨越阶段的边设计，边试制，边生产的做法是十分有害的。

1.2.1.2 制造过程的质量管理的内容

制造过程是指对产品直接进行加工的过程。它是产品质量形成的基础，是企业质量管理的基本环节。它的基本任务是保证产品的制造质量，建立一个能够稳定生产合格品和优质品的生产系统。主要工作内容如下。

(1) 组织质量检验工作。要求严格把好各工序的质量关，保证按质量标准进行生产，防止不合格品转入下道工序和出产。它一般包括有原材料进厂检验，工序间检验和产品出厂检验。

(2) 组织和促进文明生产。组织和促进文明生产，是科学组织现代化生产，加强制造过程质量管理的重要条件。它要求：应按合理组织生产过程的客观规律，提高生产的节奏性，实现均衡生产；应有严明的工艺纪律，养成自觉遵守的习惯；在制品码放整齐，储运安全；设备整洁完好；工具存放井然有序；工作地布置合理，空气清新，照明良好，四周颜色明快和谐，噪声适度。

(3) 组织质量分析，掌握质量动态。分析应包括废品（或不合格品）分析和成品分析。分析废品，是为找出造成的原因和责任，发现和掌握产生废品的规律，以便采取措施，加以防止和消除。分析成品，是为了全面掌握产品达到质量标准的动态，以便改进和提高产品质量。质量分析，一般可以从规定的某些质量指标入手，逐步深入，这些指标有两类：一类是产品质量指标，如产品等级率，产品寿命等；另一类是工作质量指标，如废品率，不合格品率等。此外，重视人员的教育与训练，强调过程与结果兼顾，重视平常性及预防性的质量管理，在开始和过程之中都要检查质量，因此，为了达成前述目标，除了持续不断地对全体成员进行教育训练以外，还要强化追求“高质量”之观念，使之能发自内心地追求与改善质量。

(4) 组织工序的质量控制，建立管理点。工序质量控制是保证制造过程中产品质量稳定的重要手段。它要求在不合格品发生之前，就能予以发现和预报，并能及时地加以处理和控制，有效地减少和防止不合格品的产生。组织工序质量控制应当建立管理点。管理点是指在生产过程各工序进行全面分析的基础上，把在一定时期内，一定条件下，需要特别加强和控制的重点工序或重点部位，明确为质量管理的重点对象。对它应使用各种必要的手段和方法，加强管理。建立管理点的目的，是为了使制造过程的质量控制工作明确重点，有的放矢，使生产处于一定的作业标准的管理状态中，保证工序质量的稳定良好。

通常，下列情况之一的工序应作为管理点：①关键工序或关键部位，即影响产品主要性能和使用安全的工序或部位。②质量不稳定的工序。③出现不合格品较多的工序。④工艺本身有特殊要求的工序。⑤对以后工序加工或装配有重大影响的工序。⑥用户普遍反映或经过试验后，反馈的不良项目。

组织工序质量控制还应当严格贯彻执行工艺纪律，强调文明生产。在实践中，控制图等统计方法的采用是进行工序质量控制的常见方法。

1.2.1.3　辅助过程质量管理的内容

辅助过程，是指为保证制造过程正常进行而提供各种物资技术条件的过程。它包括物资采购供应，动力生产，设备维修，工具制造，仓库保管，运输服务等。制造过程的许多质量问题，往往同这些部门的工作质量有关。辅助过程质量管理的基本任务是提供优质服务和良好的物质技术条件，以保证和提高产品质量。它主要内容有：做好物资采购供应（包括外协准备）的质量管理，保证采购质量，严格入库物资的检查验收，按质、按量、按期地提供生产所需要的各种物资（包括原材料、辅助材料、燃料等）；组织好设备维修工作，保持设备良好的技术状态；做好工具制造和供应的质量管理工作等。企业物资采购的质量管理也将日益显得重要，因为，原材料、外购件的质量状况，明显地影响本企业的产品质量。特别是在电子行业，这种影响将对最终产品起到决定性的作用。在工业产品的成本中，一般原材料、零配件等所占的比重很大，机械产品一般占 50%，化工产品一般占到 60%，钢铁产品占到 70%。因此，外购原材料、零部件的价格高低，以及能否按时交货，也都会直接影响到本企业的经济效益。

所以，企业应当重视这一辅助过程的质量管理，物资采购质量管理的主要工作内容有：

① 制定采购政策；

② 确定货源，“货比三家”，择优选购；

③ 进行供应厂商的资格鉴定；

④ 与供应厂商协调规格要求；

⑤ 制订检验计划，选定抽样方案，进行入厂检验；

⑥ 建立与供应厂商的沟通联络制度；

⑦ 制定不合格品处理程序；

⑧ 对供应厂商进行质量评级等。

1.2.1.4 使用过程质量管理的内容

使用过程是考验产品实际质量的过程，它是企业内部质量管理的继续，也是全面质量管理的出发点和落脚点。这一过程质量管理的基本任务是提高服务质量（包括售前服务和售后服务），保证产品的实际使用效果，不断促使企业研究和改进产品质量。它主要的工作内容有：开展技术服务工作，处理出厂产品质量问题；调查产品使用效果和用户要求。

（1）开展技术服务工作。为了提高产品在市场上的竞争能力，国内外一些企业从过去的“货物出门，概不退换”变成了现在的“货物出门，服务到家”。为了突出服务质量，他们纷纷改变了一些说法，如过去说“我卖给你”，现在换成了“我为你生产”，甚至提出“一切为了用户，用户是上帝”的口号。这些说法虽然带有一定的夸张，但也说明他们对用户的意见，特别是对质量方面的意见是十分重视的。企业把用户是否满意，作为自己生存发展的决定因素。

（2）认真处理出厂产品质量问题。当用户对本企业产品质量提出异议时，不少企业不是推托，而是认真及时处理，这样既可以消除用户的不满情绪，又可以挽回由此产生的负面影响。对用户提出的产品质量问题，这些企业首先是热情对待，及时进行调查，如属于不会使用或使用不当所造成的，则耐心帮助用户掌握使用技术和操作要领；如属于制造原因造成的，则及时负责包修，包换或包退。由于制造原因造成的重大质量事故，往往是企业负责人亲自到现场调查了解，妥善处理；对造成严重经济损失的，企业还应主动负责经济赔偿。

（3）调查产品使用效果和用户要求。调查的目的在于了解和收集下列情况的资料：①出门的产品尽管经过检验合格，在实际使用中是否真正达到规定的质量标准。②产品在使用中虽然也达到质量标准，但是否实现了设计所预期的质量目标。③除了原先预期达到的质量目标外，使用中还有哪些要求是原先没有考虑到的。④随着生产的发展和人民生活质量的不断提高，预计用户今后可能提出哪些新的要求。

调查的方法可采用典型调查，也可采用普遍调查。调查形式有：①由企业领导带队有计划定期地进行用户访问，听取用户的意见和要求。②在产品说明书中，随附质量调查表，请用户填写寄回。③与专业维修部门建立经常联系，如家电维修部门，请他们提供本企业产品的质量情况和使用中的损坏规律。④与重点使用单位建立长期的使用记录。⑤在使用地进行。

1.2.2 ISO 9000 系列国际质量标准

国际标准组织（ISO：International Organization for Standardization）：是世界性联盟，主要拟定各种国家标准，其重点工作是促使品质管理系统能有效符合客户之要求。此外，

ISO 9000 标准具有一致性，在一定的时间内保持稳定；全面质量管理则不局限于“标准”的范围，不间断寻求改进机会，研究和创新工作方法，以实现更高的目标，此为两者最大的差异点。

1.2.2.1　质量和质量要求

质量是“反映实体满足规定和隐含需要能力的特性总和”，质量要求一般可以分为六类。

① 性能要求：主要是满足客户的使用功能要求。

② 适用性要求：主要是指满足客户的使用环境要求。

③ 可信性要求：主要是指满足客户的可靠性要求。

④ 安全性要求：主要是指满足客户使用的生命、健康及财务安全要求。

⑤ 经济性要求：主要是指满足客户的成本控制要求。

⑥ 外观和美观方面要求：主要是指满足客户的审美观要求。

1.2.2.2　质量管理和国际标准化

质量管理是“确定质量方针、目标和职责并在质量体系中通过诸如质量策划、质量控制、质量保证和质量改进，使其实施的全部管理职能的所有活动。”

标准是通过协商一致制定后，经一个公认机构批准，以在一定的范围内达到最佳次序为目的，对各种活动或其结果提供统一和重复使用的规则、导则或特性值的文件。

ISO 9000 族标准是由 ISO/TC 176 组织各国标准化机构协商一致后制定，经国际标准化组织（ISO）批准发布，提供在世界范围内实施的有关质量管理活动规则的标准文件，被称为国际通用质量管理标准。首次发布为 1986～1987 年，1994 年修订、补充为第二版，2000 年发布了第三版。ISO 9000：2000 八项质量管理原则是 ISO/TC 176 在总结质量管理实践经验上，吸纳了国际上最受尊敬的一批质量管理专家的意见，用高度概括、易于理解的语言所表达的质量管理的最基本、最通用的一般性规律，成为质量管理的理论基础。它是组织的领导者有效实施质量管理工作必须遵循的原则，如图 1-1 所示。

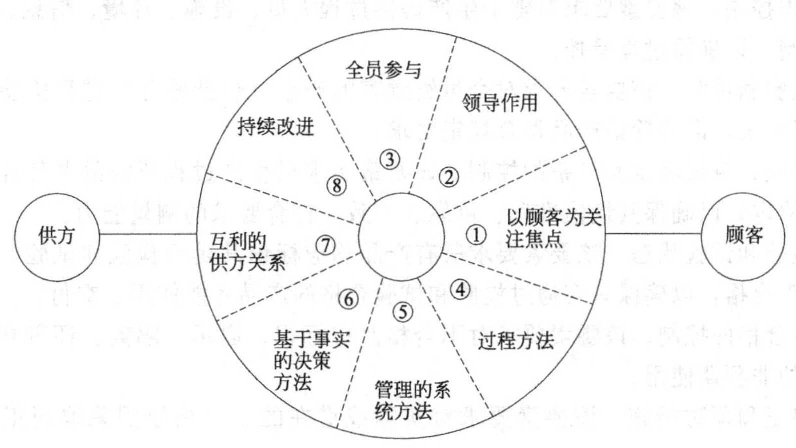

图 1-1　八项质量管理原则

1.2.2.3　推行 ISO 9000 的好处

(1) 通过管理系统的运行，不断改进产品质量。

(2) 建立“预防胜于治疗”的态度。

(3) 企业各阶层职责更分明，避免推卸责任。

(4) 通过培训，使员工更明白质量及工作要求的重要性。

（5）企业更看重客户要求。

（6）通过获取ISO标志，加强企业质量形象。

（7）向客户证明企业已发展成一个标准化、文件化的管理系统。

1.2.2.4 ISO 9001国际质量管理体系要素简述

（1）管理职责。该要素要求组织的管理者：制订质量方针和目标，对客户做出质量允诺；规定组织内部部门、各级人员的职责和权限，并提供充分的资源；在管理层内任命管理者代表，授权其职责；按规定的时间间隔对质量体系进行管理评审。

（2）质量体系。该要素主要是认真策划文件化的质量体系，包括编制质量手册：编制有效实施质量体系的程序文件；编制为满足特定项目或合同规定的质量计划；确定与准备质量记录；确定和配备必备的控制手段、过程、设备（包括检验设备）资源和技能，以达到所要求的质量。

（3）合同评审。该要素要求在投标或接受合同、订单之前应进行合同评审，保存评审记录；合同修订时也要评审，并传达到有关职能部门。

（4）设计控制。该要素要求对设计和开发的策划、设计输入和输出，设计评审、验证、确认、更改等环节实行控制，以确保服务设计满足客户的要求。

（5）文件和资料控制。该要素要求控制文件和资料的批准、发布和更改，以确保使用现行有效版本的文件及正确使用和保存各种资料。

（6）采购。该要素要求选择合格的供应商，采购资料准确清晰，并对采购产品进行验证，以确保采购的产品符合规定要求。

（7）顾客提供产品的控制。该要素要求对顾客提供的产品进行适当的验证、储存和维护。

（8）产品标识和可追溯性。该要素要求对有可追溯性的产品（包括服务）都应有唯一性的标识。

（9）过程控制。该要素要求对整个生产提供过程人员、设施、环境、信息、时间等因素进行有效控制，以确保过程受控。

（10）检验和试验。该要素要求对交付给顾客的产品（包括服务）进行检验或检查（考查），并加以记录，以便验证产品符合规定要求。

（11）检验、测量和试验设备的控制。该要素要求对生产过程所需的各种计量仪器、设备进行校准检定，以确保其量值准确、可靠、一致，符合要求的测量能力。

（12）检验和试验状态。该要素要求所有产品均应标识其是否检验和试验，以及经检验和试验后是否合格，以确保只有通过检验和试验合格的产品才能使用、交付。

（13）不合格的控制。该要素要求对不合格品应标识、启示、隔离、评审并处置，以防止不合格品的非预期使用。

（14）纠正和预防措施。该要素要求对实际或潜在的不合格原因采取纠正措施的预防措施。

（15）搬运、储存、包装、防护和交付。该要素要求在产品搬运、储存、包装、防护和交付过程中采取适当的措施，以保证产品质量，不受到损坏或变质。

（16）质量记录的控制。该要素要求控制质量记录的标识、收集、编目（号）、查阅、保管、储存、归档、处理，以确保质量记录的完整、有效。

（17）内部质量审核。该要素要求组织按计划进行内部质量审核，以验证质量活动和有关结果是否符合计划的安排，并确定质量体系的有效性。

(18) 培训。该要素要求对所有从事对质量有影响的人员均需进行培训，以便他们掌握完成工作并保证质量所需的知识和技能。对从事特殊工作的人员还应进行资格考核，持证上岗。

(19) 服务。该要素要求在有服务要求时，应制订和实施服务程序，满足服务要求。

(20) 统计技术。该要素要求确定需用的统计技术并认真实施，以提高质量活动的科学性和有效性。

习 题

一、选择题

1. ISO 9001 标准是促使组织提供客户满意的产品，是对质量进行管理的（　　）。

A. 最高要求　　B. 最低要求　　C. 一般要求　　D. 以上皆非

2. 通过 ISO 9000 认证的企业，就不会出现不合格品，这种说法（　　）。

A. 正确　　B. 不正确　　C. 可能　　D. 视法规而定

3. 视不同产品的质量标准，主要按（　　）等分类方法。

A. 内容　　B. 范围　　C. 成熟程序　　D. 以上皆是

4.（　　）不是 ISO 9000：2000 八项质量管理原则的内容。

A. 过程方法　　B. 全员参与　　C. 持续改进　　D. 生产管理

5. 全面质量管理的内容不包含（　　）。

A. 使用过程　　B. 试产过程　　C. 设计过程　　D. 辅助过程

6. ISO 9000 系列国际质量标准，对产品的质量要求包括（　　）。

A. 可信性　　B. 性能　　C. 经济性　　D. 以上皆是

7. 根据中华人民共和国标准化的规定，其表述错误的是（　　）。

A. 全国统一　　B. 强制性标准　　C. 推荐性标准　　D. 以上皆是

8. 我国成为 WTO 的正式会员，做好标准化工作的重要性是（　　）。

A. 保护国内与产业市场　　B. 实现科技创新与产业升级

C. 可整顿市场经济秩序　　D. 以上皆是

9. 全面质量管理的意义主要包括（　　）。

A. 全面　　B. 品质　　C. 管理　　D. 以上皆是

10. ISO 9001 国际质量管理体系中，其内容不包括（　　）。

A. 合同评审　　B. 质量记录的控制　C. 检验和试验状态　D. 合格品的控制

二、判断题

（　　）1. ISO 是国际标准化组织的英文缩写。

（　　）2. ISO 9001：2000 是第三次修订的。

（　　）3. ISO 9000：2000 八项质量管理原则是 ISO/TC 176 在总结质量管理实践经验。

（　　）4. ISO 9000：2000 成为质量管理的理论基础。

（　　）5. ISO 是世界上最大的国际组织。

（　　）6. ISO 质量管理体系是企业唯一正确和有效的管理体系。

（　　）7. 中华人民共和国标准化法，将我国标准分为国家标准、行业标准、企业标准三级。

(　) 8. 企业做好标准化工作，是为了提高产品在市场上的竞争能力。

(　　) 9. 标准是为了作为共同使用的和重复使用的一种信息化文件。

(　) 10. 试行标准在正式发布时需进行必要的修改。

三、综合分析题

1. 面对21世纪对质量的要求，过去传统质量管理观念已不再符合企业发展要求。请以当前质量管理观念，说明质量是“管理”出来的；请解释质量与制造、设计及习惯相关，而产品的高质量不是检验出来的。

2. 目前国内高新产业蓬勃发展，工业4.0要求产业自动化、智能化，面对产业创新的经营方式的改变，我们应如何在质量上严格把关，以达到全面质量管理的效果。

第2章　电子产品检验基础

【学习要点】

● 电子产品质量的基本知识，包括国内的法律依据、产品的基本相关要求、产品问题的表征。

● 检验的基本概念，在生产与检验过程中如何相辅相成，对生产重点问题的改善。

● 检验方法的采用与时机，检验过程的基本流程与注意事项，检验作业方法应符合生产实际需求，并且应努力提升检验效率。

● 实际检验的操作与辅助配套办法，建立检验标准与成本概念。

2.1　电子产品检验基本知识

2.1.1　电子产品的概念及分类

(1) 电子产品的概念　电子产品是指采用电子信息技术制造的相关产品及其配件，其有两个显著特征：一是需要电源才能工作；二是工作载体均是数字信息或模拟信息的流转。

(2) 电子产品的分类　电子产品根据不同的方式可以有不同的分类：

首先根据应用领域来分，主要包括电子雷达产品、电子通信产品、广播电视产品、计算机产品、家用电子产品、电子测量仪器产品、电子专用产品、电子元器件产品、电子应用产品、电子材料产品等。

其次根据应用行业来分，主要包括消费类电子产品、工控类电子产品、医疗类电子产品、军事类电子产品、航天航空类电子产品、娱乐类电子产品等。

2.1.2　电子产品检验要求

电子产品检验的目的是判定产品对标准的符合性，任何一款电子产品，首先必须符合产品所在生产/市场的国家相关法律法规要求，如果该产品有国家标准则必须符合国家标准的要求，如果该产品有行业标准则必须符合行业标准的要求，如果没有国家标准也没有行业标准，则必须符合企业标准的要求。

2.1.2.1　法律法规要求

随着世界经济一体化的进程，不同的经济体为了自身的经济利益、安全利益等，均会提出一系列的法律法规来限制本区域内的产品生产及销售，更重要的是限制外区域的产品输入。因此，电子产品的生产和销售首先必须符合生产或销售所在地的法律法规要求。

(1) 中华人民共和国的《电子信息产品污染控制管理办法》　为控制和减少电子信息产品废弃后对环境造成的污染，促进生产和销售低污染电子信息产品，保护环境和人体健康，在中华人民共和国境内生产、销售和进口电子信息产品过程中控制和减少电子信息产品对环境造成污染及产生其他公害，适用本办法，俗称中国的RoHS。但是，出口产品的生产除外。

该《管理办法》明确要求：电子信息产品设计者在设计电子信息产品时，应当符合电子信息产品有毒、有害物质或元素控制国家标准或行业标准，在满足工艺要求的前提下，采用无毒、无害或低毒、低害、易于降解、便于回收利用的方案。

(2) 欧洲共同体的《电气、电子设备中限制使用某些有害物质指令》 欧盟议会和欧盟理事会于2003年1月通过了RoHS指令，全称是The Restriction of the use of certain Hazardous substances in Electrical and Electronic Equipment，即在电子电气设备中限制使用某些有害物质指令，也称2002/95/EC指令。2005年欧盟又以2005/618/EC决议的形式对2002/95/EC进行了补充，明确规定了六种有害物质的最大限量值，为此企业的电子电气设备需要在欧盟范围内销售及使用，对应的产品必须符合RoHS指令要求。其根本目的在于：一是设立技术壁垒，提高产品准入门槛；二是加强环境保护，确保可持续发展。

指令主要针对电子电气产品中的铅（Pb）、镉（Cd）、汞（Hg）、六价铬（Cr^{6+}）、多溴联苯（PBBs）、多溴联苯醚（PBDEs）六种有害物质进行限制。RoHS指令的涵盖范围为AC1000V、DC1500V以下的由目录所列出的电子、电气产品（特别指明豁免的除外，如压电陶瓷类）：

① 大型家用电器：冰箱、洗衣机、微波炉、空调等；

② 小型家用电器：吸尘器、电熨斗、电吹风、烤箱、钟表等；

③ IT及通信仪器：计算机、传真机、电话机、手机等；

④ 民用装置：收音机、电视机、录像机、乐器等；

⑤ 照明器具：除家庭用照明外的荧光灯等，照明控制装置；

⑥ 电动工具：电钻、车床、焊接、喷雾器等（需安装的大型产业工具除外）；

⑦ 玩具/娱乐、体育器械：电动车、电视游戏机；

⑧ 医疗器械：放射线治疗仪、心电图测试仪、分析仪器等；

⑨ 监视/控制装置：烟雾探测器、恒温箱、工厂用监视控制机等；

⑩ 自动售货机等。

实际上，德国、英国、日本、美国等国家针对电子、电气设备的生产、销售，均有自己的相关法律法规，相关产品要在这些国家和地区生产、销售时必须符合当地的法律法规。

以下以中国制造的手机为例，说明如何确保需要出口到欧洲的手机符合RoHS指令要求的。

如果手机想要出口到欧洲，则整机（包括备用电池、手机配件等）必须完全符合RoHS要求，就需要委托具有RoHS认证资格的专业检测机构（第三方，如SGS、CTI）对整机或相关材料进行RoHS检测。

主要检测项目见表2-1。

表2-1 RoHS六大类有害物质含量标准表

化学测试分类	测试项目	检测要求(限定值)
RoHS指令	Cd镉	100×10^{-6}以内
	Pb铅	1000×10^{-6}以内
	Hg汞	1000×10^{-6}以内
	Cr^{6+}六价铬	1000×10^{-6}以内
	PBBs多溴联苯	1000×10^{-6}以内
	PBDEs多溴联苯醚	1000×10^{-6}以内
包装材料指令	94/62/EC包装材料指令	参考第94/62/EC号欧盟《有关包装材料指令》要求
电池指令	2006/66/EC新电池指令	参考第2006/66/EC号《关于电池及蓄电池、废弃电池及蓄电池以及废止91/157/EEC的指令》要求

对于手机类产品而言，通常主要分为金属材质、塑料材质和其他材质，金属材质只需要做重金属检测（铅、汞、镉、六价铬），塑料材质需要做规定的六项（铅、汞、镉、六价铬、多溴联苯、多溴二苯醚）检测，其他材质只需做重金属测试。

只有在检测结果均符合《RoHS 六大类有害物质含量标准表》的要求时，该产品才能进入欧洲市场。

2.1.2.2　产品使用安全性要求

从安全系统工程学上讲，安全一般是指没有危险，国外有时称为无事故。产品的安全性就是指产品在制造、安装、使用和维修过程中没有危险，不会引起人员伤亡和财产损坏事故。产品的安全性包括的范围很广，《电气设备安全设计导则》（GB 4064）对电气设备安全设计提出了 21 条具体要求，详见附录 B，根据可能发生事故的类型，可以将产品的安全性归纳为机械安全性、电气安全性、化学安全性三个方面；根据可能发生危险的不同因素，安全性可分为功能安全性、结构安全性、材料安全性、使用安全性、保护安全性、标志安全性、运输安全性、环境安全性等方面。

显然，任何产品在投入使用前均必须确保产品的安全性，必要时均必须经过相关专业的安全检测。

对于手机而言，存在的主要危险来自于手机电池的腐蚀性和可爆炸性，这就需要对手机电池进行相关的安全性检测，对其结构安全性、材料安全性、使用安全性、保护安全性等做出评估。

2.1.2.3　产品使用功能上要求

产品存在的价值在于其可以满足客户的使用功能上的要求，而确认产品能否满足客户使用要求必须经过相应的功能测试。

功能测试又称黑盒测试（black-box testing）、数据驱动测试或基于规范的测试。用这种方法进行测试时，被测产品被当做看不见内部的黑盒。在完全不考虑产品内部结构和内部特性的情况下，测试者仅依据产品功能的需求规范考虑确定功能结果的正确性。因此黑盒测试是从用户观点出发的测试，黑盒测试直观的想法就是既然产品被规定做某些事，那我们就看看它是不是在任何情况下都实现该功能。完整的“任何情况”是无法验证的，为此黑盒测试也有一套产生测试用例的方法，以产生有限的测试用例而覆盖足够多的“任何情况”。

手机作为一种通信工具，其核心功能要求就是满足远程通话，对其功能测试的关键在于不同的测试环境上其通话质量的测试。

2.1.2.4　产品使用外观上要求

现在市场变了，和过去不一样了，并且变化也太快了，收集信息都来不及，甚至刚收集完就过时了，消费者的消费行为越来越变得难以捉摸。过去单纯靠设计师个人品位进行设计的方法已经一去不复返了，设计师必须根据自己团体和其他厂商的实际情况、国内市场和国外市场的设计现状，以及消费者的消费行为，尽可能收集有关信息，经过思考整理后，预测今后两年的设计发展方向，并融入到自己的设计中去，做出消费者喜好的好设计，并保持其一贯风格。科学技术日新月异，市场竞争日趋激烈，产品更新异常加速，预测今后两年的发展趋势甚为重要。当然能预测今后五年甚至更多年的设计发展趋势实属大智慧，但是人的能力毕竟是有限的，因此预测的时间性和准确性也是有限的，能准确预测今后两年的设计发展趋势实属难能可贵。有了这个方向，也是做好设计的前提和依据。设计师只有设计出产品之后才真正知道是否受市场欢迎，而市场却要求产品生产之前就是受欢迎的，否则就浪费人力、财力和物力。这就更说明预测今后两年的设计发展趋势多么重要。

手机作为私人用品，随着目前手机生产技术的日趋成熟，销售价格的日益下降，手机的外观是否符合个人的兴趣及爱好已决定了手机的销售市场，其外观检验要求也更加细致和深入。

2.1.3 电子产品的缺陷

（1）电子产品缺陷等级的定义及分类 电子产品缺陷等级的定义见表 2-2。

（2）电子产品的缺陷状态 电子产品缺陷状态与缺陷状态描述见表 2-3。

表 2-2 电子产品的缺陷等级与缺陷描述

序号	缺陷等级	符号	缺陷描述
1	安全问题/Safe	S	产品设计与 IEC 或 ISO 法规不符；产品处于一种危险状态，以至于对人或周围环境有所伤害和损害
2	严重问题/Critical	A	导致系统崩溃、死机、死锁、内存泄露、数据丢失的严重问题。缺陷会引起客户对产品的极大不满，且缺陷极易被发现
3	主要问题/Major	B	系统的主要功能失效，没有崩溃。但会导致后续操作或工作不能继续进行。缺陷是客户无法接受的
4	次要问题/Average	C	系统的次要功能失效，但后续操作或工作仍可以继续进行。缺陷是客户可以接受的
5	微不足道问题/Minor	D	微不足道的功能失效，客户也许觉察不到该功能失效，该功能失效不影响诊断和检查。不会引起客户不满，缺陷不易被察觉
6	需改善的问题/Enhancements	E	没有引起功能失效，不是一个缺陷。客户使用过程建议改善的问题。这个问题可能涉及可制造性、可服务性、产品的成本等因素

表 2-3 电子产品的缺陷状态与缺陷状态描述

缺陷状态	缺陷状态描述
原因未知/Root cause is unknown	新发现的缺陷或以前版本产品的遗留缺陷。引起缺陷的原因尚未查出 当前状态时，团队所对应的活动是：查找引起缺陷的根本原因
指派/Assigned	已判断出引起缺陷的原因，缺陷被指派给具体人员进行解决，但具体的解决方案还在策划或实施过程中 当前状态时，团队所对应的活动是：策划解决方案、实施解决方案、部件/单元测试
已解决/Resolved	引起缺陷的原因已确定，解决方案已经被实施并通过了部件/单元测试 当前状态时，团队所对应的活动是：系统验证或内部确认
已验证/Verified	引起缺陷的原因已确定，实施解决方案后已通过系统验证及内部确认。产品状态可以提交进行设计确认、生产过程确认和服务确认 当前状态时，团队所对应的活动：设计确认、生产过程确认和服务确认
已确认/Validated	解决方案已经通过设计确认，生产过程确认和服务确认 当前状态时，团队所对应的活动：解决方案发布至生产、服务、质量等相关部门
已关闭/Closed	解决方案已经正式发布至生产、服务、供应链、质量等相关部门。并且相关工作都已更新完毕。比如产品 BOM、采购合同等
暂不解决/Postponed	引起缺陷的根本原因已确定，但暂无解决方案或解决方案暂不实施，需延期解决，且缺陷可以被接受
无效/Inefficacy	重复、无法重现等无效缺陷

(3) 电子产品缺陷产生的原因

① 产品设计上的缺陷。即由于设计上的原因，导致产品存在危及人身、财产安全的不合理危险。例如，使用瓦斯炉的火锅，因结构或安全系数设计上的不合理，有可能导致在正常使用中爆炸的，该产品即为存在设计缺陷的产品。

② 产品制造上的缺陷。即由于产品加工、制作、装配等制造上的原因，导致产品存在危及人身、财产安全的不合理危险。例如，生产的幼儿玩具制品，未按照设计要求采用安全的软性材料，而是使用了金属材料并带有锐角，危及幼儿人身安全。该产品即存在制造上的缺陷。

③ 告知上的缺陷（也称指示缺陷或说明缺陷）。即由于产品本身的特性而具有一定合理危险性。对这类产品，生产者应当在产品或者包装上，或者在产品说明书中，加注必要的警示标志或警示说明，告知使用注意事项。如果生产者未能加注警示标志或者警示说明，标明使用注意事项，导致产品产生危及人身、财产安全的危险的，该产品即属于存在告知缺陷的产品。例如，燃气热水器在一定条件下对使用者有一定的危险性，生产者应当采用适当的方式告知安全使用注意事项，如必须将热水器安装在浴室外空气流通的地方。如果生产者没有明确告知，就可认为该产品存在不合理的危险。产品存在上述任何一种缺陷，造成他人人身、财产损害的，生产者都要依法承担赔偿责任。

2.2　电子产品的检验

电子产品均必须满足国家法律法规、安全、功能以及外观等要求，而如何确认其是否满足这些要求，必须通过专业、专门的手段和方法，以及相应的设备仪器通过检验来确认。从而判定电子产品与相应的标准对比是否存在缺陷，并最终将缺陷消除。

2.2.1　电子产品检验的基本概念和分类

2.2.1.1　电子产品检验的基本概念

定义：通过观察或判断，适当地结合测量、试验所进行的符合性评价（GB 19000：2000）。

① 检验判定“合格”、“不合格”是符合性判定；而不合格处理是适用性判定，不是检验的职能。

② 判定合格只是对品质标准而言，并不意味着质量水平的高低。

2.2.1.2　电子产品检验的主要影响因素

影响电子产品检验的条件，即六个因素，简称“5M1E”：人员（Man）、机器（Machine）、材料（Material）、方法（Method）、测试（Measurement）、环境（Environment）。

2.2.1.3　电子产品检验的分类

① 按检验数分：全检、抽检、免检。

② 按工序流程分：IQC（进货检验或来料检验）、IPQC（过程检验：可再分为首件检验、转工序检验等）、FQC（成品检验）、OQC（出货检验）、驻厂 QC（品质控制）。

③ 按检验人责任分：专职检验、自检、互检。

④ 按检验场所分：工序专检和线上过程检验，外发检验、库存检验、客处检验。

2.2.2　电子产品检验的一般流程

电子产品检验的一般流程，如图 2-1 所示。

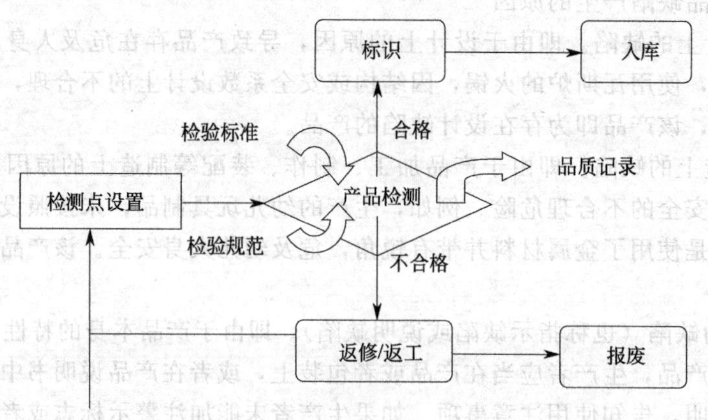

图 2-1 电子产品检验的一般流程

2.2.3 电子产品的生产过程与检验过程的关系

2.2.3.1 几个基本概念

(1) 批。在一定条件下生产出来的一定数量的单位产品所构成的团体，常用的批的单位为卷、箱、包、个、张、板、千克。

(2) 检验批。为实施检验而汇集起来的单位，以便于抽样进行，使抽样结果更具代表性。

(3) 样本及样本容量 n。样本是检验批中所抽取的一部分个体，而样本容量则是指样本中个体的数目。

(4) 不良率。指百件样本中不合格品数。

(5) 抽样方法（抽样技术）。从检验批中抽取样品的方法。

(6) 抽样标准。抽样方案所依附的具有一定规则的表单，如 MIL-STD105E, GB 2828—87 等。

(7) 抽样方案（计划）。样本大小或样本大小系列和判定数组的组合（$n \mid A_c, R_c$）[合格判定数（A_c），不合格判定数（R_c）]。

2.2.3.2 首件检验

首件检验：指在生产开始时（或上班、下班）及工序因素调整后（换人，换料，设备调整等）对制造的第 1 至第 5 件产品进行的检验。

首件检验由操作者、检验员共同检验，操作者首先进行自检，合格后送检验员专检。

首件检验的目的：为了尽早发现生产过程中影响产品质量的系统因素，防止产品成批报废。

2.2.3.3 全检

(1) 全检　就是对在一定条件下生产出来的全部单位产品均必须进行检验的要求。

(2) 全检的适应范围

① 批量太小，失去抽检意义时；

② 检验手续简单，不至于浪费大量人力、经费时；

③ 不允许不良品存在，该不良品对制品有致命影响时；

④ 工程能力不足（C_{PK} 的值小于 1.33 时）；

⑤ 不良率超过规定、无法保证品质时；

⑥ 为了解该批制品实际品质状况时。

注：C_{PK}是工程能力指数，是某个工程或工程能力的量化指标。

2.2.3.4　抽检

(1) 抽检　按照一定的抽样标准及抽样方法，从检验批中抽取一定数量的单位产品进行检验的方法。

(2) 抽检的适用范围

① 产量大、批量大，且是连续生产无法做全检时；

② 进行破坏性测试时；

③ 允许存在某种程度的不良品时；

④ 需要减少检验时间和经费时；

⑤ 刺激生产者要注意品质时；

⑥ 满足消费者要求时。

2.2.3.5　免检

(1) 免检　就是对在一定条件下生产出来的全部单位产品免于检验。免检并非放弃检验，应加强生产过程质量的监督，一有异常，拿出有效措施。

(2) 免检的适用范围

① 生产过程相对稳定，对后续生产无影响；

② 国家批准的免检产品及产品质量认证产品的无需试验买入时；

③ 长期检验证明质量优良，使用信誉高的产品的交收中，双方认可生产方的检验结果，不再进行进料检验（来料检验）。

2.2.3.6　让步放行

(1) 让步放行

① 针对成品的让步放行：在顾客同意的前提下可以将不影响客户使用要求的产品让步出货，但必须做好标识，确保可追溯性。

② 针对原材料、半成品的让步放行：在不影响到产品的性能要求及产品检验标准要求时，经品管、技术、生产联合确认的原材料及半成品可以让步使用，同时要做好相关标识。

(2) 让步放行的适用范围

① 客户可以接受或已经得到客户确认时；

② 当原材料、半成品来不及检验且对应的原材料、半成品使用后不会对产品产生致命影响时，可以紧急放行。

2.2.3.7　自检

(1) 自检的定义　生产工人在产品制造过程中，按照质量标准和有关技术文件的要求，对自己生产中产品或完成的工作任务，按照规定的时间和数量进行自我检验，把不合格品主动地“挑”出来，防止流入下道工序。

(2) 自检的作用

① 有利于对生产过程中的每一个零件，每一道工序进行严格监督，层层把关，防止废次品流入下道工序。

② 提高检验工作效率，减少专检人员的工作量，节约检验费用。

③ 生产工人可以及时了解自己工作的质量状况，及时改进，使工艺过程始终保持稳定状态，从而提高产品质量。

2.2.3.8 互检

(1) 互检的定义　生产工人之间对生产的产品或完成的工作任务进行相互的质量检验。

(2) 互检的方法

① 同一班组相同工序的工人相互之间进行质量检验；

② 班组质量管理员对本班组工人生产的产品质量进行抽检；

③ 下道工序的工人对上道工序转来的产品进行检验；

④ 交接班工人之间对所交接的有关事项（包括质量）进行检验；

⑤ 班组之间对各自承担的作业进行检验。

注意：质量互检要求每个操作者，特别要注意对前道工序加工件的检验。

2.2.4 抽样检验的应用

抽样检验并非任何场合都适合，有些可以做抽样检验，有些就非得做全检不可。主要是看检验群体的性质、数量、体积大小或检验所产生的经费或者检验方式而定。

2.2.4.1 适用抽样检验的场合

(1) 属于破坏性检验，如材料强度试验；

(2) 检验群体非常多，如贴片电阻、贴片电容等；

(3) 检验群体体积非常大，如电子产品塑胶外壳等；

(4) 产品属于连续体的物品，如电子导线等；

(5) 希望节省检验费用。

2.2.4.2 MIL-STD105E 抽样标准

MIL-STD105E 起源于第二次世界大战时期美国国防部对武器设备的验收标准，经过几十年的发展已逐渐被人们用到质量检验领域，目前在世界具有广泛的实用性。

(1) MIL-STD105E 抽样方案　根据一批产品品质变化的情况，按照预先指定的调整规则，随时更换抽验方案；当批的品质处于正常情况时采用一个正常抽验方案，当批的品质变坏时，改用一个加严抽验方案；如果批的品质稳定地处于好的状态，可使用一个放宽抽验方案；国际上不少国家都采用这种调整型抽样方案进行产品验收。

(2) 允收水准 AQL　AQL 是对过程平均不合格率规定的、认为满意的最大值，可以将它看做可接收的过程平均不合格率和可接受之间的界限。换句话说，如果正在生产的产品大多数批的平均品质至少达到允许水准 AQL，生产过程可认为是满意的。

AQL 的考虑原则：

① 对使用要求较高的产品，AQL 要小些，如军用 AQL≤工业用 AQL≤民用 AQL；

② 影响较严重的不合格品或不合格项，AQL 要小些，如电气性能 AQL≤机械性能 AQL≤外观性能 AQL；

③ 贵重物品或装配到贵重产品的配件产品，AQL 应小些；

④ 检验项目少或检验费用较低的产品，AQL 可小些；

⑤ 不易由下一道工序发现剔除的不合格项（品）或虽能发现却无法剔除，或虽能剔除但将造成较大损失的 AQL 应小些。

(3) 检验水准　检验水准确定了批量和样本大小之间的关系，如果批量大，样本数也随之增大，但不是按比例增大，对大批量样本所占的比例要比小批量中样品所占的比例小。检验水准一般常用的有一般检验水准Ⅰ、Ⅱ、Ⅲ、Ⅳ和四个特殊检验水准 S-1、S-2、S-3、S-4。一般检验水准最常用，除了特殊规定使用别的检验水准外，通常使用检验水准Ⅱ，特殊检验水准 S-1、S-2、S-3、S-4，一般在破坏性检查时采用。

检验水准Ⅰ给定的样本大小约比检验水准Ⅱ的小一半、而检验水准Ⅲ给定的样本大小约为检验水准Ⅱ的 1.5 倍。

例如：对于批量为 360，不同检验水准的样本大小见表 2-4。

表 2-4　批量为 360 的不同检验水准与样本大小的关系

检验水平	字码	样本大小	备注
Ⅰ	G	32	一次抽检
Ⅱ	J	80	一次抽检
Ⅲ	K	125	一次抽检

2.2.4.3　抽样检验的方式

(1) 一次抽样检验　根据从批中一次抽取的样本的检验结果、决定是否接收该批叫做“一次抽样检验”，一次抽样检验结果取决于样本 N 对应的接收数 A、拒收数 R，样本中检验发现的缺陷或缺陷产品数 r，则：

如果 $r \leqslant A$，则认为可接收此批；

如果 $r \geqslant R$，则认为应拒收此批。

(2) 二次抽样检验　二次抽样检验是首先从批中抽取样本量为 N_1 的第一样本，根据检验结果，或决定是否接收或拒收该批，或决定再抽取样本量为 N_2 的第二样本。再根据全部样本的检验结果，决定接收或拒收该批。

(3) 多次抽样检验　多次抽样检验的抽样至多 k 次（$k>3$），每次样本量分别为 N_1、N_2、…、N_k。在第 i 次（$1<i<k-1$）抽取样本后，根据样本累积结果做出接收该批或拒收该批或抽取下一样本的决定；在第 k 次抽取样本后必须做出接收或拒收该批的决定。

需要特别指出的是，因为是抽样检验，将不合格批误判为合格批的可能性是存在的，其可能性通常用“冒险率（a）”来表示。例如：日本家用电器的冒险率为 0.05%～0.1%。

2.2.5　MIL-STD105E 标准

MIL-STD105E 标准也可用于连续批抽样，前提是产品的生产过程是一致的、稳定的，生产过程是在有效的严格的品质保证体系下进行的，MIL-STD105E 用于连续批抽样时，为了控制产品的批次质量由于某些未受控制因素的影响而引起的变化，MIL-STD105E 按严格程度分有三种抽样方案：正常检验、加严检验及放宽检验，按一定条件可以相互转换。

2.2.5.1　样本量代码

MIL-STD105E 用英文大写字母 A、B、C、…、R 表示样本量代码。根据批量 N 及指定的检验水平，从表 2-5 中可查得样本量代码。

例如：设 $N=1000$，采用检验水平Ⅰ，从表 2-5 中查得样本量代码为 G，从表 2-6 中，可获得样本量以及合理质量水平。

2.2.5.2　MIL-STD105E 抽样方案的使用

当已经明确产品的批量 N、AQL 值、检验水平检验的严格程度。

第一步：根据批量 N 及检验水平查得抽样方案代码。

表 2-5 样本量代码对照表

批量 N	特别检验水平				通常检验水平		
	S-1	S-2	S-3	S-4	Ⅰ	Ⅱ	Ⅲ
2～8	A	A	A	A	A	A	B
9～15	A	A	A	A	A	B	C
16～25	A	A	B	B	B	C	D
26～50	A	B	B	B	B	D	E
51～90	B	B	C	C	C	E	F
91～150	B	B	C	D	D	F	G
151～280	B	C	D	E	F	G	H
281～500	B	C	D	E	F	H	J
501～1200	C	C	E	F	G	J	K
1201～3200	C	D	E	G	H	K	L
3201～10000	C	D	F	G	J	L	M
10001～35000	C	D	F	H	K	M	N
35001～150000	D	E	G	J	L	N	P
150001～500000	D	E	G	J	M	P	Q
500001 以上	D	E	H	K	N	Q	R

第二步：依据选定的检验的严格程度查相应的抽样检查表：检索正常检验“一次抽样方案”，表 2-6；检索加严检验“一次抽样方案”，表 2-7；检索放宽检验“一次抽样方案”，表 2-8。

第三步：在表中，根据抽样方案代码向右，在样本栏查得样本量 n，再从代码所在行、AQL 所在列的交叉格中，读出 $[A_c, R_c]$。如果该交叉格中不是数字而是箭头。则进入第四步。

第四步：沿着箭头方向、读出箭头所指第一个 $[A_c, R_c]$，然后由此 $[A_c, R_c]$ 所在行向左，在样本栏读出相应样本量 n、这个时候第三步所得的样本量 N 作废，当样本量 n 大于批量 N 时，则做全数检验。

2.2.5.3 转移原则

MIL-STD105E 对正常检验、加严检验、放宽检验之间的转移规则进行了规定。一开始都是正常检验。

(1) 从正常到加严。在进行正常检验时，凡连续 2、3、4 或 5 批中有 2 批经初检验被拒收（不算再次提交）（注：再次提交批是拒收后经采取选别和返工等措施后再提交检验的批），则从下一批起转为加严检验。

(2) 从加严到正常。在进行加严检验时，若连续 5 批经初检验被接收，则从下一批起转为正常检验。

(3) 从正常到放宽。在进行正常检验时，以下条件同时满足则从下一批起开始执行放宽检验：

① 连续 10 批（参见表 2-9）进行正常检验，初检验均被接收；

表 2-6　正常检验一次抽样方案（主表）

样本大小字码	样本量	合格质量水平																									
		0.01	0.015	0.025	0.04	0.065	0.10	0.15	0.25	0.40	0.65	1.0	1.5	2.5	4.0	6.5	10	15	25	40	65	100	150	250	400	650	1000
		A_c R_c	A_c R_c	A_c R_c	A_c R_c	A_c R_c	A_c R_c	A_c R_c	A_c R_c	A_c R_c	A_c R_c	A_c R_c	A_c R_c	A_c R_c	A_c R_c	A_c R_c	A_c R_c	A_c R_c	A_c R_c	A_c R_c	A_c R_c	A_c R_c	A_c R_c	A_c R_c	A_c R_c	A_c R_c	A_c R_c
A	2	↓	↓	↓	↓	↓	↓	↓	↓	↓	↓	↓	↓	↓	↓	0 1	↓	↓	1 2	2 3	3 4	5 6	7 8	10 11	14 15	21 22	30 31
B	3	↓	↓	↓	↓	↓	↓	↓	↓	↓	↓	↓	↓	↓	0 1	↑	↓	1 2	2 3	3 4	5 6	7 8	10 11	14 15	21 22	30 31	44 45
C	5	↓	↓	↓	↓	↓	↓	↓	↓	↓	↓	↓	↓	0 1	↑	↓	1 2	2 3	3 4	5 6	7 8	10 11	14 15	21 22	30 31	44 45	↑
D	8	↓	↓	↓	↓	↓	↓	↓	↓	↓	↓	↓	0 1	↑	↓	1 2	2 3	3 4	5 6	7 8	10 11	14 15	21 22	30 31	44 45	↑	↑
E	13	↓	↓	↓	↓	↓	↓	↓	↓	↓	↓	0 1	↑	↓	1 2	2 3	3 4	5 6	7 8	10 11	14 15	21 22	30 31	44 45	↑	↑	↑
F	20	↓	↓	↓	↓	↓	↓	↓	↓	↓	0 1	↑	↓	1 2	2 3	3 4	5 6	7 8	10 11	14 15	21 22	↑	↑	↑	↑	↑	↑
G	32	↓	↓	↓	↓	↓	↓	↓	↓	0 1	↑	↓	1 2	2 3	3 4	5 6	7 8	10 11	14 15	21 22	↑	↑	↑	↑	↑	↑	↑
H	50	↓	↓	↓	↓	↓	↓	↓	0 1	↑	↓	1 2	2 3	3 4	5 6	7 8	10 11	14 15	21 22	↑	↑	↑	↑	↑	↑	↑	↑
J	80	↓	↓	↓	↓	↓	↓	0 1	↑	↓	1 2	2 3	3 4	5 6	7 8	10 11	14 15	21 22	↑	↑	↑	↑	↑	↑	↑	↑	↑
K	125	↓	↓	↓	↓	↓	0 1	↑	↓	1 2	2 3	3 4	5 6	7 8	10 11	14 15	21 22	↑	↑	↑	↑	↑	↑	↑	↑	↑	↑
L	200	↓	↓	↓	↓	0 1	↑	↓	1 2	2 3	3 4	5 6	7 8	10 11	14 15	21 22	↑	↑	↑	↑	↑	↑	↑	↑	↑	↑	↑
M	315	↓	↓	↓	0 1	↑	↓	1 2	2 3	3 4	5 6	7 8	10 11	14 15	21 22	↑	↑	↑	↑	↑	↑	↑	↑	↑	↑	↑	↑
N	500	↓	↓	0 1	↑	↓	1 2	2 3	3 4	5 6	7 8	10 11	14 15	21 22	↑	↑	↑	↑	↑	↑	↑	↑	↑	↑	↑	↑	↑
P	800	↓	0 1	↑	↓	1 2	2 3	3 4	5 6	7 8	10 11	14 15	21 22	↑	↑	↑	↑	↑	↑	↑	↑	↑	↑	↑	↑	↑	↑
Q	1250	0 1	↑	↓	1 2	2 3	3 4	5 6	7 8	10 11	14 15	21 22	↑	↑	↑	↑	↑	↑	↑	↑	↑	↑	↑	↑	↑	↑	↑
R	2000	↑	↑	1 2	2 3	3 4	5 6	7 8	10 11	14 15	21 22	↑	↑	↑	↑	↑	↑	↑	↑	↑	↑	↑	↑	↑	↑	↑	↑

注：↓表示使用箭头下面的第一个抽样方案，当样本大小大于或等于批量时，执行《MIL-STD105E》标准 4.11.4b 的规定。

↑表示使用箭头上面的第一个抽样方案，A_c—合格判定数；R_c—不合格判定数。

表 2-7 加严检验一次抽样方案（主表）

样本大小字码	样本量	合格质量水平																																																	
		0.01		0.015		0.025		0.04		0.065		0.10		0.15		0.25		0.40		0.65		1.0		1.5		2.5		4.0		6.5		10		15		25		40		65		100		150		250		400		650		1000	
		A_c	R_e	A_c	R_e	A_c	R_e	A_c	R_e	A_c	R_e	A_c	R_e	A_c	R_e	A_c	R_e	A_c	R_e	A_c	R_e	A_c	R_e	A_c	R_e	A_c	R_e	A_c	R_e	A_c	R_e	A_c	R_e	A_c	R_e	A_c	R_e	A_c	R_e	A_c	R_e	A_c	R_e	A_c	R_e	A_c	R_e	A_c	R_e	A_c	R_e	A_c	R_e
A	2	↓		↓		↓		↓		↓		↓		↓		↓		↓		↓		↓		↓		↓		↓		↓		0	1	↓		↓		1	2	2	3	3	4	5	6	8	9	12	13	18	19	27	28
B	3	↓		↓		↓		↓		↓		↓		↓		↓		↓		↓		↓		↓		↓		↓		0	1	↓		↓		1	2	2	3	3	4	5	6	8	9	12	13	18	19	27	28	41	42
C	5	↓		↓		↓		↓		↓		↓		↓		↓		↓		↓		↓		↓		↓		0	1	↓		↓		1	2	2	3	3	4	5	6	8	9	12	13	18	19	27	28	41	42	↑	
D	8	↓		↓		↓		↓		↓		↓		↓		↓		↓		↓		↓		↓		0	1	↓		↓		1	2	2	3	3	4	5	6	8	9	12	13	18	19	27	28	41	42	↑		↑	
E	13	↓		↓		↓		↓		↓		↓		↓		↓		↓		↓		↓		0	1	↓		↓		1	2	2	3	3	4	5	6	8	9	12	13	18	19	27	28	41	42	↑		↑		↑	
F	20	↓		↓		↓		↓		↓		↓		↓		↓		↓		↓		0	1	↓		↓		1	2	2	3	3	4	5	6	8	9	12	13	18	19	↑		↑		↑		↑		↑		↑	
G	32	↓		↓		↓		↓		↓		↓		↓		↓		↓		0	1	↓		↓		1	2	2	3	3	4	5	6	8	9	12	13	18	19	↑		↑		↑		↑		↑		↑		↑	
H	50	↓		↓		↓		↓		↓		↓		↓		↓		0	1	↓		↓		1	2	2	3	3	4	5	6	8	9	12	13	18	19	↑		↑		↑		↑		↑		↑		↑		↑	
J	80	↓		↓		↓		↓		↓		↓		↓		0	1	↓		↓		1	2	2	3	3	4	5	6	8	9	12	13	18	19	↑		↑		↑		↑		↑		↑		↑		↑		↑	
K	125	↓		↓		↓		↓		↓		↓		0	1	↓		↓		1	2	2	3	3	4	5	6	8	9	12	13	18	19	↑		↑		↑		↑		↑		↑		↑		↑		↑		↑	
L	200	↓		↓		↓		↓		↓		0	1	↓		↓		1	2	2	3	3	4	5	6	8	9	12	13	18	19	↑		↑		↑		↑		↑		↑		↑		↑		↑		↑		↑	
M	315	↓		↓		↓		↓		0	1	↓		↓		1	2	2	3	3	4	5	6	8	9	12	13	18	19	↑		↑		↑		↑		↑		↑		↑		↑		↑		↑		↑		↑	
N	500	↓		↓		↓		0	1	↓		↓		1	2	2	3	3	4	5	6	8	9	12	13	18	19	↑		↑		↑		↑		↑		↑		↑		↑		↑		↑		↑		↑		↑	
P	800	↓		↓		0	1	↓		↓		1	2	2	3	3	4	5	6	8	9	12	13	18	19	↑		↑		↑		↑		↑		↑		↑		↑		↑		↑		↑		↑		↑		↑	
Q	1250	↓		0	1	↓		↓		1	2	2	3	3	4	5	6	8	9	12	13	18	19	↑		↑		↑		↑		↑		↑		↑		↑		↑		↑		↑		↑		↑		↑		↑	
R	2000	0	1	↑		↓		1	2	2	3	3	4	5	6	8	9	12	13	18	19	↑		↑		↑		↑		↑		↑		↑		↑		↑		↑		↑		↑		↑		↑		↑		↑	

注：↓表示使用箭头下面的第一个抽样方案，当样本大小大于或等于批量时，执行《MIL-STD105E》标准 4.11.4b 的规定。

↑表示使用箭头上面的第一个抽样方案，A_c—合格判定数；R_e—不合格判定数。

表 2-8　放宽检验一次抽样方案（主表）

样本大小字码	样本量	合格质量水平																									
		0.01	0.015	0.025	0.04	0.065	0.10	0.15	0.25	0.40	0.65	1.0	1.5	2.5	4.0	6.5	10	15	25	40	65	100	150	250	400	650	1000
		A_c R_c	A_c R_c	A_c R_c	A_c R_c	A_c R_c	A_c R_c	A_c R_c	A_c R_c	A_c R_c	A_c R_c	A_c R_c	A_c R_c	A_c R_c	A_c R_c	A_c R_c	A_c R_c	A_c R_c	A_c R_c	A_c R_c	A_c R_c	A_c R_c	A_c R_c	A_c R_c	A_c R_c	A_c R_c	A_c R_c
A	2	↓	↓	↓	↓	↓	↓	↓	↓	↓	↓	↓	↓	↓	↓	0 1	↓	↓	1 2	2 3	3 4	5 6	7 8	10 11	14 15	21 22	30 31
B	2	↓	↓	↓	↓	↓	↓	↓	↓	↓	↓	↓	↓	↓	0 1	↑	↓	↓	1 2	2 3	3 4	5 6	6 7	10 11	14 15	21 22	30 31
C	2	↓	↓	↓	↓	↓	↓	↓	↓	↓	↓	↓	↓	0 1	↑	↓	↓	1 2	2 3	3 4	5 6	6 7	8 9	10 11	14 15	21 22	↑
D	3	↓	↓	↓	↓	↓	↓	↓	↓	↓	↓	↓	0 1	↑	↓	↓	1 2	2 3	3 4	5 6	6 7	8 9	10 11	14 15	21 22	↑	↑
E	5	↓	↓	↓	↓	↓	↓	↓	↓	↓	↓	0 1	↑	↓	↓	1 2	2 3	3 4	5 6	6 7	8 9	10 11	14 15	21 22	↑	↑	↑
F	8	↓	↓	↓	↓	↓	↓	↓	↓	↓	0 1	↑	↓	↓	1 2	2 3	3 4	5 6	6 7	8 9	10 11	↑	↑	↑	↑	↑	↑
G	13	↓	↓	↓	↓	↓	↓	↓	↓	0 1	↑	↓	↓	1 2	2 3	3 4	5 6	6 7	8 9	10 11	↑	↑	↑	↑	↑	↑	↑
H	20	↓	↓	↓	↓	↓	↓	↓	0 1	↑	↓	↓	1 2	2 3	3 4	5 6	6 7	8 9	10 11	↑	↑	↑	↑	↑	↑	↑	↑
J	32	↓	↓	↓	↓	↓	↓	0 1	↑	↓	↓	1 2	2 3	3 4	5 6	6 7	8 9	10 11	↑	↑	↑	↑	↑	↑	↑	↑	↑
K	50	↓	↓	↓	↓	↓	0 1	↑	↓	↓	1 2	2 3	3 4	5 6	6 7	8 9	10 11	↑	↑	↑	↑	↑	↑	↑	↑	↑	↑
L	80	↓	↓	↓	↓	0 1	↑	↓	↓	1 2	2 3	3 4	5 6	6 7	8 9	10 11	↑	↑	↑	↑	↑	↑	↑	↑	↑	↑	↑
M	125	↓	↓	↓	0 1	↑	↓	↓	1 2	2 3	3 4	5 6	6 7	8 9	10 11	↑	↑	↑	↑	↑	↑	↑	↑	↑	↑	↑	↑
N	200	↓	↓	0 1	↑	↓	↓	1 2	2 3	3 4	5 6	6 7	8 9	10 11	↑	↑	↑	↑	↑	↑	↑	↑	↑	↑	↑	↑	↑
P	315	↓	0 1	↑	↓	↓	1 2	2 3	3 4	5 6	6 7	8 9	10 11	↑	↑	↑	↑	↑	↑	↑	↑	↑	↑	↑	↑	↑	↑
Q	500	0 1	↑	↑	↓	1 2	2 3	3 4	5 6	6 7	8 9	10 11	↑	↑	↑	↑	↑	↑	↑	↑	↑	↑	↑	↑	↑	↑	↑
R	800	↑	↑	↑	1 2	2 3	3 4	5 6	6 7	8 9	10 11	↑	↑	↑	↑	↑	↑	↑	↑	↑	↑	↑	↑	↑	↑	↑	↑

注：↓表示使用箭头下面的第一个抽样方案，当样本大小大于或等于批量时，执行《MIL-STD105E》标准 4.11.4b 的规定。
↑表示使用箭头上面的第一个抽样方案，A_c—合格判定数；R_c—不合格判定数。

② 条件（1）规定的批数所抽取的样本中，不合格品（或不合格）总数小于或等于表2-6中规定的界限数；

③ 生产处于稳定状态；

④ 考虑希望放宽检验以节省检验费用。

需要注意的是放宽检验是非强制性的，如果需要可转回正常检验。

（4）从放宽到正常。在进行放宽检验时，若出现下列任一情况，则从下一批起转回正常检验：

① 一批被拒收；

② 生产开始不正常或停滞；

③ 由于其他原因，认为有必要转回正常检验。

（5）暂停检验。在进行加严检验时，在连续批的被检验累积未接收批数达到5批时，《MIL-STD105E》标准规定暂停接收检验，等供方采取纠正措施后，才能恢复检验。

例如：设ALQ值为0.65%，检验水准为Ⅱ，使用一次正常检验方案，最近连续10批的检验结果如表2-9所示。请问可否转为放宽检验？

解：最近连续接收10批的累计不合格品数为：

$$0+1+1+0+2+0+1+2+0+1=8$$

表2-9 最近连续10批检验结果

批序号	批量	代码	样本数	A_c R_c	检验结果	判决
1	3000	K	125	2 3	0	接收
2	500	H	80	1 2	1	接收
3	2500	K	125	2 3	1	接收
4	56	E	20	0 1	0	接收
5	1500	K	125	2 3	2	接收
6	4520	L	200	3 4	0	接收
7	2500	K	125	2 3	1	接收
8	2500	K	125	2 3	2	接收
9	1200	J	80	1 2	0	接收
10	1500	K	125	2 3	1	接收
合计	—	—	1130	—	8	—

查表2-9，10批累计抽样总数为1130，在表2-6中的800～1249范围内，此范围所在行与AQL值为0.65%所在列交叉格中为放宽检验的界限数2，今累计不合格品数为8，大于界限数2，则不可转为放宽检验。

2.2.5.4 抽取样本的方法

抽样检验时，所抽取样本，必须能代表群体质量，也就是要能够“再现性”，才能达到抽样检验的目的，普遍使用“随机抽样”的方法。

（1）样本的特征

① 样本的数量特征，用样本大小表示。

② 样本的质量特征

a. 在计件场合　用“样本的不合格品数（d）”，即样本中所含的不合格品数表示；

b. 在计点场合　用“样本的不合格数（d）”，即样本中的不合格数表示。

（2）抽样检验中的两种错判率　在线性抽样特性中，我们曾谈到错判率（即风险率）的问题，抽样风险率与接收概率是密切相关的，它也是批质量 p 的函数，我们来看OC曲线，如图 2-2 所示。

注：QC 曲线是抽检特性曲线 $L(p)$-p。p 为产品的批质量；$L(p)$ 是抽检特性函数，体现概率和统计。

假设有这样一批产品，其批质量 $p<$AQL 值（合格质量水平），因此如果是理想的抽样检验，这批产品应以 $Pa=1$ 的概率接收，因为它确属合格批，但我们从实际 OC 曲线上看到，只有 $p=0$ 时，才会 100%地接收，而当 p 在 0 与 AQL 值之间时，接收概率均小于 1，这 Pa 与 1 之间的差值（$1-Pa$）即为拒收合格批的概率，即生产方风险 $\alpha=1-Pa(p)$（小于等于 AQL 值），这时，批质量 p 越小，其对应的 α 值也就越小，当 $p=$AQL 值时，生产方风险达到最大值 $\alpha=1-Pa$(AQL 值)。

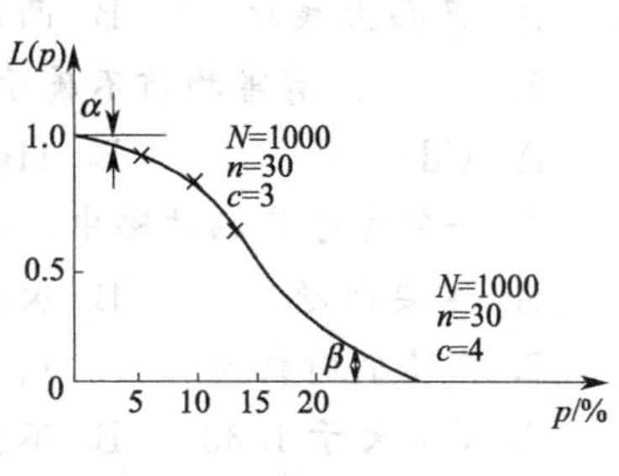

图 2-2 OC 曲线

反过来，如果规定一旦 p 大于 AQL 值的产品批即为不合格批，那么这时的批接收概率主要是使用方风险 β。因为，这时将不合格批产品判为合格批而接收了，所以 $\beta=Pa(p)$（p 大于 AQL 值），这时 β 随批质量增大而减小，当 p 无限接近 AQL 值（p 大于 AQL 值）时，β 达到最大，$\beta\approx Pa$(AQL 值)，也无限靠近合格质量水平的接收概率。

这里我们可以得到这样一个公式：$\alpha_{\max}=1-\beta_{\max}$

也就是说在只规定一个合格质量水平时，不可能得到一个 α 和 β 都比较小的抽样方案。

事实上，当产品批的 p 值刚刚超过 AQL 值不太多时，其质量还没有显著变坏，还不必要马上定为不合格批，我们可以再设定一个大于 AQL 值的值为另一个质量界限，称为不合格质量水平 RQL，只有批质量 p 达到或劣于（大于等于）这个数值后，才判为不合格批。做了这样的设定后，抽样风险 α 与 β 的最大值就变为 $\alpha=1-Pa$(AQL 值)，$\beta=Pa$(RQL 值)。

如果 AQL、RQL 和抽样方案（$n\mid A_c$）选择得当，我们就有可能把 α 和 β 值限制在生产方和使用方双方都能接受的水平之内，对双方都提供满意的保护。标准型抽样方案就是根据这一思路设计的。

2.2.6 电子产品检验中规范和标准的作用

在电子产品检验过程中，检验规范侧重于产品检验的方法及步骤描述，目的在于指导检验操作者如何进行检验。而检验标准侧重于产品检验所应达到的定量水平的描述，目的在于指导检验操作者作为比较判定合格与不合格的依据。

习 题

一、选择题

1. RoHS 颁布的指令号为（　　）。

A. 2002/97/EC 指令　　B. 2002/96/EC 指令

C. 2002/95/EC 指令　　D. 2002/94/EC 指令

2. 一般电子元器件产品采用的抽样水准是（　　）。

A. MIL-STD105E 二次抽样水准　　B. GB 2828—87 二次抽样水准

C. MIL-STD105E 一次抽样水准　　D. GB 2828—87 一次抽样水准

3. 在加严检验时，连续（　　）批不合格时应终止检验。

A. 10　　B. 5　　C. 12　　D. 8

4.（　　）不用做首件检验。

A. 产品上线时　　B. 两班交接时　　C. 生产返工时　　D. 产品变更时

5.（　　）有害物质不属于 RoHS 指令要求。

A. Cd　　B. Hg　　C. PBBs　　D. Cr

6. 一般电子产品缺陷中，（　　）是可被客户接受的。

A. 主要问题　　B. 次要问题　　C. 需改善的问题　　D. 微不足道问题

7. 全检的时机为（　　）。

A. C_{PK}大于 1.33　　B. 不良品存在时　　C. 不良率过高　　D. 以上皆非

8. 从正常到放宽的检验时机为（　　）。

A. 生产稳定　　B. 节省检验费用　　C. 不良率下降　　D. 以上皆是

9. 抽检的时机为（　　）。

A. 生产量大　　B. 节省检验费用　　C. 不良率下降　　D. 以上皆是

10. 电子产品需返工的原因为（　　）。

A. 元器件可更换　　B. 外观缺陷但不影响使用功能

C. 返工成本低于生产成本　　D. 以上皆是

二、判断题

（　　）1. 环保产品就是无铅产品。

（　　）2. 允收标准包括：理想状况、允收状况、次要缺点三种。

（　　）3. 首件确认需要填写首件检验记录表、首件重点检验记录表、首件标示。

（　　）4. 让步放行需要客户同意。

（　　）5. 描述产品的缺陷，首先要先对根本原因进行调查。

（　　）6. 电子产品都需要有告知上的警语或警示。

（　　）7. FQC 与 OQC 分别是出货检验与成品检验。

（　　）8. 首件确认是为了提高良品合格率，以防止生产过程中质量异常。

（　　）9. 免检并非放弃检验，而是加强生产过程的质量监督，一旦有异常，拿出有效措施。

（　　）10. 通过 OC 曲线图，可了解生产风险与接收概率的高低。

三、综合分析题

1. 某电子组件的出厂检验采用 GB/T 2828.1—2012（可利用 MIL-STD105E)，规定 AQL 为 1.5，检验水平为Ⅱ，求 $N=2000$、4000、6000、8000 时正常检验的一次抽样方案。

2. 在实际的抽检中，常遇到质量上要求“零收一退”，也就是零缺陷就接收，如果有一个缺陷就退回去进行全检，此抽样计划适用于哪一类的电子产品？为什么？

第3章　电子产品开发过程的检验

【学习要点】

● 产品开发过程的检验目的与事前准备工作，完善开发过程的检验规范的建立，企业各部门的工作安排与职责。

● 对有特殊要求，以及有安全性与强制性要求的产品，在检验操作上应该有对应方法，同时在前期开发工作与产品试生产阶段也要考虑这些要求。

● 建立检验方法与相关文件，对产品要求与验证方法的可行性进行确认，还要考虑如何导入生产条件。

● 做好品质问题与生产前流程的改善与规划，协助生产正常运作，避免产生品质问题与风险。

3.1　概述

3.1.1　电子产品开发过程检验的目的

在电子产品的开发过程中需要经过原材料的检验确认、半成品及成品的检验确认，同时必须满足客户对产品的可靠性要求，因此电子产品开发过程的检验目的主要基于以下几点：

第一，必须要通过检验确保相关物料、半成品及成品满足国家法律和法规的要求，以及顾客的要求；

第二，要通过检验确保相关物料、半成品及成品的功能、性能和结构满足相关要求；

第三，要通过检验确认物料、半成品及成品满足相关可靠性要求；

第四，要通过检验确认设计和开发所必须确保的其他要求，如安全、包装、运输、储存、维护、环境、经济性方面的要求等；

第五，要确保产品的开发周期以及试产、量产的质量目标，必须形成合适、合理的检验方法及相应的检验标准。

3.1.2　电子产品开发过程及对应的检验过程的建立

电子产品在前期开发过程中，首先从产品的设计开发到试产阶段，建立与维持相关书面程序管理，以此管制与查核产品前期质量先期规划，以确保引入新产品顺利生产，最终达到取得客户信任、满意，赢得长期的合作关系。因此，在公司的实施与运作规划中，对各部门的职责与工作内容分配如下。

① 工程部门：负责参与新产品开发流程与规划，包括产品设计、开发与试产、与之对应的辅助生产与工具，确认客户数据完整，使之顺利进入生产，并在试产时进行相应的生产技术支持。此外，协助生产部门预防潜在问题点发生，解决试产时出现的问题，以满足质量要求。

② 质量部门：负责试产阶段与质量相关的作业执行、文件管制与品值检验的审查工作。

③ 业务部门：负责与客户联系，提出新产品质量要求与规格，确保产品双方检验的一

致性。

④ 生产部门：负责新产品各阶段的制造任务。

在新产品导入生产工作的前期到后期，从产品组件进料、标准样件、各制程的生产，到最后产品组装完成品的各工序检验流程如下。

(1) 来料确认　针对标准物料，可以参照相关的国标或行标或企业自身的已有的标准检验确认。

对于特殊、关键物料，应依据相关的国标或行标，结合客户的特殊要求，与供应商共同建立双方认可的检验标准和检验规范。

(2) 样件的确认　样件的确认包括产品的功能性确认、可靠性确认、经济性确认等内容，这需要与客户建立双方认可的检验标准、检验方法和检验规范、样件品质检查与改善。

(3) 生产过程的确认　为满足产品生产要求，需要确认生产过程对产品本身的影响。例如：如果产品有 RoHS 要求，为确认产品能符合 RoHS 要求，就必须整个生产过程，包括生产消耗性物料、生产辅助性物料、生产设备、工装夹具等均符合 RoHS 要求。

现在电子产品的 SMT 工艺大力推行无尘车间生产，正是基于无尘车间可以避免空气尘埃所产生的静电损坏对静电敏感的 IC 器件而要求的特殊的生产环境要求。

(4) 工序质量控制点的设置与确认　制造质量的控制重点是工序质量控制，通过产品工艺性审查、工序能力调查、工序因素分析等一系列质量活动，可以选定制造方法、工艺手段和检验方式，明确质量控制对象和目标，并对影响工序质量的主导因素和条件进行控制。对于工序质量控制点的建立原则应考虑以下因素：

① 决定产品重要质量特性的关键岗位或部位；

② 工艺上有特殊要求，或对下道工序的质量有重大影响的部位与过程不稳定因素；

③ 用户或内部质量信息反馈发现不合格较多的项目或部位，进而修改与研究检验方法及频率；

④ 工序质量控制点的设置和确认在新产品生产过程设计中就应已完成，并在使用过程中不断得到完善和提高。

3.2 电子产品开发过程的检验依据

3.2.1 电子产品强制性认证要求

电子产品的强制性认证，是各国政府为保护广大消费者的人身安全、保护环境、保护国家安全，依照法律法规实施的一种产品合格评定制度，它要求产品必须符合国家标准和技术法规。

强制性认证是通过制定强制性产品认证目录和实施强制性产品认证程序，对列入目录中的产品实施强制性的检测和审核。

凡列入强制性产品认证目录内的产品，如没有获得指定认证机构的认证证书，没有按规定施加认证标志，一律不得进口、不得出厂销售和在经营服务场所内使用。

早在 2002 年 5 月，中华人民共和国国家质量监督检验检疫总局就发布了我国需要获得国家强制性认证标志的电子产品共 19 类 132 种产品。如电信终端设备类有 9 种产品：调制解调器、传真机、固定电话、无绳电话、集团电话、移动电话等。

不同的国家也会提出自己的法律法规要求，显然法律法规要求也是强制性的。欧盟的《电气电子设备中限制使用某些有害物质指令》就是一项典型的法律法规要求，只要你的产品在欧盟地区生产和销售就得符合该指令要求。

3.2.2　产品的安全性要求

电子产品无论在设计、生产、使用过程中，均必须考虑产品的安全性要求，主要需要考虑的方面包括以下内容。

(1) 防电击　因电子产品的电击危险直接威胁着使用者的生命安全，因此任何一个电子产品都必须具有足够的防电击措施。

(2) 主能量危险　大电流源的输出端短路或大容量电容器输出端短路都会形成大电流，甚至产生打火，引起着火燃烧，因此必须有一定的设计保护措施。保险丝是一种常用的设计保护措施。

(3) 防着火危险　着火危险不仅直接威胁使用者的人身安全，同时还直接威胁着周围环境的防火安全。

(4) 防过高温　零部件或材料的过高温容易导致着火燃烧，也可能导致使用者烫伤，特别是导热性能良好的外露金属零部件。

(5) 防机械危险　针对运动部件有可能会造成使用人员的人身伤害，特别是运动的裸露部件，必须在设计时做好防机械危险。

(6) 防辐射　包括音频辐射、射频辐射、光辐射和电子辐射等均对使用人员会造成不同程度的伤害，必须在设计时做好防辐射。

(7) 防化学危险　接触某些化学物质会引起人身伤害，当产品含有这类物质时，必须考虑足够的防护措施。

3.2.3　产品的可靠性要求

可靠性要求是产品规范一般应规定的适用性要求，是减少产品故障概率，延长产品使用寿命的保障。可靠性参数可分为任务可靠性、基本可靠性和耐久性。

有时客户对供应商会提出产品明确的可靠性要求，但有时则不然，供应商必须首先确定客户提出的可靠性要求是否现实或者是否可达到，然后将其转化为设计要求。还有一种经常发生的情况，尤其在消费产品中，客户不明确指定可靠性要求，此时，就需要供应商自己运用各种方法来建立产品的可靠性要求。有关确定可靠性目标和要求的活动见表 3-1。

表 3-1　有关确定可靠性目标和要求的活动

活动	工作项目和描述	与达到目的的关系
设计	环境特性： 确定产品预期能承受的工作应力	用来确定产品使用期内经受的终端使用环境范围及等级的过程。常用来确定基于性能的可靠性要求
	容错能力： 设计的备用手段以备零部件故障时仍保持产品继续运行	故障遮蔽技术的运用考虑允许提高产品任务可靠性目标，但降低了基本可靠性
分析	分配： 将产品级可靠性目标和要求转化为其组成零部件的可靠性目标和要求	基于复杂性、零部件数量等因素，由产品级可靠性要求建立低级组件可靠性要求。它提供了一种检查可靠性要求是否实现的有效方法
	非运行状况分析： 确定产品预定储存或其他非运行状态对产品可靠性方面的影响	计算出产品使用期内产品所遇到的非运行时间和备用状态，以便建立和了解特殊的设计要求和它们对产品的影响
	耐久性评估： 确定产品在期望寿命内是否保持足够的机械强度	用来确定产品的极限寿命状况。为制订修理策略要求和产品升级计划提供一种有效方法

续表

活动	工作项目和描述	与达到目的的关系
分析	寿命周期规划： 通过考虑影响产品的期望使用寿命的因素来确定可靠性(和其他)要求	确定寿命周期内所有组成部分目标的过程。考虑每阶段可靠性水平和寿命终止计划。此过程受修理策略和产品耐久性的影响很大
	建模和仿真： 通常是用图示或数学方式建立模型，来评估产品的预期可靠性，并通过仿真确认选择的模型	一种建立能分配到更低组件级的有意义的可靠性要求的方法。它能提供确定合适容错程度的方法并了解产品单元故障对产品的影响
	预计： 从可得到的设计、分析、试验数据或相似产品数据来估算可靠性	此方法用来估计潜在的硬件和软件可靠性的目标和要求能否实现。能显示容错范围以判定是否适合更高的可靠性要求
	热分析： 分析热耗散，传热途径，和冷却源来确定零部件/产品温度与可靠性要求是否一致	分析确定预期设计的可靠性要求与热的使用环境之间的关系来建立可靠性要求
	转换： 从用户对产品的使用要求出发，确定产品设计目标(即产品可靠性)	将客户和用户提出的基于性能的要求转换为产品设计的可靠性目标和要求
其他	基准比较法： 将供应商的产品和性能特征与竞争产品或从任何供应商获得的可比项目的最好性能进行比较	依据可靠性来确立竞争地位。在可靠性基础上，确定有竞争力产品所需的可靠性目标
	质量功能展开(QFD)： 搜集用户意愿并将其转化为设计要求，然后，转换成产品开发计划中所需的工作项目	理解客户需求，提供确定可靠性定量目标有效满足目标要求的工作项目的一种技术
	市场调查： 确定潜在客户的需求状况，客户对潜在产品的反映状况，和对现有产品的满意程度	确定客户需求和期望以作为开发供应商产品目标输入的基本方法

3.2.4 客户的特殊要求

客户特殊要求包括包装、运输、储存、维护、经济性方面的要求。产品是一条产业链，贯穿着设计、生产、销售、运输、使用、维护、报废的全过程，在各个环节中，因产品自身的特点及要求，决定了产品在设计过程中就应得到确认可以满足这些要求。

3.3 电子产品开发过程的检验方法

3.3.1 寻因性检验

寻因性检验是指在产品设计过程中，通过充分预测，寻找可能产生不合格的原因（寻因），从而有针对性地设计和制造防差错装置，用于产品的生产制造过程，有效杜绝不合格产品的产生。

3.3.2 可靠性验证

根据产品的可靠性要求，需要对产品进行可靠性验证。

3.3.2.1 气候环境检验

产品在储存、运输或使用过程中，常常会受到周围环境条件的影响，使其性能降低，甚至危害操作者人身安全，因此，必须研究环境对产品的影响，选择受环境因素影响小的材料、工艺和结构。

气候环境试验可分为自然暴露试验、现场运行试验和人工模拟试验三类。自然暴露试验是将被试验产品暴露在自然环境下定期进行观察和测试。现场运行试验是将被试验产品安装在各种典型的使用现场，并在运行状态下观察和测试。人工模拟试验是将被试验样品放在环境试验设备中的一种人工加速试验方法。

气候环境试验是人工模拟试验的一种，包括单因素试验和多因素试验。高温试验、低温试验、温度变化试验等是单因素试验；湿热试验、化学气体试验、长霉试验、太阳辐射试验是多因素试验。

3.3.2.2　非金属材料检验

在电子产品使用过程中，特别是因某些原因使电子产品处于非正常工作状态时，可能会引起电子产品的工作温度上升，局部产生火花。显然，安全标准要求电子产品在出现非正常工作状态时，其非金属材料部分应具有一定的耐热性和耐燃性。

电子产品在长期的使用过程中受到灰尘等物质的污染，在长期的电压和污染物的作用下，电子产品的绝缘性能会下降，进而对产品的使用安全带来影响。为此电子产品用的非金属材料检验主要要进行耐热检验、灼热丝试验、针焰试验、耐漏电起痕试验等。

3.3.2.3　电磁兼容要求检验

由于电子产品的发展及广泛应用，造成了电磁环境的复杂化；由于频谱资源有限，造成频道拥挤，干扰日益严重。而电子产品的性能要求则越来越高，相互间的干扰也越来越严重，甚至造成电子产品不能正常工作，甚至出现故障。

现在很多国家政府、军队部门以及世界组织均成立了对于电磁兼容的管理或部门组织，出台了许多的标准、规定和措施，如欧洲的 CE 指令、美国的 FCC 联邦法规都有相应的电磁兼容要求。我国对相关产品的电磁兼容也制定了一系列强制性或推荐性标准，并通过市场监督抽查和国家强制性产品认证等措施来保证市场销售的产品的电磁兼容要符合要求。

电磁兼容设计的主要内容：

① 分析系统或设备所处的电磁环境和要求，正确选择设计的主攻方向；

② 精心选择产品所使用的频率；

③ 制定电磁兼容性要求和控制计划；

④ 对元器件、模块和电路采取合理的干扰抑制和防护技术。

电磁兼容检验要求产品必须符合电磁兼容设计的一般要求，主要从以下几个方面入手：

① 抑制电磁干扰源；

② 抑制干扰耦合；

③ 提高设备的抗干扰能力；

④ 在系统或设备设计时选用相互干扰小的元器件和电路，并在结构上合理布局，以保证元器件等级上的兼容；

⑤ 采用接地、屏蔽和滤波技术，降低产品对应的干扰电平，增加干扰在传播途径上的衰减。

3.4　电子产品开发过程应输出的相关检验文件

产品开发过程又叫产品质量先期策划，主要包括以下几个阶段。

（1）产品初步设计阶段　重点提出包括总图、线路图、PCB 底板图、接线图、贴件图、丝印图、包装图，零件图、材料清单、装箱单、使用说明书、产品标准等。

（2）样件策划与确认阶段　重点根据产品初步设计阶段的相关输出制作相应的样件，

同时验证并完善产品初步设计阶段提出的相关文件输出。

(3) 过程设计和确认阶段　重点根据样件制作过程总结，以及经验证和完善的相关作业文件，进行生产过程的设计和确认，主要需要确认：工艺流程的合理性、检测方法的合理性、质控点设置的合理性、工装设计的可行性、设备选型的合理性、作业指导文件的可操作性。

(4) 产品和过程的确认阶段　实际就是综合产品设计和过程设计的输出结果，形成批量生产时所采用的工艺流程、检测方法、质控点设置、工装、设备，以及相关的作业指导文件。

上述四个过程实际是一个持续改进的循环过程，也是产品的质量水平不断改进和完善的过程。

3.5 电子产品开发过程的检验过程

检验过程是电子产品开发过程的一个子过程，但检验过程贯穿了开发过程的全过程。

3.5.1 电子产品法律法规符合性的检验确认

现代社会是一个法制社会，任何国家和地区都有自己的法律法规，因此产品要在所在国家和地区生产、销售、使用等就得符合当地的法律法规。

最典型的就是欧盟颁布的 RoHS 指令，欧盟议会和欧盟理事会于 2003 年 1 月通过了 RoHS 指令，全称是 The Restriction of the use of certain Hazardous substances in Electrical and Electronic Equipment，即在电子电气设备中限制使用某些有害物质指令，也称 2002/95/EC 指令，2005 年欧盟又以 2005/618/EC 决议的形式对 2002/95/EC 进行了补充，明确规定了六种有害物质的最大限量值，为此企业的电子电气设备需要在欧盟范围内销售及使用，对应的产品必须符合 RoHS 指令要求，详见附录 C。

如何确认并保证产品对 RoHS 指令要求的符合性，国际上的通用做法就是通过独立的第三方 SGS 公司出具的 SGS 检验报告来判定。因此，在开发有环保要求的产品或所开发的产品市场在欧盟，首先就得确保所使用的所有物料是符合 RoHS 要求的，即经 SGS 检测报告确认是符合 RoHS 要求的。

SGS 报告的获得主要通过两种方式：一种是从供应商处获得，即在供应商提供相关货品的同时要求他们提供相应的 SGS 报告，并要求供应商做出书面承诺确保符合 SGS 报告检测结果要求；另一种是自己将相关货品委托 SGS 公司检验并出具相应的 SGS 报告，根据 SGS 报告来确认 RoHS 指令的符合性。

产品对 RoHS 指令的符合性不仅要求产品本身所使用的原材料、零配件及部件必须均符合 RoHS 指令要求，同时要求产品的制造过程、检验过程、周转过程等均符合 RoHS 要求，这就要求制造工艺、制造设备、检测设备及生产辅助材料、包装材料等均符合 RoHS 要求。

综合上述内容，我们在收到 SGS 报告时必须确认报告是否符合要求，一般依照以下要求判定。

① 报告中的第三方检测实验室是否通过 ISO/IEC17025 实验室的审核（注意这里指的是实际进行测试的实验室而不是母体实验室，因为目前有很多的检测机构以母体的资格证书给大家形成误解）。

② 报告中一般只提供详细的测试数值而不做判定（一般检测机构并不对数值做判定只

是简单告知测试数值，目前例外的只有 BV 的实验室；报告中 ND 指的是测试数值结果低于当时设备以及实验方法的 MDL)。

③ 对于提供 SONY 客户的报告需要特别注意，SONY 对有害物质检测报告的形式和内容有特别的规定。

④应对 RoHS 要求目前所采取的主要方式就是检测，目前尚没有机构有能力签发有关 RoHS 的证书，主要是因为 RoHS 的管制因为各国情况不同而在具体制定的法规方面有差异，一般来讲签发 RoHS 证书带有侵权的嫌疑。

⑤ 对于系统产品一般采取整合报告的形式，其原因在于系统客户要求的时候还会考虑本身成本。

⑥ 对于系统厂商需要做的事情会比较多：因为无铅制程引入可能会降低产品的可靠度(因为制造过程的控制温度比以前有了比较明显的提升，产品的可靠度性能降低)，所以对于系统（模组）厂商并不是简单的材料符合。

3.5.2　电子产品质量先期策划

先期策划的目的在于保证新产品从设计开发到量产的顺利进行，建立并维持书面程序，用以管制与查证产量先期规划，以确保新产品顺利生产，最终取得客户的信任、满意，赢得长期的合作关系。

3.5.2.1　电子产品质量先期策划的确认

在质量的管理上，先期策划分为五个阶段，分别为：客户需求评估阶段、产品设计与开发阶段、过程设计与开发阶段、产品的试做阶段、产品的生产阶段。

(1) 客户需求评估阶段：包括 PPK/CPK 要求、检验标准、产品信赖性的要求、相关的法规调查、产品的品质计划与目标、主要制程的流程、特殊的材料与特殊的制程、参考样品与产品简图。

(2) 产品设计与开发阶段：根据客户的需求或市场需求进行设计，提出初步产品式样。

(3) 过程设计与开发阶段：主要针对制造流程的规划（初步制程流程图)、过程特殊性研究、平面图配置、试产管制计划、相关作业标准（SOP）与检验标准（SIP)、测量系统规划、初期制程能力研究规划、初期 BOM 表、初期包装规范、试产条件表。

(4) 产品的试做阶段：量测系统分析报告提出初期的制程能力研究，对试做时出现的问题点进行整理，成品限度变更申请，试做阶段持续改善工作的开展，变更新产品试做阶段管理办法。

(5) 产品的生产阶段：试做阶段后确认是否可移转及生产，审查相关文件如：相关作业标准（SOP）与检验标准（SIP）的适宜性、生产条件表、管制计划、初期制程能力研究结果、生产 BOM 表、问题点及改善措施、性能测试结果、外观评估结果、产品承认许可书等。

3.5.2.2　电子产品质量控制确认

质量控制工程图（Quality Control Flow Chart，QCFC)，它是用来确认质量准备状况的一种工具，表明某种产品的整个制造流程，每个流程需要管制的参数（包含需检查的项目)，如温度、抽样标准等，各流程的作业指导书均应该由质量控制工程图展开，它是依据客户的各种需求来制造满足其需求产品的一种辅助工具。其作用分述如下。

(1) 为设计及筛选提供了一种结构性的方法，同时对整个系统实施能增加附加价值的管制方法。QC 工程图提供了整个系统，如何减少制程与产品变异的书面化的说明。QC 工程图不是用来取代作业标准书的。QC 工程图的方法被广泛地应用到各种制程与技术上。QC 工程图是质量程序中所有生产流程工艺的汇总。

(2) QC工程图是叙述如何管理各种零件与制程的书面说明。一份单一的QC工程图，如果是同一个制造厂商用同一个制程来进行生产，就可以应用到一群产品或产品家族上。必要时，各种图面可以附加在QC工程图上以用作说明。为了让QC工程图发挥作用，各种制程监控的指示应明确加以定义并持续执行。

(3) 将整个制程包括进料、制程、出货，以及定期性检验的各个阶段所需采取的措施，加以详细说明，以确保制程所有阶段的产出均在控制中。在正式生产中，QC工程图对需要进行管制的特性值，提供了进行各种监控及管制的方法说明。由于制程会不断地被更新及改善，所以QC工程图也随之不断地更新。

(4) QC工程图在整个产品寿命周期里，都应加以维持并被使用。在产品寿命周期中的初期，它主要的目的是将制程管制的初步方案加以书面化，它将说明在制造中如何进行制程的管制及确保产品质量。最后阶段，它仍是一份活生生的书面文件，反映出现行的管制方法，以及所使用的量测系统。当量测方法及管制方法有所改善后，QC工程图也应随之更新。

QC工程图就是把公司的生产过程中的各个工序和流程加以排列，并说明每个流程和工序的质量管控方法、工具及注意事项，用以保证质量。

3.5.3 电子产品安全性、可靠性、符合性的检验确认

任何产品在设计时就应充分考虑其使用的安全性和可靠性，安全性和可靠性包括两个方面的内容：一方面是对产品使用人/操作者的安全性保证，即必须消除对使用该产品的人可能带来伤害的安全隐患。另一方面，产品本身正常发挥功能时的安全性保证。

3.5.3.1 电子产品的安全性/可靠性要求的风险识别及检验确认

新产品开发小组负责对“产品风险”的识别，为避免识别和估计不当的开发、加工和（或）描述产品而造成的潜在的危害，规定采取以下一种或几种措施。

(1) 风险分析（FMEA） FMEA（失效模式与影响分析：Failure Mode and Effects Analysis）：在设计和制造产品时，通常有三道控制缺陷的防线：避免或消除故障起因、预先确定或检测故障、减少故障的影响和后果。其目的是提供团队鉴定与设计及制造问题相关的潜在失效模式的手法、流程的安全性，以及流程、材料、作业不良及其对策，积累专业设计及制造技术方面的经验，提升制程品质，并且杜绝制程中发生不良机会。

FMEA是一种可靠性设计的重要方法。它实际上是FMA（故障模式分析）和FEA（故障影响分析）的组合。它对各种可能的风险进行评价、分析，以便在现有技术的基础上消除这些风险或将这些风险减小到可接受的水平。及时性是成功实施FMEA的最重要因素之一，它是一个“事前的行为”，而不是“事后的行为”。为达到最佳效益，FMEA必须在故障模式被纳入产品之前进行。凡是在新产品导入期间，潜在问题应预先防止；当提供试生产制程中发生品质问题时，应进行不良分析并提出对策。

FMEA实际是一组系列化的活动，其过程包括：找出产品生产过程中潜在的故障模式；根据相应的评价体系对找出的潜在故障模式进行风险量化评估；列出故障起因与机理，寻找预防或改进措施。

在过程实施时应注意以下事项。

① 开发期间对生产线的规划，把握其制程中设计的弱点，将有问题点的部分或发生不良率偏高的工程，加以检查处理。

② 可能发生的故障模式。

③ 流程设计阶段、量产化试行阶段的风险评估。

④ 检查产品变更、过程更改、过程不稳定、制程能力不足、修改检验方法与频次等。

(2) 负载试验　把电能转换成其他形式的能的装置叫做负载。电动机能把电能转换成机械能，电阻能把电能转换成热能，电灯泡能把电能转换成热能和光能，扬声器能把电能转换成声能。电动机、电阻、电灯泡、扬声器等都叫做负载。晶体三极管对于前面的信号源来说，也可以看做是负载。对负载最基本的要求是阻抗匹配和所能承受的功率。

负载是指连接在电路中的电源两端的电子元件。电路中不应没有负载而直接把电源两极相连，此连接称为短路。常用的负载有电阻、引擎和灯泡等可消耗功率的元件。不消耗功率的元件，如电容，也可接上去，但此情况为断路。

负载试验的目的就是确认产品的负载能力，从而形成合理的负载范围，如产品长时间过载运行时不仅会对产品本身造成伤害，还可能激发安全隐患，从而对操作人员的身体健康产生威胁。

(3) 寿命试验　寿命试验的目的是为确认产品正常使用的寿命，而寿命试验通常会采用加速寿命试验来确认，加速寿命试验是在进行合理工程及统计假设的基础上，利用与物理失效规律相关的统计模型对在超出正常应力水平的加速环境下获得的信息进行转换，得到产品在额定应力水平下的特征可复现的数值估计的一种试验方法。简言之，加速寿命试验是在保持失效机理不变的条件下，通过加大试验应力来缩短试验周期的一种寿命试验方法。加速寿命试验采用加速应力水平来进行产品的寿命试验，从而缩短了试验时间，提高了试验效率，降低了试验成本。

进行加速寿命试验必须确定一系列的参数，包括（但不限于）：试验持续时间、样本数量、试验目的、要求的置信度、需求的精度、费用、加速因子、外场环境、试验环境、加速因子计算、威布尔分布斜率或 β 参数（$\beta<1$ 表示早期故障，$\beta>1$ 表示耗损故障）。

(4) 材料试验　材料试验对于工程材料上有极大的关系，科技之所以能进步，是因为材料的进步，通过材料试验，不但可以研究出新材料，还可以降低生产出瑕疵物品的概率。

(5) 装配试验　成品一般均由各种零部件装配而成，装配试验可以有效确认产品的可装配性、装配的工作效率、装配的可靠性等，一般装配主要由以下几个步骤来完成：

① 对所有零部件进行辨识，编制零部件名称、编号、功能的对照表格；

② 确定各个零部件的装配顺序，绘制装配流程图；

③ 制订装配工序，测定各道工序的平均装配时间，编制装配工序数据表，绘制装配工序流程图（网络图）；

④ 进行装配测试，修正数据，最终完成产品装配过程设计；

⑤ 编制装配细则，包括注意事项、质量要求、工艺要求等。

(6) 环境模拟试验　环境模拟试验，简称环境试验，是为了保证产品在规定的寿命期间，在预期的使用、运输或储存的所有环境下，保持功能可靠性而进行的活动是将产品暴露在自然的或人工的环境条件下经受其作用，以评价产品在实际使用、运输和储存的环境条件下的性能，并分析研究环境因素的影响程度及其作用机理。

环境模拟试验设备是模拟各类环境气候，运输、搬运、振动等条件下，是企业或机构为验证原材料、半成品、成品质量的一种方法。目的是通过使用各种环境试验设备做试验，来验证材料和产品是否达到在研发、设计、制造中预期的质量目标。广泛用于大专院校、航空、航天、军事、造船、电工、电子、医疗、仪器仪表、石油仪表、石油化工、医疗等领域。

环境模拟试验设备能按 IEC、MIL、ISO、GB、GJB 等各种标准或用户要求进行高温、低温、温度冲击（气态及液态）、浸渍、温度循环、低气压、高低温低气压、恒定湿热、交变湿热、高压蒸煮、砂尘、耐爆炸、盐雾腐蚀、气体腐蚀、霉菌、淋雨、太阳辐射、光老化等。

环境相容性和用后处置的研究。产品的环境相容性本质就是产品本身对所处环境的适应性，环境相容性研究的目的就是确保产品在对应的环境中有高的环境适应性。

3.5.3.2 电子产品的安全性/可靠性要求的警示

有需要时，工程部制订产品说明书，用于对顾客在产品使用中识别风险的警示，以尽可能避免风险和一旦发生故障时明确产品责任及应急处置。

3.5.3.3 电子产品的寿命试验

(1) 概述 设计产品不仅是设计产品的功能和结构，而且要设计产品的规划、设计、生产、经销、运行、使用、维修保养、直到回收再用处置的全寿命周期过程。全寿命周期设计意味着，在设计阶段就是考虑到产品寿命历程的所有环节，以求产品全寿命周期所有相关因素在产品设计分阶段就能得到综合规划和优化。

新产品是一个相对概念，具有很强的时间性、地域性和资源性，全寿命周期设计的最终目标是尽可能在质量、环保等约束条件下缩短设计时间并实现产品全寿命周期最优。以往的产品设计通常包括可加工性设计、可靠性设计和可维护性设计，而全寿命周期设计并不只是从技术角度考虑这个问题，还包括产品美观性、可装配性、耐用性甚至产品报废后的处理等方面也要加以考虑，即把产品放在开发商、用户和整个使用环境中加以综合考察。

电子产品领域为确认其设计寿命，通常采用加速寿命试验来确认，而加速寿命试验分为恒定应力、步进应力和序进应力加速寿命试验。将一定数量的样品分成几组，对每组施加一个高于额定值的固定不变的应力，在达到规定失效数或规定失效时间后停止，称为恒定应力加速寿命试验（以下简称恒加试验）；应力随时间分段增强的试验称步进应力加速寿命试验（以下简称步加试验）；应力随时间连续增强的试验称为序进应力加速寿命试验（以下简称序加试验）。序加试验可以看做步进应力的阶梯取很小的极限情况。

加速寿命试验常用的模型有阿伦尼斯（Arrhenius）模型、爱伦（Eyring）模型以及以电应力为加速变量的加速模型。实际中 Arrhenius 模型应用最为广泛，本文主要介绍基于这种模型的试验。Arrhenius 模型反映电子元器件的寿命与温度之间的关系，这种关系本质上为化学变化的过程。方程表达式为

$$\frac{\mathrm{d}M}{\mathrm{d}t}=A\mathrm{e}^{-E/(kT)} \tag{3-1}$$

式中，$\mathrm{d}M/\mathrm{d}t$ 为化学反应速率；E 为激活能量，eV；k 为波尔兹曼常数 0.8617×10^{-4} eV/K；A 为常数；T 为绝对温度，K。式(3-1) 可转化为

$$\lg t=a+b\left(\frac{1}{T}\right) \tag{3-2}$$

其中：
$$b=\frac{T_1T_2}{T_2-T_1}\lg\frac{t_1(F_0)}{t_2(F_0)}\quad (T_2>T_1)$$

式中，F_0 为累计失效概率；$t_i(F_0)$ 为产品达到某一累计失效概率 $F(t)$ 所用的时间。算出 b 后，则

$$E=bk/\lg\mathrm{e}=2.303bk$$

$$a=\lg t_2(F_0)-\frac{b}{T_2}$$

式(3-2) 是以 Arrhenius 方程为基础的反映器件寿命与绝对温度 T 之间的关系式，是以温度 T 为加速变量的加速方程，它是元器件可靠性预测的基础。

(2) 试验方法

① 恒定应力加速寿命试验　目前应用最广的加速寿命试验是恒加试验。恒定应力加速度寿命试验方法已被 IEC 标准采用。其中加速试验程序包括对样品周期测试的要求、热加速电耐久性测试的试验程序等，可操作性较强。恒加方法造成的失效因素较为单一，准确度较高。国外已经对不同材料的异质结双极晶体管（HBT)、CRT 阴极射线管、赝式高电子迁移率晶体管开关（PHEMT switch)、多层陶瓷芯片电容等电子元器件做了相关研究。Y. C. Chou 等人对 GaAs 和 InP PHEMT 单片微波集成电路（MMIC）放大器进行了恒加试验 。下面仅对 GaAs PHEMT 进行介绍，InP PHEMT 同前。对于 GaAs PHEMT MMIC 共抽取试验样品 84 只，分为三组，每组 28 只，环境温度分别为 $T_1=255℃$，$T_2=270℃$，$T_3=285℃$，所有参数均在室温下测量。失效判据为 44GHz 时，$|\Delta S_{21}|>1.0dB$。三个组的试验结果如表 3-2 所示，试验数据服从对数正态分布。表中累计失效百分比、中位寿命、对数标准差（σ）均由试验数据求得。其中累计失效百分比＝每组失效数/（每组样品总数＋1)；中位寿命为失效率为 50%时的寿命，可在对数正态概率纸上画寿命-累计失效百分比图得出：$\sigma\approx \lg t(0.84)-\lg t(0.5)$。根据恒定应力加速寿命试验结果使用 Origin 软件可画出图 3-1。图 3-1 中直线是根据已知的三个数据点用最小二乘法拟合而成，表示成 $y=a+bx$。经计算 $y=-12.414+8.8355x$。代入沟道温度 $T_0=125℃$，求其对应的 x_0，$x_0=1000/(273+125)=2.512562$，$MTTF=(\lg y-\lg x)\times x_0=6.1\times10^9h$，拟合后直线的斜率 b 为 8.8355×10^3，则激活能 $E_a=2.303bk\approx1.7eV$。因此，沟道温度为 125 ℃时，估计 GaA 的 MTTF 大于 1×10^8h，激活能为 1.7eV。

表 3-2　0.1μm GaAs PHEMT MMIC 三个温度点寿命测试参数

环境温度/℃	沟道温度/℃	样品数/只	试验时间/h	累计失效百分比/%	中位寿命 50%h	对数标准差
255	300	28	1056	65	923	0.35
270	315	28	854	82	496	0.54
285	330	28	192	72	157	0.56

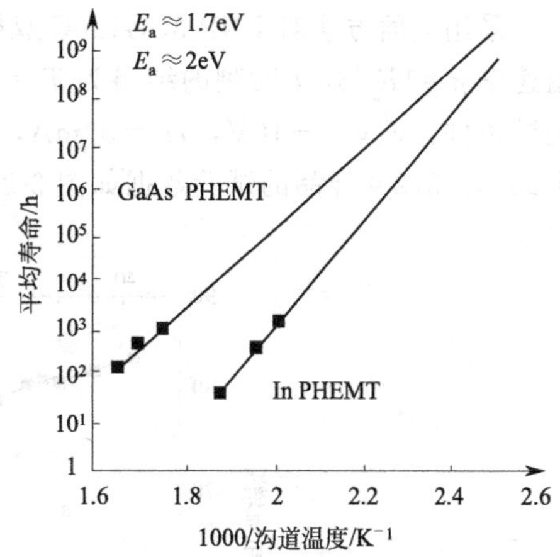

图 3-1　0.1μm GaAs PHEMT MMIC 的 Arrhenius 图

② 步进应力加速寿命试验　步加试验时，先对样品施加一接近正常值的应力，到达规定时间或失效数后，再将应力提高一级，重复刚才的试验，一般至少做三个应力级。步进应力测试条件见表 3-3。

Frank Gao 和 Peter Ersland 对 SAGFET 进行了步加试验。温度从 150～270℃划为六级，每 70h 升高 25℃；沟道温度约比环境温度高 30℃。总试验时间约 400h。根据 Arrhenius 模型：

$$\Delta P/P=\Delta_0 e^{(E_a/kT)} \tag{3-3}$$

表 3-3　步进应力测试条件

应力台阶	#1	#2	#3	#4	#5	#6
环境温度/℃	150	175	200	225	250	270
沟道温度/℃	180	206	232	258	284	305
应力间隔/h	40	70	70	70	70	70
受试器件数/件	20	19	17	17	17	16

式(3-3) 可转化为

$$\ln\frac{\Delta P}{P}=\ln\Delta_0+\frac{E_a}{kT} \tag{3-4}$$

将式(3-4) 看做 $y=a+bx$，式中，$y=\ln\frac{\Delta P}{P}$；$a=\ln\Delta_0$；$b=\frac{E_a}{k}$；$x=\frac{1}{T}$，则根据试验数据做温度的倒数——某参数改变量（本试验选取 Idss，Ron 等），即 $\frac{1}{T}$-$\frac{\ln\Delta P}{P}$ 关系。拟合后，斜率 b 可直接读出，乘以 k 可得激活能。估算出 $E_a=1.4\text{eV}$，再由 $\text{MTTF}(T_0)=\text{MTTF}(T_1)\times e^{E_a(T_1-T_0)/kT_1T_0}$ 由试验得到某一高温时器件的 $\text{MTTF}(T_1)$，进而可得到样品在 125℃时的寿命大于 10^7h。这个结果和常应力测试结果相吻合。

③ 序进应力加速寿命试验　序加试验的加速效率是最高的，但是由于其统计分析非常复杂且试验设备较昂贵，限制了其应用。这方面的研究也较少。试验中对器件施加按一定速率 β 上升的斜坡温度，保持电流密度 j 和电压 V 不变。做 $\ln(T-2\Delta P/P_0)$ 与 $1/T$ 曲线，找出曲线的线性段，并经线性拟合得到一直线，设直线的斜率为 S，则器件的失效激活能 $E=-kS$。得出激活能 E 后，就可以外推某一使用条件下的元器件寿命。

$$\tau=\frac{\int_{t_1}^{t_2}e^{\left(\frac{-E}{kT}\right)}\,dt}{e^{\left(\frac{-E}{kTj0}\right)}} \tag{3-5}$$

采用上面方法对 PNP 3CG120C 双极型晶体管做了序加试验。初始温度 T 为 443K，升温速率 $\beta=1K/8$，t 时刻的结温为 $T=T_0+\beta t+\Delta T$。电应力 $V_{CE}=-27\text{V}$，$I_C=18.5\text{mA}$；测试条件：$V_{CE}=-10\text{V}$，$I_C=30\text{mA}$，室温下测量；失效判据：h_{FE} 的漂移量 $\Delta h_{FE}/h_{FE}\geqslant\pm20\%$。372#样品的试验数据如图 3-2 所示。

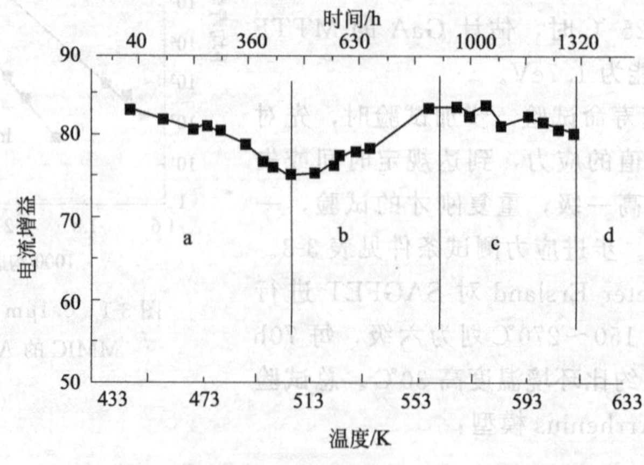

图 3-2　372#样品 h_{FE} 的试验值与温度和时间的关系

鉴于图 3-2 中曲线段 a 最接近使用温度，能最好地反映正常工作条件下的失效机理，所以选择 a 段数据用 Excel 软件做出 $\ln(T-2\Delta h_{FE}/h_{FE})$ 与 $1/T$ 曲线，并做线性拟合得到一直线，其斜率为 S，则器件的失效激活能 $E=-kS=0.7\text{eV}$。由图 3-2 a 段外推出样品的 h_{FE} 退化 20% 所需的试验时间如图 3-3 所示。根据 GJB/Z 299C-200x 表 5.1.1-5c 可计算出，样品正常使用时的结温为 60℃ 左右。

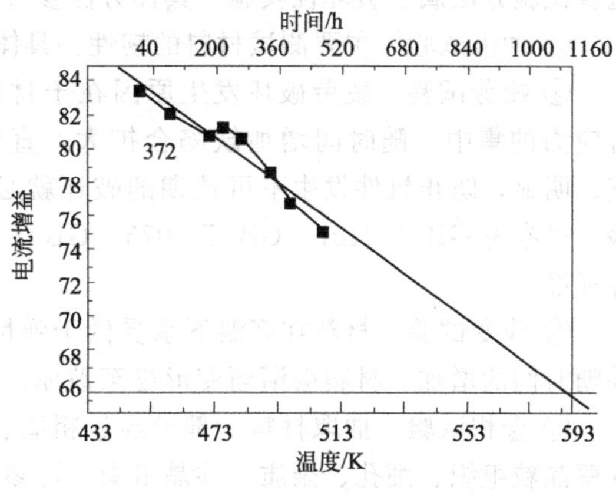

图 3-3　372＃样品寿命外推结果

式(3-5) 经数学处理可变为

$$\tau=\frac{\frac{1}{\beta}\int_{T_0}^{T}e^{\left(\frac{-E}{kT}\right)}\,dt}{e^{\left(\frac{-E}{kTj0}\right)}}=\frac{\frac{1}{\beta}T^2e^{\left(\frac{-E}{kT}\right)}}{e^{\left(\frac{-E}{kTj0}\right)}}$$

代人 $T=585\text{K}$，求得 $\tau_{372\#}=1.2\times10^7\text{h}$，这个结果与经验数据 $1.92\times10^7\text{h}$ 是可以比拟的。

(3) 试验方法的比较

① 加速寿命试验的实施　恒加试验一般需要约 1000h，总共要取上百个样品，要求应力水平数不少于 3 个。每个应力下的样品数不少于 10 个，特殊产品不少于 5 只。每一应力下的样品数可相等或不等，高应力可以多安排一些样品。步加试验只需 1 组样品，最好至少安排 4 个等级的应力，每级应力的失效数不少于 3 个，这样才能保证数据分析的合理性。另外，James A. McLinn 提出了在步加试验中具体操作的一些有价值的建议。例如试验应力的起始点选在元器件正常工作的上限附近，应力最高点的选择应参考之前的试验经验或是已知的元器件失效模式来设定，将应力起始点到最高点之间分成 3～6 段；试验前需确定应力步长的最小和最大值。序加试验的样品数尚无明确的规定。步加、序加试验只需几百小时，取几十个样品甚至更少且只需一组样品就可以完成试验。目前应用最广的是恒加试验，但其试验时间相对较长，样品数相对多一些。相比之下，步加、序加试验在这方面要占优势。当样品很昂贵、数量有限或只有一个加热装置时，步加、序加试验无疑是最好的选择。

② 加速寿命试验的应用　恒加试验已经成熟地应用于包括航空、机械、电子等多个领域。步加试验往往作为恒定应力加速寿命试验的预备试验，用于确定器件承受应力的极大值。如在 GaAs 红外发光二极管加速寿命试验中，用步加试验确定器件所能承受的最高温度，而后再进行恒加试验，避免了在恒加试验中出现正常使用时不会出现的失效机理。步加试验也可应用于缩短试验时间。已经有将恒加试验结合步加试验以缩短试验时间的做法。序加试验的优点是时间短，但其精度不高，而且实施序加试验需要有提供符合要求应力以及实时记录样品失效的设备。

3.5.3.4　电子产品的材料试验

目前新产品和新材料开发中主要有两类材料试验方法：一类是破坏性材料试验；另一类是非破坏性材料试验。

(1) 主要破坏性材料试验方法

① 拉伸试验　试验时将规定规格的试片装入万能试验机进行两端施以拉力，直到试片断掉，主要在测试材料的强度、延性。可以得到材料的弹性极限范围、降伏点、降伏强度、抗拉强度、伸长率、断面缩率。具体方法参考 GB/T 228.1—2010。

② 硬度试验　常用的材料硬度试验有勃式硬度、洛氏硬度、维克氏硬度、萧氏硬度等这些试验方法属于破坏性实验。具体方法参考 GB/T 531—1999。

③ 冲击试验　主要测试材料的韧性。具体方法参考 GB/T 3803—2002。

④ 疲劳试验　疲劳破坏发生原因在于材料承受负变荷时，材料表面及内部的缺陷会有应力的集中，随时间增加缺陷会扩大，直到发生破坏，疲劳破坏不像其他破坏这么迅速、明显，防止机件发生不可预期的破坏就必须对结构上重要且具危险性的构件做疲劳试验。可参考 GB/T 2107、GB/T 3075、GB/T 4337、GB/T 6398、GB 12443、GB/T 15248 等标准。

⑤ 浅变试验　材料在高温下承受低于弹性限的应力时，虽然应力不高但因温度的影响并随时间的增加，材料会渐渐变形终至破坏。可参考 GB/T 2423、GB/T 2424 等标准。

⑥ 金相试验　抽取材料一部分经过粗磨、细磨、抛光、酸洗，再放入金相显微镜底下观察晶粒组织、细孔、杂质、共晶组织。可参考 GB/T 226—1999。

(2) 非破坏性检测法　主要有渗透探伤、磁粉探伤、放射线探伤、超声波探伤等方法。

3.5.4　电子产品功能符合性的检验确认

电子产品功能符合性的检验确认重点在于确认产品本身是否达到设计要求或是否满足客户的使用要求。

3.5.5　电子产品批量生产可行性的检验确认

电子产品的设计开发目的在于产品得到确认后可以批量生产，以满足或提高人民日益提升的物质生活和文化生活需要。批量生产可行性的确认实际就是新产品开发过程中的制造过程的确认。

习　题

一、选择题

1. 电子产品开发过程中，所有的原物料都需要符合（　　）。

A. RoHS 指令　　B. SGS 报告

C. RoHS 指令与 SGS 报告　　D. 都不需要

2. 电子产品在前期开发过程中，（　　）不是工序质量控制点的设置原因。

A. 工艺上有特殊要求　　B. 检验方法与频率

C. 决定产品重要质量特性　　D. 提高检验效率

3. 电子产品在气候环境中试验，可分为（　　）。

A. 自然暴露试验　B. 现场运行试验　C. 人工模拟试验　D. 以上皆是

4. 前期设计开发过程中，对于质量的分析可利用（　　）方法来进行。

A. 仿真　　B. 调查　　C. 预测　　D. 以上皆是

5. 对于电子产品的电磁兼容设计，（　　）不在此范围。

A. 结构上合理布局　　B. 破坏性设计

C. 工作的频率　　D. 干扰抑制和防护技术

6. 质量先期策划中，在（　　）阶段需完成初期 BOM 表清单。

A. 过程设计与开发阶段　　B. 产品的生产阶段

C. 客户需求评估阶段　　D. 产品的试做阶段

7.（　　）不是质量控制工程图的作用。

A. 提供制程进行各种监控及管制的方法　B. 应用到各种的制程与技术

C. 制程监控的指示　D. 了解生产问题点的发生

8.（　　）不是 FMEA 的功能。

A. 生产效率　B. 对生产线的规划

C. 了解制程能力不足　D. 可能发生的故障模式

9. 电子产品在前期开发过程安全性的要求是（　　）。

A. 防化学危险　B. 防辐射　C. 防着火　D. 以上皆是

10.（　　）不是电子产品开发过程的检验目的。

A. 确保产品质量目标　B. 相关物料满足法规的要求

C. 降低生产成本　D. 以上皆非

二、判断题

（　　）1. 电子产品的前期开发过程是为了生产顺利必需的过程。

（　　）2. QC 工程图适合所有产品的生产工序。

（　　）3. QC 工程图不需对应 FMEA。

（　　）4. 可靠性要求因产品不同会变更。

（　　）5. FMEA 可提高质量与生产的效率。

（　　）6. 公司要制定自行的检验方式，以确保前期开发过程中不发生质量问题。

（　　）7. 通过样件的检验，可避免生产中发生的问题。

（　　）8. 电子产品在工作时都会产生高温，此问题可利用开发过程来解决。

（　　）9. 产品在前期开发过程与生产过程的质量控制是相同的。

（　　）10. 设计变更同时需要修改 QC 工程图与 FMEA。

三、综合分析题

1. 电子产品质量先期策划，在实际的操作上会分为五个阶段，但面对各产业科技竞争下，会规划其日程表，或称甘特图，对新产品导入生产前进行质量管理。请设计以六个月为日程，对新产品质量先期策划做出合理安排的日程表，让新产品得以在生产线顺利生产。

2. 作业标准是生产过程中，根据其标准步骤进行生产。习题图 3-1 所示为利用万用表对电容脚位判别的测量流程，请指正并说明此作业标准上的注意事项，如何让作业标准成为产品在生产线上首要的质量控制？

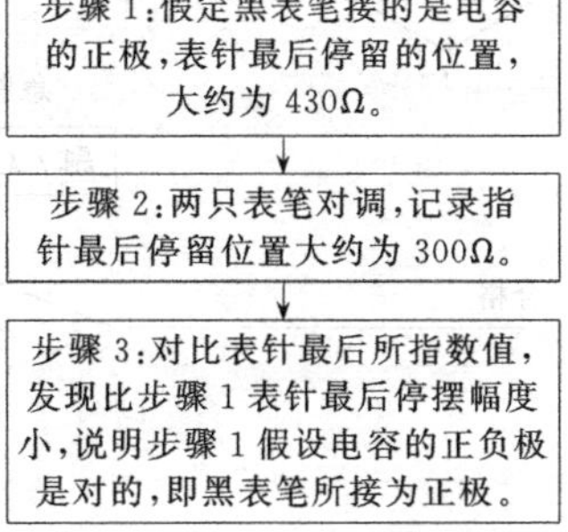

步骤 1：假定黑表笔接的是电容的正极，表针最后停留的位置，大约为 430Ω。

↓

步骤 2：两只表笔对调，记录指针最后停留位置大约为 300Ω。

↓

步骤 3：对比表针最后所指数值，发现比步骤 1 表针最后停摆幅度小，说明步骤 1 假设电容的正负极是对的，即黑表笔所接为正极。

习题图 3-1　电容引脚测试流程

第4章　电子产品的进料检验

【学习要点】

- 进料检验的基本流程与检验的依据与原则，设计品质管理，符合公司品质管理程序的实施，避免造成时间与人力上的浪费，影响生产管理。
- 电子产品主要物料的外观上的检验方法，对不合格品的不良现象的说明。
- 来料检验的结果处理方法，对供应商管理与客户间的协调，达到品质上检查的统一性，让生产作业继续改善与进行。
- 常见电子产品主要性能参数检验，按参数性能重要性，以外观为主进行筛选，以性能为辅的方式进行来料检验，以完成检验工作与效率。
- 电子产品外壳的检验内容与检验方法。

4.1　进料检验

4.1.1　概述

进料检验（又称来料检验）需求形成了相应的进货质量控制职位（Incoming Quality Control，IQC），在实际操作过程中，供应商的来料水平已是确定的，IQC的作用在于验证其质量水平是否满足公司的生产和使用要求，因此IQC的工作质量主要从送检及时率、漏检率和误判率等几个指标来衡量。

显然，IQC的检验结果不仅会影响到生产线上的生产效率，而且会直接影响到产品的质量水平，进而影响到客户的满意度。

4.1.2　进料检验的基本流程

进料检验的基本流程如图4-1所示。IQC从仓库领料后，对来料检查时，经常会遇到各

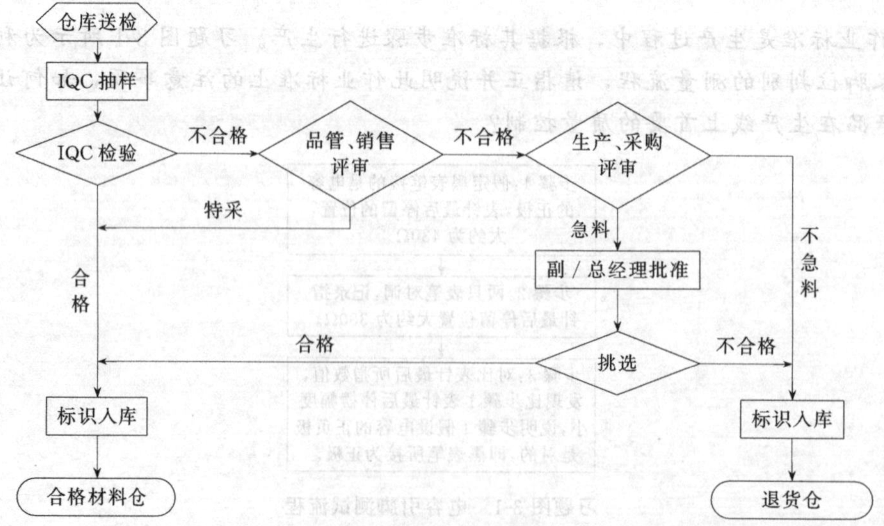

图4-1　进料检验的基本流程

种各样的不良情况，检查时要从来料整体和抽取样品两方面来进行检查，可分为如下几类，包括：来料错误，主要有来料的规格要求不符，即来料的一些相关参数与要求不符；数量错误，主要是指来料的数量不符，包括多料、少料、无料等；标示错误，是指来料本身没有不良，而只是在内外包装或标示时出现错误等；包装凌乱，包括一次来料的多个物料混装、标示不对应、包装破损，以及一个物料的包装松散、摆放不整齐等。这样，容易造成 IQC 检查物料时找料难、整理麻烦、降低工作效率等，也容易造成物料变形、划伤、破损等其他不良状况。

供应商的材料到料后，首先由仓管人员进行初步的检查，主要核对采购订单的相关信息与来料包装信息和送货单信息是否一致，包括物料名称、型号规格、数量，确认后将物料送入待检区，然后填送检单报 IQC。

IQC 根据送检单、相关的《原材料检验标准》和《检验规范》抽样检验，检验合格时直接标识入库，检验不合格时再进行后续的处理。

4.1.3　进料检验的依据和原则

进料检验是为了防止不符合要求的物料进入公司，同时进料检验也是做好供应商管理（SQM）的依据，进料检验也有利于提高供应商的质量控制水平。

产品开发阶段，研发工程师必须确认产品所使用的相关物料应满足的标准和要求，从而提出相应的《原材料检验标准》，结合品质部门制定的相关的《检验规范》作为进料检验的依据。

进料检验的抽样标准依据《检验规范》所规定的抽样标准执行，在实际应用中会执行加严检验（适用初期管理阶段之零件，包括新开发件、设计变更件、工程变更件等）、正常检验（适用于量产管理阶段并已解除初期管理的零件）、放宽检验（在“正常检验”条件下，任何材料如果连续 5 批都合格，则第 6 批转为“放宽检验”；对于实施“放宽检验”的材料，只要发现 1 次不合格，下次来料时则转为“正常检验”）等几种方式进行。

4.1.4　来料检验的目的和必要性

IQC 来料检验是为了防止不符合要求的物料进入公司，同时来料检验也是做好供应商管理（SQM）的依据，来料检验也有利于提高供应商的质量控制水平。来料检查，除整体检查外，对于不良内容更复杂多变的是抽样样品的检查。抽样样品的不良主要分为两大类，即外观不良和功能不良。在外观不良上，主要根据不同元器件或电路模块的检验规范进行，包括；包装不良，有外包装破损、未按要求包装（如要求真空包装而没有真空包装、一般要求卷带而改成托盘装、单个包装的数量有要求而没按要求等）、料盘料带不良（如料盘变形、破裂；料带薄膜黏性过强，机器难卷起、易撕裂、撕断，若黏性弱，松开导致元件掉出等）、摆放凌乱等；标示不良，无标示、漏标示、标示错（多字符、少字符、错字符等）、标示不规范（未统一位置、统一标示方式）、不对应（标示有实物无或有实物无标示，即多箱物料乱装）等；尺寸不良，即相关尺寸或大或小，超出要求公差，包括相关长、宽、高、孔径、曲度、厚度、角度、间隔等；装配不良，有装配紧、装配松、离缝、不匹配等；表面处理不良，有清洁、颜色、电镀或印刷、破裂、残缺、划伤、洞穿、剥离、压伤，印痕、凹凸、变形等。在功能不良方面，则因不同的原材料而显示其各自的特性。主要有标称值、误差值、耐压值、温湿度特性、高温特性、各原材料其他相关特性参数及功能等。

4.1.5　主要物料的检验

4.1.5.1　塑胶类原材料检验要求及检验方法

（1）塑胶件材质检验要求　塑胶件材质的试验项目与试验方法、判定标准，见表 4-1。

表 4-1 塑胶件材质的试验项目与试验方法、判定标准

试验项目	试验条件	试 验 方 法	判 定 标 准	备注
冷热循环		试验品置于 60℃(或 85℃)条件下 2h 后再置于−20℃(或−40℃)条件下,如此七个循环	无白化、裂痕、变形、脱落,打螺钉的无爆裂等	
强度试验	室温	依要求做冲击、扭矩、落球冲击、自由落体等试验	无破裂	
应力破坏	室温	按材质不同选用不同的溶剂浸泡	无明显白化、裂痕	
耐候性试验		60℃、紫外线灯 2 只,时间 150h;在暗处,40℃、95%湿度,72h	满足规定的 ΔE 值	ΔE:表示符合性的程度。(0～0.25) ΔE:理想匹配,(0.25～0.5) ΔE:可接受;(0.5～1.0) ΔE:部分接受;(1.0～2.0) ΔE:特定接受;(2.0～4.0) ΔE:有差距
		60℃、紫外线灯 2 只,时间 150h,并每隔 120min 喷雾 18min	满足规定的 ΔE 值 无裂痕及劣化	
耐酸性试验	室温	30%醋酸溶液施以 10N 力以 90～120 次/min 的速度擦拭 1min	无油墨沾污、露底等缺陷	
耐碱性试验	室温	5%的 $NaHCO_3$ 溶液施以 10N 力以 90～120 次/min 的速度擦拭 1min	无油墨沾污、露底等缺陷	
耐洗涤剂试验	室温	家用洗涤剂溶液施以 10N 力以 90～120 次/min 的速度擦拭 1min	无油墨沾污、露底等缺陷	
耐酒精试验	室温	20%酒精溶液施以 10N 力以 90～120 次/min 的速度擦拭 1min	无油墨沾污、露底等缺陷	
附着力试验	室温	划格 1mm×1mm 方格 100 格,用剥离力 10N 的平面胶带粘住试验品,以 45°的角度快速揭起	无明显剥离或在规定范围内	
涂装硬度	室温	用一支 2H 铅笔倾向印刷表面 45°方向用 0.5kgf 的力(1kgf=9.80665N)在表面划一条线	表面无刮痕或在规定范围内	

(2) 塑胶件常见外观缺陷

① 欠注：灌胶量不足，塑胶件缺料或不饱满。

② 毛边：分模面挤出的塑胶。

③ 缩水：材料冷却收缩造成的表面凹陷。

④ 凹痕凸起：塑胶件受挤压、碰撞引起的表面凹陷和隆起。

⑤ 融接痕：塑胶分支流动重新结合的发状细线。

⑥ 水纹：灌胶时留在塑胶件表面的银色条纹。

⑦ 拖伤：开模时分模面或皮纹拖拉塑胶件表面造成的划痕。

⑧ 划伤：塑胶件从模具中顶出后，非模具造成的划痕。

⑨ 变形：塑胶件出现的弯曲、扭曲、拉伸现象。

⑩ 顶白：颜色泛白，常出现在顶出位置。

⑪ 异色：局部与周围颜色有差异的缺陷。

⑫ 斑点：与周围颜色有差异的点状缺陷。

⑬ 油污：脱模剂、顶针油、防锈油造成的污染。

⑭ 烧焦：塑胶燃烧变质，通常颜色发黄，严重时炭化发黑。

⑮ 断裂：局部材料分离本体。

⑯ 开裂：塑胶件本体可见的裂纹。

⑰ 气泡：透明塑胶件内部形成的中空或突起。

⑱ 色差：指塑胶件不同区域或同一区域内存在实际颜色与标准颜色的差异（通常由于加入再生料引起的）。

⑲ 修饰不良：修除塑胶件毛边、浇口不良，过切或未修除干净。

⑳ 油斑：塑胶件表面附有油性液体。

(3) 塑胶件试装检验要求　对于需要装配的塑胶件，进料检验中的一项重要要求就是试装配，需要确认：

① 装配的难易程度是否符合设计要求；

② 装配中会不会存在错位；

③ 装配中卡扣能否扣紧；

④ 装配完成后进行跌落试验是否满足设计要求等。

一般要求塑胶件至少装配三次到五次扣位不会断裂。有螺钉孔的要打螺钉，要求连续打三次不会滑牙，螺钉柱不能断裂等。

(4) 塑胶件外观检验要求

① 表面等级

a. Ⅰ类：重要的外部表面，包括外壳制作的产品正面、上面或指定面的表面，或其他制件与外壳组装后露在产品正面、上面或指定面的表面。

b. Ⅱ类：除Ⅰ类外，次要的外部表面。

c. Ⅲ类：内部表面。

d. A 面：最终使用者经常看得到的表面。

e. B 面：最终使用者可以看得到的表面，但正常的操作使用中很少注意到的。

f. C 面：最终使用者看不到的表面，但在产品组装、维修过程中可以看到的。

② 外观要求　外观的检验项目与限度要求，见表 4-2。

表 4-2　外观的检验项目与限度要求

<table>
<tr><th rowspan="2">项目</th><th colspan="6">限度要求</th></tr>
<tr><th>Ⅰ-A</th><th>Ⅱ-A</th><th>Ⅲ-A</th><th>Ⅱ-B</th><th>Ⅲ-B</th><th>Ⅱ-C/Ⅲ-C</th></tr>
<tr><td>缺胶</td><td colspan="5">不允许</td><td>依限度样品</td></tr>
<tr><td>毛边</td><td colspan="3">轻微飞边压平,夺平光亮带宽度小于 0.2mm</td><td colspan="2">0.3mm 以下飞边修饰均匀平滑</td><td>依限度样品</td></tr>
<tr><td>缩水</td><td>不允许</td><td colspan="5">依限度样品</td></tr>
<tr><td>凹痕突起</td><td>不允许</td><td colspan="5">依限度样品</td></tr>
<tr><td>融接痕</td><td colspan="6">依限度样品</td></tr>
<tr><td>水纹</td><td colspan="3">不允许</td><td>一处宽度小于 0.5mm</td><td>两处宽度小于 2.5mm</td><td>依限度样品</td></tr>
<tr><td>拖伤</td><td colspan="6">依限度样品</td></tr>
<tr><td>划伤</td><td>不允许</td><td>一处宽小于 0.1mm、长小于 1.5mm</td><td>两处宽小于 0.1mm、长小于 2.5mm</td><td colspan="2">四处无明显刮痕,宽小于 0.4mm、长小于 2.5mm</td><td>—</td></tr>
<tr><td>变形</td><td colspan="6">依限度样品</td></tr>
<tr><td>顶白</td><td colspan="4">不允许</td><td colspan="2">作特殊处理,依限度样品</td></tr>
<tr><td>斑点</td><td>轻微可见 ϕ0.2mm 以下两点以内</td><td colspan="2">轻微可见 ϕ0.5mm 以下两点以内,间距大于 50mm;或 ϕ0.2mm 以下六点以内,间距小于 2mm</td><td colspan="2">轻微可见 ϕ1.5mm 以下四点以内,间距大于 50mm;或 ϕ1.0mm 以下八点以内,间距小于 2mm</td><td>—</td></tr>
<tr><td>油污</td><td colspan="6">不允许</td></tr>
<tr><td>烧焦</td><td colspan="3">不允许</td><td colspan="3">不允许</td></tr>
<tr><td>断裂</td><td colspan="6">不允许</td></tr>
<tr><td>开裂</td><td colspan="6">不允许</td></tr>
<tr><td>气泡</td><td colspan="5">不允许</td><td></td></tr>
<tr><td>色差</td><td colspan="3">$\Delta E \leqslant 1.0$</td><td colspan="3">—</td></tr>
<tr><td>修饰不良</td><td>不允许</td><td colspan="5">依限度样品</td></tr>
</table>

③ 喷漆塑胶件外观检验要求 喷漆塑胶件外观的检验项目与限度要求，见表4-3。

表 4-3 喷漆塑胶件外观的检验项目与限度要求

项目	限度要求					
	Ⅰ-A	Ⅱ-A	Ⅲ-A	Ⅱ-B	Ⅲ-B	Ⅱ-C/Ⅲ-C
泪油	不允许					
油泡	不允许			不允许或依限度样品		—
油滴	不允许			不允许或依限度样品		—
漏喷	不允许					
颜色	$\Delta E \leqslant 1.0$			不允许或依限度样品		—
光泽	依限度样品					
杂质	不允许			允许两粒/条无明显刮手，不易碰掉，直径小于 ϕ0.6mm 尘点或长小于 3mm、宽小于 0.3mm 尘丝		依限度样品
间痕	不允许			允许两处微弱可见，长不大于 1.0mm、宽不大于 0.2mm 的凹痕		—
划痕	不允许					

④ 喷漆塑胶件喷涂层厚度检验 当设计对涂层厚度无要求时，涂层干漆膜总厚度：室外应为150μm，室内应为125μm，其允许偏差为±25μm。每遍涂层干漆膜厚度的允许偏差为±5μm。

检查数量：按构件数抽查10%，且同类构件不应少于3件。

检验方法：用干漆膜测厚仪检查。每个构件检测5处，每处的数值为3个相距50mm测点涂层干漆膜厚度的平均值。

⑤ 喷漆塑胶件喷涂层附着力检验 在喷漆层表面用刀片划一组长和宽均为2mm的方格，共十行十列，刚好划破喷涂层，然后用10N左右撕力的3M胶纸贴实于此面上，快速垂直撕开一次，喷涂层不得脱落。

⑥ 喷漆塑胶件喷涂层硬度检验 用HB铅笔，不削尖利，以一般手写力度与测试面成约45°在喷漆层上划一次，然后用软布蘸水擦净后观察，其表面只许有轻微划痕，不可划破、露底。

⑦ 塑胶件丝印文字、图案的检验要求

a. 文字、图案的颜色以限度样品的颜色为准；

b. 文字、图案位置依图纸图面要求，无偏斜、模糊、重影、针孔等缺陷；

c. 附着力试验用3M胶纸贴实于印刷表面上快速垂直撕开一次，不得脱落，使用专用检具蘸乙醇试剂往复擦拭表面二十次，不得模糊、退色；

d. 批准检验开始判定接收的某一部位缺陷，该批次以后检验中很容易发现时可判为接收，但并不意味着以后批次可判为接收。

4.1.5.2 PCB类检验要求及检验方法

PCB类检验的检验项目与检验要求，见表4-4。

表 4-4 PCB 类检验的检验项目与检验要求

序号	项 目	要 求	备 注
1	成品板边	板边不出现缺口或者缺口白边向内深入≤板边间距的50%，且任何地方的渗入≤2.54mm；UL板边不应露铜	
2	板角或板边损伤	板边、板角损伤未出现分层	
3	露织纹	织纹隐现，玻璃纤维被树脂完全覆盖	
4	凹点和压痕	直径小于0.076mm，且凹点面积不超过板子所在表面面积的5%；凹坑没有桥接导体	

续表

序号	项　目	要　求	备 注
5	表面划伤	划伤未使导体露铜、划伤未露出基材纤维	
6	铜面划伤	每面划伤≤5 处，每条长度≤15mm	
7	补阻焊	每面补油≤5 处，补油面积≤10mm×10mm；补油处的绿油不出现分层、起泡、剥落或起皮，能通过 3M 胶带撕拉测试	
8	异物	异物距最近导电图形间距＞0.1mm，最大外形尺寸小于 0.8mm，每面不超过 3 处	
9	板面压痕	压痕未造成导体之间桥连，裸崩裂的纤维造成线路间距缩减小于 20％	
10	板边漏印	板边漏印绿油宽度≤3mm	
11	白圈	因白圈的渗入、边缘分层小于孔边至最近导体距离的 50％，且任何地方≤2.54mm	
12	粉红圈	未造成导体间的桥连	
13	白斑/白点	白点或白斑未造成导体间桥连	
14	分层起泡	分层起泡间距≤导体间距的 25％，且导体间距满足最小电气间距的要求；影响面积≤每面板面面积的 1％；距板边的距离≥2.54mm；试验结束后缺陷不扩大	
15	外来夹杂物	外来夹杂物距最近导电图形间距＞0.125mm，最大外形尺寸≤0.8mm	
16	普通导线宽度公差	普通导线宽度≤设计线宽的±20％	
17	导线间距缩小	导线间距≤设计间距的±20％	
18	缺口/空洞/针孔	综合造成缺损线宽的减小≤设计线宽的 20％；缺陷长度 L≤导线宽度 S，且不大于 5mm；缺损宽度 H≤1/4 导线宽度 S，且不大于 5mm	
19	导线粗糙	导线粗糙点最大宽度≤设计线宽的 20％，影响线长≤13mm 且不超过总线长的 10％	
20	补线	补线端头偏移≤设计线宽的 10％；每板补线≤5 处或每面≤3 处；每批板中补线板的比率≤15％；长度≤2mm，端头与原导线的连接≥1mm；端头与焊盘的距离≥0.76mm；阻抗板、拐弯处、相邻平行线、同一导体、焊盘周围 3mm 以内禁止补线	
21	内层导线(最终)厚度	0.5 OZ (12μm)，1 OZ(25μm)，2 OZ(56μm)，3 OZ(91μm)，4 OZ(122μm)	
22	外层导线(最终)厚度	0.5 OZ(33μm)，1 OZ(46μm)，2 OZ(76μm)，3 OZ(107μm)，4 OZ(137μm)	
23	镀金插头	插头根部与导线及阻焊交界处露铜小于 0.13mm，凹痕/压痕/针孔/缺口≤0.15mm 且不超过 3 处，总面积不超过所有金手指的 30％，不准许上铅锡	
24	金手指划伤	不露铜和露镍，且每一面划伤不多于两处	
25	插头镀金厚度	镍厚≥2.5μm，金厚≥0.8μm	
26	绿油上金手指	绿油上金手指的长度≤1/5 金手指长度的 50％(绿油不允许上关键区)	
27	焊环(导通孔)	环宽≥0.05mm，破环角度≤90°，焊盘与导线连接处的宽度减小，没有超过线宽的 20％	
28	焊环(插件孔)	环宽≥0.15mm	
29	焊环(不规则孔)	环宽≥0.025mm；焊盘与导线连接处的线宽减小，没有超过线宽的 20％	
30	孔壁断裂	不允许	
31	黑孔、堵孔、孔壁分离	拒收(黑孔、堵孔、孔壁分离)	
32	电镀孔内空穴(铜层)	破洞不超过 1 个，破孔数未超过孔总数 5％，横向角度≤90°，纵向≤板厚度的 5％	
33	焊盘铅锡(元件孔)	光亮、平整、均匀、不发黑、不烧焦、不粗糙。焊盘露铜拒收	
34	表面贴装焊盘(SMT PAD)	光亮、平整、不堆积、不发黑、不粗糙，铅锡厚度 2～40μm，焊盘上有阻焊、不上锡拒收	
35	基准点	形状完整清晰、不变形、表面铅锡光亮	
36	孔内镀层厚度(平均)	25μm	

续表

序号	项目	要求			备注
37	孔内镀层厚度(最薄区)	18μm			
38	焊锡搭桥修理	允许修理焊盘间的焊锡桥,但不允许减少焊盘宽度			
39	焊盘翘起	不允许			
40	SMT焊盘尺寸公差	SMT焊盘公差满足+20%			
41	孔定位公差	公差≤+0.076mm之内			
	孔径公差	孔径	PTH(通孔)	NPTH(非沉铜孔)	
		0~0.3mm	+0.08mm/-∞(负公差)	+0.05mm	
		0.31~0.8mm	+0.08mm	+0.05mm	
		0.81~1.60mm	+0.10mm	+0.08mm	
		1.61~2.5mm	+0.15mm	+0.1mm/-0(正公差)	
		2.5~6.3mm	+0.30mm	+0.3mm/-0(正公差)	
42	非金属化孔	孔内不得有金属			
43	板弓曲和扭曲	普通SMT板≤0.7%,特殊要求SMT板≤0.5% 非SMT板≤1.0%			
		SMT板≤1.0%,非SMT板≤1.5%(高频材料)			
44	板厚公差	板厚≤1.0mm,公差±0.10mm 板厚≥1.0mm,公差为±10%			
45	外形公差	板边倒角(30°、45°、70°)±5° CNC铣外形:长宽小于100mm,公差±0.2mm 长宽<300mm,公差±0.25mm 长宽≥300mm,公差±0.3mm 键槽、凹槽开口:±0.13mm 位置尺寸:+0.20mm			
46	V形槽	V槽深度允许偏差为设计值的+0.1mm 槽口上下偏移公差 K:+0.15mm D≤0.8mm,余留基材厚度 S=0.35mm+0.15mm 0.8mm<D<1.6mm,余留基材厚度 S=0.4mm+0.15mm D≥1.6mm,余留基材厚度 S=0.5mm+0.15mm 20°、30°、45°、60°			
47	阻抗值公差	要求阻抗>50Ω时,公差为±10%;<50Ω时,公差为±5Ω			
48	水金厚度(焊接用)	0.025~0.075μm			
49	铅锡合金	(Pb:Sn=4:6)1~40μm			
50	铜面/金面氧化	铜面的氧化面积不超过板面积的5%,氧化点的最大外形尺寸不超过2mm,并且氧化处在加工后不出现金面或铜面起泡、分层、剥落或起皮			
51	导线表面覆盖性	覆盖不完全时,需覆盖绿油的区域和导线未露出			
52	线边阻焊堆积/起皱	未造成导线间桥接,阻焊膜厚度≥0.01mm,且未高出SMT焊盘0.025mm(1mil)			
53	SMT方焊盘间阻焊(阻焊桥)	绿油桥断裂数量≤该器件管脚总数的10%,焊盘间距≥8mil的贴装焊盘间有绿油桥			
		小于8mil的掉绿油桥可接收			
54	阻焊膜气泡	气泡最大尺寸≤0.25mm,且每板面不多于两处;隔绝电性间距的缩减≤25%			

续表

序号	项　目	要　求	备　注
55	阻焊入过孔	绿油入 SMT 板过孔(非盖、塞孔)未超过过孔总数的 5%；塞入 BGA 下方过孔的绿油饱满均匀、无空洞、凸尖现象；绿油盖过孔则孔内残留锡珠满足铅锡堵过孔要求；盘中孔塞孔未凸起，凹限不超过 0.05mm，可焊性良好	
56	SMT 焊盘对中度	绿油上 BGA 及其他 IC 焊盘宽度≤0.025mm，上分立器件焊盘宽度≤0.051mm	
57	阻焊硬度	6H	
58	阻焊附着力测试(3M)	满足绿油附着强度试验的要求	
59	阻焊露铜、水痕	不许露铜，阻焊下面铜面无明显水痕，铜面的氧化面积不超过板面积的 5%，氧化点的最大外形尺寸不超过 2mm，并且氧化处在加工后不出现起泡、分层、剥落或起皮，氧化处的绿油层能通过胶带撕拉测试	
60	字符、蚀刻标记	完整、清晰、均匀、字符有残缺但仍可识别，不致与其他字符混淆，字符不许入元件孔，3M 胶带撕不掉字符	
61	通断测试	40～250V 多层板做测试，测试针头压痕的直径小于 0.2mm	
62	阻焊(燃)性	UL94V-0 级	
63	测试标记	在焊接面阻焊层开窗 4mm×5mm，如焊接面无合适位置可开在元件面，在该窗口内盖章标识测试合格；如无合适开窗区，按 BO、TO 顺序加在字符层，丝印框采用 10mil 线，丝印框大小 5mm×6mm，并且允许加在盖绿油的铜导体上(如果整板均无合适位置则可通过划线标识)	

4.1.5.3　贴片类元件检验要求及检验方法

(1) 采用万用表确定贴片类元件（如电阻、电容、电抗、二极管、三极管等）的型号规格是否正确。

(2) 目视确定贴片类元件（如电阻、电容、电抗、二极管、三极管等）的标称公差是否正确。

(3) 目视确定贴片类元件（如电阻、电容、电抗、二极管、三极管等）的焊端、引脚不可有氧化、变形。

(4) 目视确定贴片类元件（如电阻、电容、电抗、二极管、三极管等）本体不可有断裂、缺损等。

(5) 目视确定贴片类元件（如电阻、电容、电抗、二极管、三极管等）的包装是否符合批量生产要求，主要是指盘装还是散装，元件本身的封装是否符合要求。

(6) 目视确定贴片类元件（如二极管、三极管、钽电容等）有极性的元件丝印是否正确。

4.1.5.4　插件类元件检验要求及检验方法

(1) 目视确认插件类元件的型号规格是否正确或满足样品要求。

(2) 目视确定插件类元件是否符合共面性及配合要求。

(3) 目视确定插件类元件的焊端、引脚不可有氧化、变形。

(4) 目视确定插件类元件本体不可有断裂、缺损等。

(5) 目视确定插件类元件的包装是否符合批量生产要求，主要是指编袋包装还是散装。

(6) 目视确定插件类元件有极性的元件丝印是否正确。

4.1.5.5　导线类检验要求及检验方法

导线类检验的检验项目与检验要求，见表 4-5。

表 4-5　导线检验的检验项目与检验要求

序号	检验项目	验　收　标　准	验收方法及工具	A	B	C
1	导通电阻	每一线芯的电阻≤0.7Ω	万用表		√	
2	绝缘电阻	线间与绝缘外层之间的绝缘电阻大于100MΩ	兆欧表		√	
3	外观	线芯无裸露,去皮部分浸锡良好,不允许有损伤,变形	目测			√
4	外观尺寸	线芯,剥头的长度,线径等应符合设计文件要求	游标卡尺		√	
5	颜色	符合要求且无色差	目测		√	
6	包装	包装良好,随附出厂时间及检验合格证	目测		√	

4.1.5.6　IC类检验要求及检验方法

(1) 外观　封装形式正确、无混料，表面无脏污、破损，型号、生产批号标识清晰、正确，端子无氧化、变形、断裂。

此外，对于丝印（烙印）品质与面的光泽：从不同角度（垂直正视、斜视、平视）看器件表面是否均匀平滑、有无划伤痕迹。

(2) 结构尺寸　主体长、宽、高，端子长、宽、高和间距应符合装配或样品的要求。

(3) 可焊性　经可焊性后，上锡面应在98%以上。

(4) 包装　要求用防静电包装，|静电电压|≤0.2kV；要求密封性，包装内应有湿度20%RH显示卡。

4.1.6　进料检验结果的处理

4.1.6.1　退货

根据IQC检验报告及采购合同，当来料不良率达到一定比例（不良率>15%）时可以判定为退货。

4.1.6.2　特采

特采是因物料不符合接收标准（5%<不良率<15%），但不会影响或降低产品性能，在生产急需时而采取的降级全批使用，对供应商可进行折价处理。

4.1.6.3　挑选

根据IQC检验报告及采购合同，当来料不良率达到一定比例（不良率<5%）时，但因生产急需时采取挑选使用。经与供应商协商，挑选主要有三种方式：

第一是要求供应商安排质检人员上门挑选，所有的费用由供应商自行承担；

第二就是由客户自行安排质检人员挑选，所有的挑选工时由供应商承担。这种方式挑选成本最高；

第三就是由客户安排物料上线，边挑选边使用，所产生的挑选工时也应由供应商承担。这种方式挑选成本相对较低，但存在的质量风险最大。

4.1.6.4　让步放行

有产品就不可避免地有不合格品，零缺陷只是组织追求的极限目标。ISO9000族标准允许对不合格品进行让步处理，这就意味着可以使用不合格品，而这样做的风险是有目共睹的。

(1) 让步的内涵与分析　在市场经济条件下，顾客满意质量是供方永远追求的目标。顾客满意质量是一个不确定的概念，它随着时间和环境以及顾客的种类而变化，供方应该经常研究和评审顾客满意质量，将它转化成确定的质量要求并且形成文件。质量要求是对需要的表述或将需要转化为一组针对实体特性的定量或定性的规定要求，以使其实现并进行考核。组织能实现的是文件规定的质量要求，这个质量要求是权衡供方、顾客和社会各方利益的综合体现，它比顾客满意质量的要求低，但具有一定的代表性。通常，质量要求有三种形式。

① 供需双方合同中的规定及合同引用的法规、标准、图纸等要求。

② 涉及环境保护、健康、安全等领域的国家和行业法规及标准强制性的要求。

③ 在产品或其包装上注明采用的产品标准的要求以及供方在产品说明、实物样品等广告宣传上表明的产品质量状况的要求。

符合上述质量要求的产品是合格品，反之是不合格品。

让步又称特许，其定义是：对使用或放行不符合规定要求的产品的书面认可。让步限用于某些特定不合格特性在指定偏差内并限于一定的期限或数量产品的发付。允许使用或放行的不合格品的不合格特性的偏差下限是最低使用要求，它可以比文件化规定的质量要求低，但不能造成产品缺陷。缺陷是没有满足某个预期的使用要求或合理的期望，包括与安全性有关的要求，期望必须在现有条件下是合理的。有缺陷的不合格品不能让步处置，只能降级使用或报废。可以把满足最低使用要求的不合格品称为轻微不合格品，把存在缺陷的不合格品称为严重不合格品。让步的前提条件是，不合格品必须是轻微的不合格品。应该指出，轻微不合格品的让步使用也存在一定程度的风险，因为在设定一般产品的质量要求时都考虑了安全系数，产品低于质量要求就等于抵消了一部分安全系数，产品质量特性越低，使用不合格品的风险越大。

(2) 让步的抉择与责任　在产品设计、生产、销售、安装、服务等产品寿命周期的任何一个环节出了不合格品，其产品质量责任就应由那个环节的组织（供方）负责。ISO 9001：1994 标准明确提出由供方负责评审和处置不合格品，供方应为不合格品处置结果的风险负全部责任。有的组织在程序文件中规定，让步一定要顾客签字同意，似乎只要顾客签字就转移了责任。这种观念是错误的。向顾客提供可接受的产品时，供方仍具有不可推卸的责任。顾客的签字认可既不能免除供方提供可接受产品的责任，也不能排除顾客按《中华人民共和国产品质量法》(简称《产品质量法》) 的规定追究供方责任的权利。在很多情况下，顾客并不十分熟悉产品特性，也没有义务承担不合格品在使用过程中的风险，顾客签字对供方控制产品质量并没有实际意义。因此，除非合同有要求，让步没有必要征得顾客书面认可。一般情况下，让步应通报顾客，使其清楚产品不合格的情况，以便使用时能引起注意。对不合格品应做好超差标记，绝不能以合格品的名义交付顾客。《产品质量法》在产品质量责任条款中要求产品“具备产品应当具备的使用性能，但是，对产品存在使用性能的瑕疵做出说明的除外。”在损害赔偿条款中明确规定“不具备产品应当具备的使用性能而事先未做说明的”应当赔偿损失。

如果顾客在订货合同中提出让步需经其同意，则供方应该严格履行合同。顾客的这种做法，实质上是在采购过程中控制供方产品质量的一种方式，供方应服从顾客的控制而不能以此作为不合格品可以让步的理由。如果产品出现轻微不合格，只要供方为顾客着想，勇于承担责任，同样能赢得顾客的满意和信赖。例如，某企业生产的平板电脑外壳尺寸出现超差，该企业与用户协商后，编制了新的装配方案，还派工程师到现场指导安装调试，仅 3 天就完成了装配，缩短了安装工期，受到了用户的通报表扬和奖励。

(3) 让步与修改质量要求（合同）的区别　不合格品的处置措施除了返工、返修、让步、降级、报废以外，还可以修改文件或质量要求。这种情况在不太成熟的新产品或非标产品中时有发生。在产品研制或设计过程中，对产品质量特性参数做出恰如其分的定义不容易。参数定高了，工序能力跟不上或质量成本太高，顾客无法接受产品价格；参数定低了，由于工序波动或检验误差，使产品存在缺陷的可能性增加，造成顾客投诉增多。

修改文件或质量要求是一件十分慎重的事情，涉及产品技术状态的变化，不是供方所能决定的，必须与顾客、设计单位、有关部门（政府主管机构等）充分协商并达成一致意见，重新确定产品的技术状态。修改后的质量要求不是针对某一批产品，而是针对今后所有的产品，这与让步有本质的不同。让步仅仅限于一定期限或数量的产品，产品技术状态并未改变。修改质量要求必须要有与顾客、设计单位等的书面协议（或补充合同），并且按文件控制和技术状态的管理要求将所有文件更改。如果过程中出现不合格，不涉及对产品质量要求的修改，只限于对供方过程控制有关文件的修改。文件或质量要求修改后，对修改前的不合格品重新检验，就有可能成为合格品，可以以合格品的名义交付顾客。ISO 9001：1994 标准没有包括这种不合格品处置方式，而ISO 8402：1994 标准“不合格的处置”的定义包括了这种方式。区分这两种对不合格品的处置方式对正确实行让步放行有重要的指导意义。

(4) 让步的风险与预防措施　让步的风险在于供方能否正确界定产品质量的最低使用要求，即能否正确区分轻微与严重不合格品。有时，做到这一点是很困难的。供方为了降低不合格品让步的风险概率，采取预防措施是十分必要的。

第一，供方组织内的不合格品审理机构必须具有权威性并能独立行使职权。

第二，ISO 9004-1：1994 标准特别强调，进行评审的人员应有能力评价所做出的决定对互换性、进一步加工、性能、可信性、安全性及外观的影响。不合格品审理机构的成员需经过资格确认，任职条件至少应为供方内部产品技术方面的专家，对产品及其使用有比较深入的了解。

第三，供方的不合格品审理机构应根据不合格特性的复杂程度，持认真细致的态度。一般地说，产品设计和研制单位对产品质量特性了解最多，其次是制造和使用单位。不合格品审理机构在评审之前应该弄清楚产品设计的背景、使用条件等技术资料，应向设计单位和用户咨询。当然，采取这些预防措施的力度要根据问题的复杂程度而定。如果供方同时又是设计单位，则对不合格品的处置更加方便而且较有把握。

第四，供方让步放行之后，应该做好产品标识（产品编号和超差标记）和质量记录，做到必要时（发现缺陷时）能及时追回不合格品或者发生事故时能正确处理事故，以减少损失。

(5) 让步的充分与必要条件　让步的不合格品可以包括采购品、委托的服务（外协加工、外委试验等）、在制品和成品，其共同的前提条件是属于轻微不合格品，这就是让步的充分条件。有了充分条件不一定都做让步处置，还有必要条件。采购品和外委服务让步的必要条件是由于交货期的限制，组织（供方）来不及重新订货；在制品让步的必要条件是报废后经济损失较大（与让步风险相比）或者交货工期太紧，无法按期重新制造；成品让步的必要条件除了上述两项以外，还有顾客不拒收作为让步处理的不合格品。

在经济活动中，经常可以看到顾客对产品的某些瑕疵采取默认态度或扣罚供方一点违约金了事，但是顾客绝对不会向供方书面签字认可这些瑕疵是合理的，仍然希望供方按质量要求供货。如果供方经常在降低质量要求的情况下供货，顾客就可能寻找新的合格供方。因此，让步（尤其是多次让步）的供方组织应该认真考虑：是否有必要采取纠正措施？

4.2　应用实例：常见电子元器件的入料性能检验规范

4.2.1　一般检验规范

对所来原物料、辅助材料、外放产品（含试制样品）及需要生产产品，以及委托外加工产品都要进行品质检验，确保符合相关规定要求，并及时将不良状况反馈厂商以求改进。包括测试检查：指进料时，需抽样做外观、特性、尺寸测试实验；验证检查：指进料时，确认品名、规格、数量、厂商、RoHS、MSDS 等的符合性。其管理办法如下。

（1）进料点收：若来料错误，则及时通知厂商处理，并标明来料批号及进料日期，同时通知 IQC 人员进行检验。

（2）环保要求：必须确认供应商有提供原材料的 ICP 数据，IQC 根据环保物料清单进行核对，确认此物料是否符合环保要求。

（3）元器件类：按照 GB/T 2828.1—2012 正常检查一次抽样方案，一般检查水准Ⅱ进行。合格品质水准 AQL＝0.4；此外，还要计算出 C_{pk} 值。

（4）检验仪器、仪表、测量工具：要求所有的检验仪器、仪表、量具都必须校正准确。

4.2.2　电阻性能检验

（1）色环电阻和排阻　如图 4-2 所示为色环电阻和排阻的外形图，表 4-6 所示为色环电阻颜色与数字对应关系。

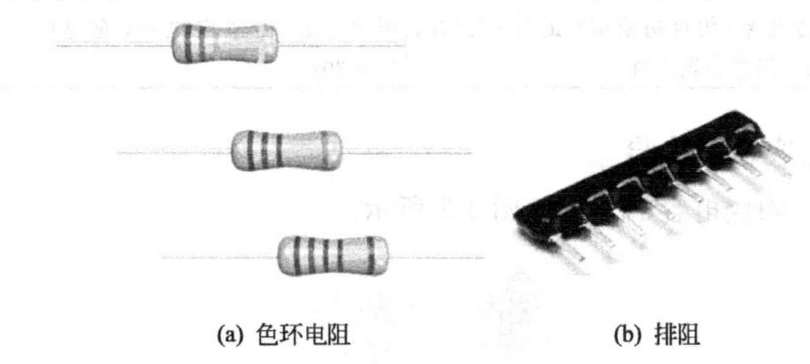

(a) 色环电阻　　(b) 排阻

图 4-2　色环电阻和排阻

表 4-6　色环电阻颜色与数字的对应关系

色环颜色	棕	红	橙	黄	绿	蓝	紫	灰	白	黑	金	银
	brown	red	orange	yellow	green	blue	purple	grey	white	blank	gold	silver
数字	1	2	3	4	5	6	7	8	9	0	±5%	±10%

注：最后 1 色环为误差等级，除金色代表误差为±5%、银色代表误差为±10%外，还有棕色代表误差为±1%，绿色代表误差为±0.5%，若没有误差环，则代表误差为±20%。

（2）贴片电阻　如图 4-3 所示为单片电阻和贴片电阻的外形图。

(a) 单片电阻　　(b) 贴片电阻

图 4-3　贴片电阻外形图　　图 4-4　铝电解电容的外形图

（3）测试规范　将电桥根据电阻的表示数值的大小，调到相应测试挡位，对各类电阻进行量值测试，测试温度应为 25℃，测试结果应在标称阻值范围内。也可用万用表调到电阻挡直接测量。

4.2.3　铝电解电容性能检验

（1）铝电解电容　图 4-4 所示为铝电解电容的外形图。

（2）铝电解电容的测试规范（表 4-7）

表 4-7 铝电解电容的测试规范

<table>
<tr><td>测试项目</td><td colspan="7">性能指标</td><td colspan="7">测试设备与测试方法</td></tr>
<tr><td>正负极的判别</td><td colspan="7">长引线为正极,短引线为负极</td><td colspan="7">用万用表测试电解电容的正、反向电阻。根据正向漏电电阻应大于反向漏电电阻的特点进行判别</td></tr>
<tr><td>电容容量(C)</td><td colspan="7">±20%(取 25 个资料,其 C_{pk} 值应大于 1.0)</td><td colspan="7">将数字电桥的测试频率设定为 120Hz,测试电压为 1V,用电桥测出被测电容器的电容量</td></tr>
<tr><td>高压测试</td><td colspan="7">无飞弧放电现象</td><td colspan="7">电容引脚分别接高压测试仪 DC 输出端,测试电压按规程要求</td></tr>
<tr><td rowspan="4">损耗角正切 tanδ</td><td colspan="14">将数字电桥的测试频率设定为 120Hz,测试电压为 1V,用电桥测出被测电容器的损耗角正切 tanδ</td></tr>
<tr><td>U_r/V</td><td>6.3</td><td>10</td><td>16</td><td>25</td><td>35</td><td>50</td><td>63</td><td>100</td><td>160</td><td>200</td><td>250</td><td>400</td><td>450</td></tr>
<tr><td>tanδ</td><td>0.24</td><td>0.22</td><td>0.16</td><td>0.14</td><td>0.12</td><td>0.10</td><td>0.09</td><td>0.08</td><td>0.12</td><td>0.12</td><td>0.15</td><td>0.20</td><td>0.20</td></tr>
<tr><td colspan="14">当容量大于 1000μF 时,容量每增加 10^3μF,tanδ 增加 0.02</td></tr>
<tr><td>漏电流</td><td colspan="7">$U_r \leqslant 100V, I \leqslant \max(0.01C_rU_r, 3\mu A)$;
$U_r > 100V, I \leqslant (0.04C_rU_r + 100\mu A)$</td><td colspan="7">用漏电流测试仪设定好被测电容的额定电压、最大漏电流和测试时间后,将电容正确插入测试座,到 1min 后读出漏电流值,测试期间电解电容无永久性损伤</td></tr>
<tr><td>浪涌电压</td><td colspan="7">试验恢复 4h 后,外观应无可见损伤,且无电解液流出,电容量变化率(相对初始值)$\Delta C/C < 15\%$,漏电流及损耗正切符合规定值</td><td colspan="7">在 15~35℃环境下,将电容进行下列回圈 50 次,充电电压为 1.15 倍额定电压,充电时间为 30s,放电时间为 5min30s</td></tr>
</table>

4.2.4 陶瓷电容性能检验

(1) 陶瓷电容 陶瓷电容的外形如图 4-5 所示。

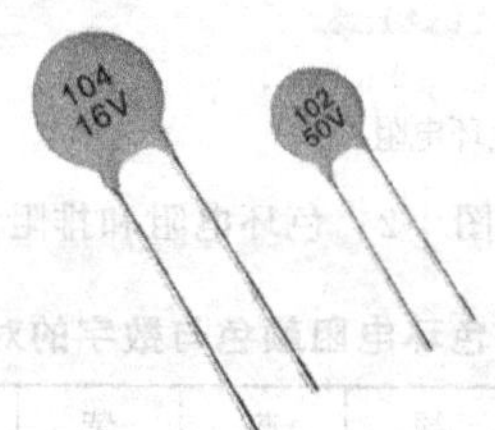

图 4-5 陶瓷电容外形图

(2) 陶瓷电容的测试规范(表 4-8)

表 4-8 陶瓷电容的测试规范

测试项目	性能指标	测试设备与测试方法
电容容量(C)	标称容值范围内	用数字电桥对电容容量值测试,测试温度应为:(25±2)℃
高压	观察仪器无报警音,并且无飞弧放电现象	电容引脚分别接高压测试仪 DC 输出端,输出电压设置为 DC4000V、时间 5s、电流 5mA

4.2.5 电感性能检验

(1) 电感 电感的外形如图 4-6 所示。常见的电感器分色环电感与贴片电感,色环电感颜色与数字对应关系同色环电阻,见表 4-6。

(a) 色环电感 (b) 贴片电感

图 4-6 色环电感的外形图

（2）色环电感的测试规范（表 4-9）

表 4-9 色环电感的测试规范

测试项目	性能指标	测试设备与测试方法
直流电阻	符合产品规格书要求	用数字电桥测试
电感量(L)	符合产品规格书要求	在规定的测试频率下，用电感测试仪进行测试
Q 值	符合产品规格书要求	在规定的测试频率下，用 Q 表进行测试

4.2.6 三极管性能检验

（1）三极管 三极管的外形如图 4-7 所示。

图 4-7 常见三极管的外形图

（2）三极管的测试规范（表 4-10）

表 4-10 三极管的测试规范

测试项目	性能指标	测试设备与测试方法
集电极-基极截止电流 I_{cbo}	符合产品规格书要求	输入测试条件 V_{cb}，$I_e=0$，用耐压测试仪测出截止电流 I_{cbo}
放大倍数 h_{FE}	符合产品规格书要求	输入测试条件 V_{ce}、I_c 后，用晶体管测试仪测出 h_{FE}
集电极-发射极击穿电压 V_{ceo}	符合产品规格书要求	输入测试条件 I_c、$I_b=0$ 后，用耐压测试仪测出 V_{ceo}
放大倍数 C_{pk} 值	放大倍数 $C_{pk}\geqslant 1$	按规格书要求，取其放大倍数范围，记录 25 组数据，并计算 C_{pk} 值

4.2.7 集成稳压电源性能检验

（1）集成稳压电源 集成稳压电源的外形如图 4-8 所示。

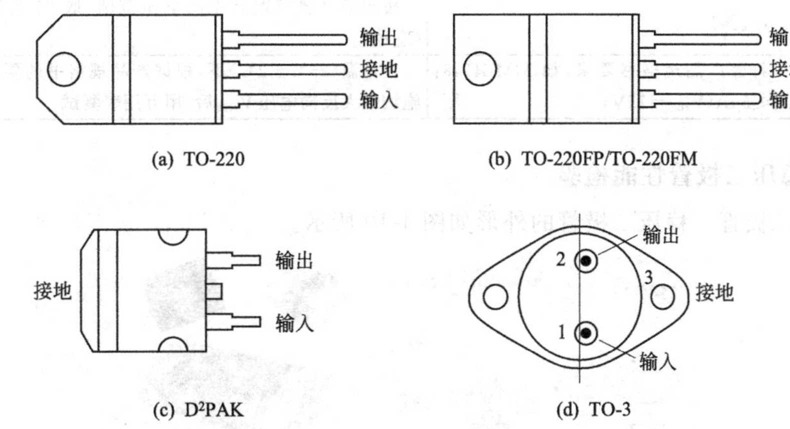

图 4-8 集成稳压电源的外形图

（2）集成稳压电源的测试规范（表 4-11）

表 4-11　集成稳压电源的测试规范

测试项目	性能指标	测试设备与测试方法
输出电压(V_o)	符合产品规格书要求，如7805系列：4.75～5.25V	在常温(25℃±2℃)下，集成稳压电源输入端输入规定的直流电压(V_i)，然后用相应精度的万用表测出其输出端的电压(V_o)
空载和负载输出电压(V_o)、C_{pk}值	$C_{pk}\geqslant 1$	按规格书要求取输出电压(V_o)范围，记录25组数据，并计算C_{pk}值
输出电流调整	符合产品规格书要求，如7805系列变化不超过100mA	在常温(25℃±2℃)下，集成稳压电源输入端输入规定的直流电压(V_i)，然后在规定范围内改变输出电流 I_o(如7805系列：5mA～1.5A)，输出端的电压(V_o)应在规定值范围内
输入电压调整	符合产品规格书要求，如7805系列：4.75～5.25V	在常温(25℃±2℃)下，集成稳压电源输入端输入直流电压(V_i)在规定的范围内(如7805系列：7～20V)变化，输出端的电压(V_o)应在规定值范围内
静态电流 I_q	符合产品规格书要求，如7805系列静态电流 I_q 不超过8mA	在常温(25℃±2℃)下，集成稳压电源输入端输入适当的直流电压(V_i)，使输出端的电压至规定值(V_o)，然后分别测出此时的输入电流 I_i 和输出电流 I_o，计算静态电流 $I_q(I_i-I_o)$

4.2.8　贴片二极管性能检验

(1) 贴片二极管　贴片二极管的外形如图4-9所示。

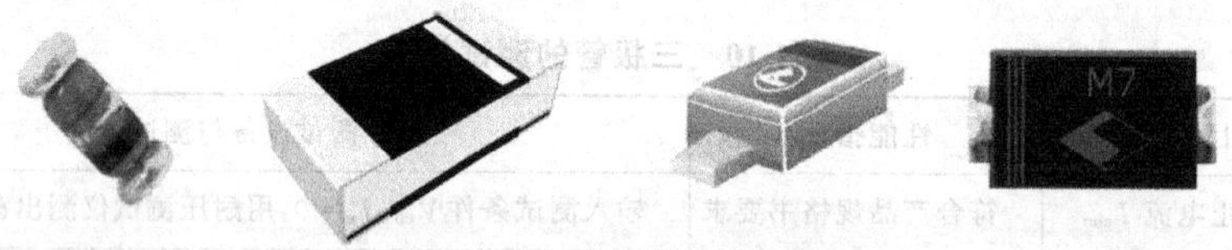

图 4-9　贴片二极管的外形图

(2) 贴片二极管的测试规范（表4-12）

表 4-12　贴片二极管的测试规范

测试项目	性能指标	测试设备与测试方法
正向压降(V_F)	符合产品规格书要求，如MMB4148：$V_F\leqslant 1V(I_F=10mA)$	在常温(25℃±2℃)下，根据产品规格书的要求，用恒流源设置好正向电流 I_F后，用万用表测试
正向电压 C_{pk}值	$C_{pk}\geqslant 1$	按规格书要求取其正向电压范围，取25组数据，并计算C_{pk}值
反向电流 I_r	符合产品规格书要求，如MMB4148：$I_r\leqslant 5\mu A(V_{rms}=75V)$	在常温(25℃±2℃)下，根据产品规格书的要求，给二极管施加最大反向电压 V_{rms}后，用万用表测试

4.2.9　稳压二极管性能检验

(1) 稳压二极管　稳压二极管的外形如图4-10所示。

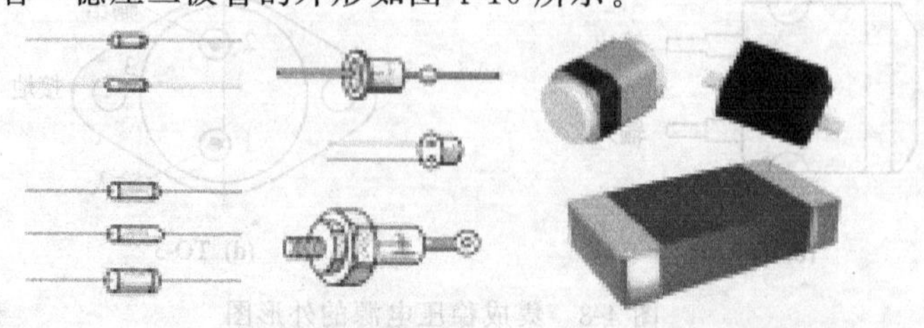

(a) 金属壳稳压二极管　　(b) 贴片稳压二极管

图 4-10　稳压二极管的外形图

（2）稳压二极管的测试规范（表 4-13）

表 4-13　稳压二极管的测试规范

测试项目	性能指标	测试设备与测试方法
正向压降(V_F)	$V_F \leqslant 1V(I_F=100mA)$	在常温(25℃±2℃)下,用恒流源设置好正向电流 I_F=100mA 后,用万用表测试
正向压降(V_Z)	符合产品规格书要求	在常温(25℃±2℃)下,用恒流源施加规定的稳压电流 I_Z 后,用万用表测试
稳压电压 C_{pk} 值	$C_{pk} \geqslant 1$	按规格书要求取其稳压电压范围,取 25 组数据,并计算 C_{pk} 值

4.2.10　继电器性能检验

（1）继电器　继电器实物的外形如图 4-11 所示。

图 4-11　继电器的外形图

（2）继电器的测试规范（表 4-14）

表 4-14　继电器的测试规范

测试项目	性能指标	测试设备与测试方法
线圈电阻(R)	符合产品规格书要求	在 20℃环境下,用相应精度的万用表测量线圈端的电阻值。若不在此温度下,按公式换算:$R_{20}=(234.5+20)Rt/(234.5+t)$
接触电阻	除非另有规定外,每次测量电阻的最大值为 50mΩ	对于常开触点,线圈加额定激励电压使常开触点吸合,然后用相应精度毫欧表测量吸合触点间的电阻,每次继电器以大于 2s 的间隔测试 10 次 对于常闭触点:用毫欧表直接测量吸合触点间的电阻
功能试验(吸合电压、释放电压)	符合产品规格书要求	将加在线圈两端的激励电压逐渐升高,能使常开触点吸合,此时的电压为动作电压,线圈电压升至额定电压后逐渐降低电压,使闭合的触点释放,此时的电压为释放电压

4.2.11　变压器性能检验

（1）变压器　变压器实物的外形如图 4-12 所示。

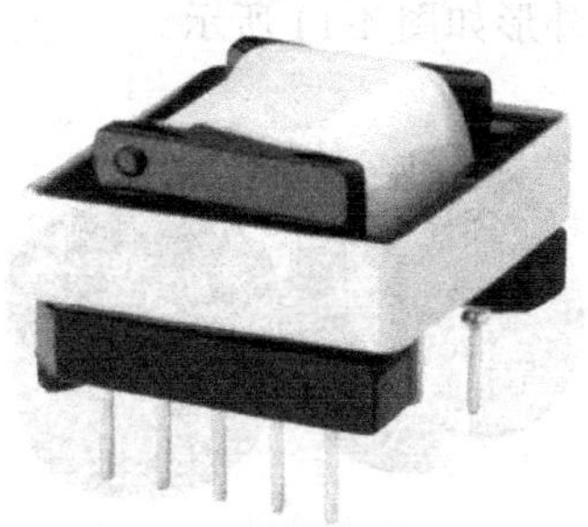

图 4-12　变压器的外形图

（2）变压器的测试规范（表 4-15）

表 4-15 变压器的测试规范

测试项目	性能指标	测试设备与测试方法
直流电阻(R)	符合产品规格书要求	用数字电桥测量初、次级线圈的直流电阻
绝缘电阻	符合产品规格书要求	施加测试电压，用兆欧表测量初、次级绕组间及初、次级绕组与铁芯间的绝缘电阻
抗电强度	应无击穿、漏电流超标等现象，按产品规格书要求判定，未规定的按1mA 判定	用专用抗电强度测试仪进行测试。测试时间为 10s(产品规格书规定低于 10s 的按标准要求)，按产品规格书要求，在初、次级组间及初、次级绕组与铁芯间施加电压

4.2.12 发光数码管性能检验

（1）发光数码管　发光数码管实物的外形如图 4-13 所示。

图 4-13　发光数码管的外形图

（2）发光数码管的测试规范（表 4-16）

表 4-16 发光数码管的测试规范

测试项目	性能指标	测试设备与测试方法
正向压降(V_F)	1 位：$V_F \leqslant 2.3V(I_F=20mA)$ 2 位：$V_F \leqslant 2.3V(I_F=20mA)$	在常温(25℃±2℃)下，数码管的每一段通以规定的正向电流 I_F，然后用相应精度的万用表测试
正向电压 C_{pk}值	$C_{pk} \geqslant 1$	按规格书要求取其稳压电压范围，取 25 组数据，并计算 C_{pk}值
反向电流(I_r)	1 位、2 位：$I_r \leqslant 10\mu A(V_r=5V)$	在常温(25℃±2℃)下，数码管的每一段施加规定的反向直流电压(V_r)，然后用相应精度的电流表测试
发光亮度、均匀度	同一批次的数码管的亮度应基本相同，且每一个字的每一段的亮度也应基本相同，同时发光均匀，颜色也应均匀	将数码管装在相应的工装上，并加额定的直流电压，用肉眼观察

4.2.13 蜂鸣器性能检验

（1）蜂鸣器　蜂鸣器实物的外形如图 4-14 所示。

图 4-14　蜂鸣器的外形图

（2）蜂鸣器的测试规范（表 4-17）

表 4-17　蜂鸣器的测试规范

测试项目	性能指标	测试设备与测试方法
音响特性	①声音应清脆，无嘶哑、变音等不良现象 ②输出音压（S. P. L），如 SH1740T2PA：85dB min（4kHz、6V、10cm）	在常温（25℃±2℃）下，将蜂鸣器装在相应的工装上，施加产品的谐振工作频率及额定工作电压，其输出音压 dB 应符合规定要求
损耗电流	符合产品规格书的要求。如 SH1740T2PA：10mA max（4kHz、6V、10cm）	在常温（25℃±2℃）下，外接符合产品规范的工作频率及工作电压，然后串联相应精度的电流表测试
静态电容量	符合产品规格书的要求。如 SH1740T2PA：14000（1+30％）pF（1kHz、1V）	在常温（25℃±2℃）下，在规定的测试频率下，用数字电桥测量
输出音压 C_{pk} 值	$C_{pk}\geqslant 1$	在其规定的输出音压和方波范围内，记录 25 组数据，并计算 C_{pk} 值
承受电压	能正常发音	在常温（25℃±2℃）下，最大的承受电压工作 24h

4.2.14　石英晶体谐振器性能检验

（1）石英晶体谐振器　石英晶体谐振器实物的外形如图 4-15 所示。

图 4-15　石英晶体谐振器的外形图

（2）石英晶体谐振器的测试规范（表 4-18）

表 4-18　石英晶体谐振器的测试规范

测试项目	性能指标	测试设备与测试方法
点电压	50mV～5V	在常温（25℃±2℃）下，负载电容和等效电阻的大小对应
频率	符合产品规格书要求	在常温（25℃±2℃）下，用频率计测量

4.3　应用实例：手机塑胶件的检验

4.3.1　手机塑胶件外观缺陷的定义

① 点（含杂质）：具有点的形状，测量时以其最大直径为其尺寸。

② 毛边：在塑胶零件的边缘或结合线处线性凸起（通常为成型不良所致）。

③ 银丝：在成型中形成的气体使塑胶零件表面退色（通常为白色）。这些气体大多为树脂内的湿气，某些树脂易吸收湿气，因此制造前应加入一道干燥工序。

④ 气泡：塑胶内部的隔离区使其表面产生圆形的突起。

⑤ 变形：制造中内应力差异或冷却不良引起的塑胶零件变形。

⑥ 顶白：成品被顶出模具所造成的泛白及变形，通常发生在顶出梢的另一端（母模面）。

⑦ 缺料：由于模具的损坏或其他原因，造成成品有射不饱和缺料情形。

⑧ 断印：印刷中由于杂质或其他原因造成印刷字体中的白点等情况。

⑨ 漏印：印刷内容缺笔画或缺角或字体断印缺陷大于 0.3mm，也被认为有漏印。

⑩ 色差：指实际产品颜色与承认样品颜色或色号比对超出允收值。

⑪ 同色点：指颜色与塑胶件颜色相接近的点；反之为异色点。

⑫ 流水纹：由于成型的原因，在浇口处留下的热熔塑胶流动的条纹。

⑬ 熔接痕：由于两条或更多的熔融的塑胶流汇聚，而形成在零件表面的线性痕迹。

⑭ 装配缝隙：除了设计时规定的缝隙外，由两部分组件装配造成的缝隙。

⑮ 细碎划伤：无深度的表面擦伤或痕迹（通常为手工操作造成）。

⑯ 硬划伤：硬物或锐器造成零件表面的深度线性伤痕（通常为手工操作时造成）。

⑰ 凹痕缩水：零件表面出现凹陷的痕迹或尺寸小于设计尺寸（通常为成型不良所致）。

⑱ 颜色分离：塑胶生产中，流动区出现的条状或点状色痕（通常由于加入再生材料引起）。

⑲ 不可见：指瑕疵直径＜0.03mm 为不可见，Lens（手机显示屏）透明区除外（不同的塑胶件材料采用不同的检测距离，主要依据经验值确定）。

⑳ 碰伤：产品表面或边缘遭硬物撞击而产生的痕迹。

㉑ 油斑：附着在对象表面的油性液体。

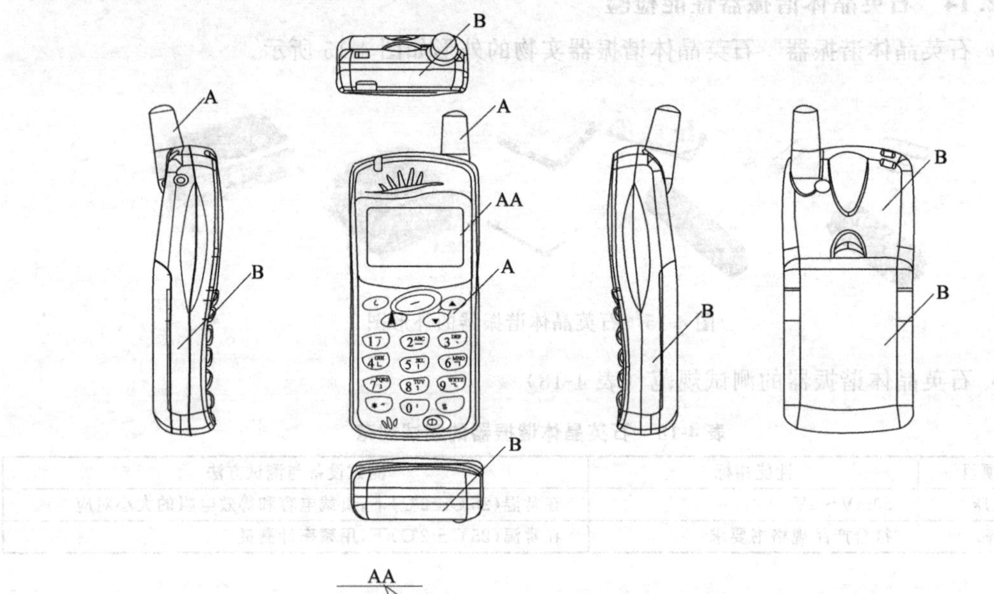

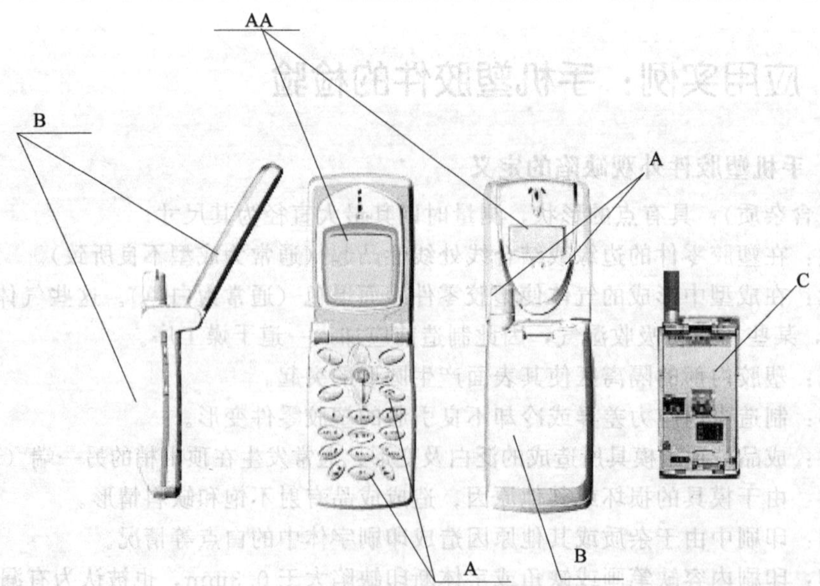

图 4-16 手机外观区域的划分

㉒ 漏喷：应喷漆之产品表面部分因异常原因而导致油漆没有喷到露出底材之现象。

㉓ 修边不良：产品边缘处因人工修边而产生缺口等不规则形状。

㉔ 毛屑：分布在喷漆件表面的线型杂质。

4.3.2　外观区域划分

手机外观区域的划分，如图 4-16 所示。

① AA 面：Lens 透明区；

② A 面：Lens 非透明区及手机前盖正面；

③ B 面：手机前盖侧面，后盖及电池盖正常使用中可看到之区域；

④ C 面：手机后盖被电池覆盖之部分，外置电池内侧表面及内置电池表面。

4.3.3　塑胶件外观检验判定标准

4.3.3.1　AA 面：Lens 的检验

检验条件：

距离：30cm；时间：10s 内；光源：600～800lm；位置：Lens 与平面呈 45°上下左右转动在 15°之内；底衬：检验 Lens 时底衬以白色及黑色有光泽之底衬。

AA 面 Lens 的检验项目与检验要求，见表 4-19。

表 4-19　AA 面 Lens 的检验项目与检验要求

不良项目	测试工具	缺陷说明	缺陷等级	
			Maj	Min
污点 杂质 气泡	目测或使用带标准点的透明 Film(底片)	黑白屏：一个异色点≥0.3mm 或同色点≥0.5mm 彩屏：一个点≥0.2mm	√	
		黑白屏：一个异色点≥0.2mm 或同色点≥0.3mm 彩屏：一个点≥0.15mm		√
		黑白屏：两个点间隔＜10mm，异色点直径总和≥0.35mm 或同色点直径总和≥0.5mm 彩屏：两个点间距＜10mm，或两个点直径和≥0.2mm	√	
		黑白屏：两个点间隔＜10mm，异色点直径总和≥0.2mm 或同色点直径总和≥0.3mm 彩屏：两个点间距＜10mm		√
		黑白屏：间隔小于 10mm 有三个可见点 彩屏：超出三个可见点		√
指纹/脏污	目测	反光角度可见		√
裂痕/缺口	目测/卡尺	裂痕，缺口可见	√	
背胶外露	边框平行目视	不允许外露	√	
进料口	目测	修剪不平整，凸出部分≥0.1mm，影响装配或外观	√	
尺寸	投影仪/卡尺	超出承认书图纸上的规格要求	√	
飞边	目视	可见且影响装配、触摸有锋利感	√	
		可见且影响外观		√
划伤	目测 比对标准点的透明 Film 片	硬划伤任何角度可见	√	
		细碎划伤：长≥5.0mm；宽≥0.1mm	√	
		细碎划伤：1.0mm≤长＜5.0mm；宽≥0.05mm		√
		在间距 10mm 内有两条或两条以上微小之细碎划伤	√	

续表

不良项目	测试工具	缺陷说明	缺陷等级	
			Maj	Min
流痕	目测	标准检验条件下可见	✓	
印刷图文	目测	漏印，错印，错字，丝印字迹不可辨认	✓	
		字体粗细偏差≥0.2mm	✓	
		字体粗细偏差大于0.1mm或小于0.2mm		✓
		断字、重影、锯齿易见	✓	
		断字、重影、锯齿不易见(标准检验条件下)		✓
		尺寸依据承认规格(不符要求)	✓	
		字体颜色偏差明显(超出标准色号上下2个等级)	✓	
		字体颜色偏差不明显(标准色号上下2个等级内1个等级以上)		✓

注：Maj——主要缺陷；Min——次要缺陷。

4.3.3.2 A面的检验

检验条件：

距离：30cm；时间：10s；光源：600～800lm；位置：产品被观测面与水平面呈45°角，观测时上下左右转动在15°。

A面的检验项目与检验要求，见表4-20。

表4-20 A面的检验项目与检验要求

不良项目	测试工具	缺陷说明	缺陷等级	
			Maj	Min
污点 杂质 气泡	目测或使用带标准点的Film	一个异色点≥0.35mm或同色点≥0.5mm	✓	
		一个异色点≥0.25mm或同色点≥0.35mm		✓
		两个点间隔＜10mm，异色点直径总和≥0.35mm或同色点直径总和≥0.5mm	✓	
		两个点间隔＜10mm，异色点直径总和≥0.25mm或同色点直径总和≥0.35mm		✓
		间隔小于10mm内有三个可见点		✓
		杂质点凸起，有明显手感	✓	
指纹/脏污	目测	反光角度可见		✓
裂痕/缺口	目测/卡尺	裂痕，缺口可见	✓	
飞边	目视	可见且影响装配、触摸有锋利感	✓	
		可见且影响外观		✓
进料口	目测	修剪不平整，凸出部分≥0.1mm，影响装配或外观	✓	
划伤 结合线	目测 比对标准点的透明Film片	硬划伤任何角度可见	✓	
		细碎划伤长≥5.0mm，宽≥0.1mm	✓	
		细碎划伤的长度≥1.0mm或＜5.0mm，细碎划伤的宽度≥0.05mm		✓
		在间距10mm内有2条或2条以上之细碎划伤	✓	
		结合线在喷漆、电镀后标准检验条件下可见		✓
流痕	目测	标准条件下可见		✓
毛屑	目测	长≥1.0mm，宽≥0.05mm		✓

4.3.3.3　C 面的检验

检验条件：

距离：30cm；时间：10s；光源：600～800lm；位置：产品被观测面与水平面呈 45°角，观测时上下左右转动在 15°。

C 面的检验项目与检验要求，见表 4-21。

表 4-21　C 面的检验项目与检验要求

不良项目	测试工具	缺陷说明	缺陷等级	
			Maj	Min
污点 杂质 气泡	目测或使用带标准点的透明 Film	一个异色点≥0.6mm 或同色点≥0.7mm	✓	
		一个异色点≥0.5mm 或同色点≥0.6mm		✓
		两个点间隔＜10mm，异色点直径总和≥0.5mm 或同色点直径总和≥0.6mm	✓	
		两个点间隔＜10mm，异色点直径总和≥0.5mm 或同色点直径总和≥0.6mm		✓
		三个点间隔＜10mm，异色点直径总和≥0.5mm 或同色点直径总和≥0.6mm		✓
指纹/脏污	目测	反光角度可见		✓
裂痕/缺口	目测/卡尺	裂痕，缺口可见	✓	
进料口	目测	修剪不平整，突出部分≥0.1mm，影响装配或外观	✓	
飞边	目视	可见且影响装配、触摸有刮手感	✓	
		可见且影响外观		✓
划伤 结合线	目测 比对标准点的透明 Film	划伤长≥15mm，宽≥0.10mm	✓	
		划伤长≥5mm，宽≥0.10mm		✓
流痕	目测	标准检验条件下可见		✓

4.3.4　手机外壳喷漆可靠性测试

4.3.4.1　耐摩擦试验

（1）试验条件　RCA 耐摩擦机施加 175g 荷重，150 个循环。

（2）测试设备　RCA 耐摩擦机。

（3）判定方法

① 透过表层到基层可见，判定为不良；

② 透过表层到表层下面其他颜色的油漆，判定为不良；

③ 磨损到肉眼可见时，判定为不良。

4.3.4.2　百格附着力试验

（1）试验条件　胶带粘贴 30～90s 内，180°迅速拉起胶带。

（2）测试设备　百格刀（锋角 15°～30°），3M（600 型或 610 型）胶带。

（3）判定方法　划痕边缘及交点处有部分脱漆，受影响区域＞15％判定为不良。

4.3.4.3　溶剂试验

（1）试验条件　使用 MEK（乙丙醇、丁酮）涂擦喷漆层表面，静置 3min。

（2）判定方法　喷漆外观应可抵抗 3min 的 MEK 腐蚀，无明显的覆盖层破裂和起泡、起皱或油漆潜在的分解。

4.3.4.4 铅笔硬度试验

(1) 试验条件　三菱铅笔 500g，以 45°划过喷漆件表面，由 5H～HB 依序降低硬度，直到不能划破表层为止。

(2) 判定方法　表面硬度>2H 为合格。

4.3.4.5 冷热冲击试验

(1) 试验条件　+85～−40℃，45min，25 个循环。

(2) 参考规范　IEC68-2-14（冷热冲击试验标准）。

(3) 测试样品数量　5 件。

(4) 判定方法　外观无明显变形、起泡、剥落。

4.3.5 电镀可靠性测试

4.3.5.1 耐摩擦试验

(1) 试验条件　RCA 耐摩擦机施加 175g 荷重，150 个循环。

(2) 测试设备　RCA 耐摩擦机。

(3) 判定方法　透过表层到基层可见，判定为不良。

4.3.5.2 附着力试验（仅限电镀平面面积超过 $1cm^2$ 以上产品）

(1) 试验条件

① 使用刀片在镀件上划出相距 1mm 的格子，划痕要到达底层；（如产品电镀平面面积低于 $1cm^2$ 则无需此步操作）。

② 胶带粘贴 30～90s 内，180°迅速拉起胶带。

(2) 测试设备　百格刀（锋角 15°～30°），3M（600 型或 610 型）胶带。

(3) 判定方法　观察镀层是否有脱落现象，受影响区域>15%判定为不良。

4.3.5.3 冷热冲击试验

(1) 试验条件　+85～−40℃，45min，25 个循环，高温开始。

(2) 参考规范　IEC68-2-14。

(3) 测试样品数量　5pcs（片）。

(4) 判定方法　外观无明显变形、起泡、剥落。

4.3.5.4 盐水喷雾试验

(1) 试验条件　NaCl 浓度 5%，温度 35℃±1℃，时间 48h。

(2) 测试样品数量　5pcs（片）。

(3) 判定方法　除去盐渍后无明显色泽变化及剥落现象。

4.3.5.5 铅笔硬度试验

(1) 试验条件　三菱铅笔 500g，以 45°划过电镀件表面，由 5H～HB 依序降低硬度，直到不能划破表层为止。

(2) 判定方法　表面硬度需>2H 为合格。

4.3.6 实装测试

4.3.6.1 实装抽样数

① 如来料有 2 个穴号（或 2 个以下），则实装数每穴需抽取 5pcs；

② 如来料有 3 个穴号（或 3 个以上），则实装数每穴需抽取 2pcs。

4.3.6.2 装配件

含手机前盖、后盖、电池盖、显示屏、电池扣、连接件及相关配件；前后盖需加 PCBA

（完成贴片的线路板）合盖锁螺钉实装。

（1）Lens（Lens 为显示屏镜面，指 Lens 与前盖之装配）

① Lens 与前盖组合间隙≤0.25mm；

② Lens 平面超出前盖平面有台阶效应≤0.1mm 且无刮手现象；

③ Lens 装配时不得有卡合困难现象及装配后不得有上翘不平整之现象；

④ Lens 装配后透过透明区域垂直目视不可有背胶及内部腔体外露现象。

（2）前后盖（前后盖、前盖和手机按键）；（需加 PCBA 板锁盖及安装连接件）

① 前盖和手机按键装配无卡键之现象；

② 铜柱不得歪斜，高度以基准端面为基准不得上浮或下沉 0.10mm；

③ Hinge（铰链）装入 Housing（腔体）时不可有无法装入现象及装入后松动现象，手机翻盖折叠时 Hinge 处不可有异音现象；

④ 前后盖组合间隙直板机一般不得≥0.50mm，翻盖机一般为不得≥0.30mm，但组合间隙极差不得>0.20mm；针对翻盖机的上盖和机身合盖后最大缝隙不得≥0.65m，错缝不得≥0.45mm；

⑤ 前后盖组合台阶效应≤0.15mm 且无刮手现象；

⑥ 前后盖卡合不得有困难、明显错位或不到位；

⑦ 螺钉锁盖不得有滑牙、面板顶白、螺孔开裂、柱子断开等现象；

⑧ 前后盖螺钉柱子无错位影响机构之现象。

（3）后盖（后盖和电池盖、后盖相关配件）

① 后盖 PCBA 板卡脚卡合到位；

② 各配件与后盖应卡合顺畅；

③ 电池盖装配不可有明显松动之现象；

④ 电池盖与后盖扣合顺畅不得有阻滞或不到位之现象；

⑤ 后盖与电池盖间隙台阶效应≤0.15mm 且无有刮手现象，电池扣装配顺畅不得有阻滞或不到位之现象；

⑥ 天线拧合与后盖天线孔间隙≤0.4mm；

⑦ 天线不得有难拧入或歪斜之现象。

习　题

一、填空题

写出下列元器件的表示符号或依据表示符号写出相应元器件名称。

① 电阻符号为：__________　　② 变压器符号为：__________

③ 电容符号为：__________　　④ 电感符号为：__________

⑤ “LED” 代表：__________　　⑥ 二极管的符号为：__________

⑦ “Q” 代表：__________　　⑧ 开关的符号为：__________

⑨ 排阻的符号为：__________　　⑩ 三极管的符号为：__________

二、判断题

（　　）1. 对于不合格品的处置，试用时可以经顾客批准，让步使用、放行，或接受不合格品。

（　　）2. 电阻无论是“0”或是“000”均表示为 0Ω，且 0Ω 电阻没有功率。

(　　) 3. 整流二极管的极性，在组件表面涂有颜色的一端为正极（+），另一端为负极（—）。

(　　) 4. 色环电阻与色环电感外观上完全相同。

(　　) 5. 集成电路表面上一个小缺口表示IC的方向性。

(　　) 6. 某尺寸为5.220～5.231mm，实测为5.22mm，则合格。

(　　) 7. 当来料检验中抽检不合格时，可以协商在来料中挑选合格品，但可以向供货商索赔检验费用。

(　　) 8. 特采是为了应对生产急需的一种处理方式，当供货商的产品性能有瑕疵时，可以采取特采的方式进料。

(　　) 9. 让步放行是解决质量问题一种方法。

(　　) 10. 进料检验的方法以外观为优先。

三、综合分析题

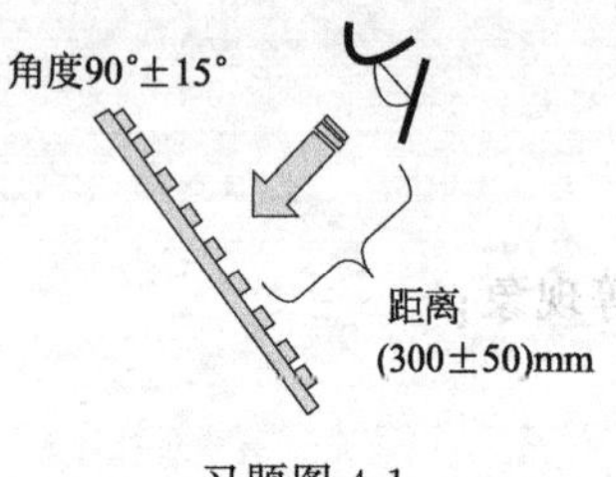

习题图 4-1

1. 如习题图 4-1 所示，按此检验的方式与条件，可以检验出哪些在外观上的不良现象？并说明原因。

检验距离：(300±50)mm

检验时间：(10±5)s

检查角度：90°±15°

照光检查：(1000±200)lx

2. 某电子加工厂，进料检验利用正常检验，单次抽样计划为一般水平Ⅱ，发现AQL不合格，如果将此料退货，将延误出货日程，为了满足质量要求，此案例应如何解决？

第5章　电子产品生产过程检验

【学习要点】

● 生产过程中检验作业体系的建立与作业要求，生产线上重点工位管制与检验。

● 辅助生产与监督品质作业，并进行不合格品管制，按照生产流程进行标准化作业。

● 检验作业控制：IQC、IPQC、FQC、OQC与各生产流程控制方式。

● 生产异常的处理办法与质量记录，协助生产与追究责任归属，了解生产过程中人、机、料、法、环各项条件的确认。

● 生产质量问题反馈与对应方法，掌握产品的直通合格率，及时反映生产能力与品质情况，警惕生产品质恶化。

5.1　电子产品生产过程的产品检验

5.1.1　质量控制的发展历程

① 操作者控制阶段：产品质量的优劣由操作者一个人负责控制。

② 班组长控制阶段：由班组长负责整个班组的产品质量控制。

③ 检验员控制阶段：设置专职检验员，专门负责产品质量控制。

④ 统计控制阶段：采用统计方法控制产品质量，是品质控制技术的重大突破，开创了品质控制的全新局面。

⑤ 全面品质管理（TQM）：全过程的品质控制。

⑥ 全员品质管理（CWQC）：全员品质管理、全员参与。

5.1.2　质量控制基本原理

质量管理的一项主要工作是通过收集数据、整理数据，找出波动的规律，把正常波动控制在最低限度，消除系统性原因生成的异常波动。把实际测得的质量特性与相关标准进行比较，并对出现的差异或异常现象采取相应措施进行纠正，从而使工序处于受控状态，这一过程就叫做质量控制。质量控制可分为七个步骤：

① 选择控制对象；

② 选择需要监测的质量特性值；

③ 确定规格标准，详细说明质量特性；

④ 选定能准确测量该特性值的监测仪表仪器或自制测试手段；

⑤ 进行实际测试并做好数据记录；

⑥ 采用适宜的数据分析方法分析实际与规格之间存在的原因；

⑦ 采取相应的纠正和预防措施。

当采取相应的纠正和预防措施后，仍然要对过程进行监测，将过程保持在新的控制水准上。一旦出现新的影响因素，还需要测量数据分析原因进行纠正，因此这七个步骤形成一个封闭式流程，称为反馈环。

5.1.3 质量控制系统设计

在进行质量控制时，需要对需要控制的过程、质量检测点、检测人员、测量类型和数量等几个方面进行决策，这些决策完成后就构成一个完整的质量控制系统。

5.1.3.1 过程分析

一切质量管理工作都必须从过程本身开始，在进行质量控制前，必须分析生产某种产品或服务的相关过程，而一个大的过程可能包括许多小的过程，通过采用流程图分析方法对这些过程进行描述和分解，以确定影响产品或服务质量的关键环节。

在确定需要控制的每一个过程后，就要找到每一个过程中需要测量或测试的关键点。一个过程的检测点可能很多，但每一项检测都会增加产品或服务的成本，所以要在最容易出现质量问题的地方进行检验。典型的检测点包括：

(1) 生产前的外购原材料或服务检验。为了保证生产过程的顺利进行，首先要通过检验保证原材料或服务的质量，这就形成相应的检验岗位 IQC（进料检验）。当然，在 JIT（准时化生产）中，不提倡对外购件进行检验，认为这个过程不增加价值，如安排检验是“浪费”。

(2) 生产过程中的产品检验。典型的生产中检验是在不可逆的操作过程之前或高附加值操作之前进行的，因为这些操作一旦进行，将严重影响质量并造成较大的损失，这些操作的检验可由操作者本人对产品进行检验（自检），同时也产生了相应的检验岗位 IPQC（过程检验）。例如，陶瓷在烧结前，需要进行检验，因一旦被烧结，不合格品只能废弃或作为次品处理。

(3) 生产后的产成品检验。为了在交付顾客前修正产品的缺陷，需要在产品入库或发货前进行检验，形成了相应的检验岗位 QA（成品检验）。

5.1.3.2 检验方法

通过分析过程确定质量控制点后，接下来就要确定在每一个质量控制点采用什么类型的检验方法。检验方法分为计数检验和计量检验。计数检验是对缺陷数、不合格率等离散变更进行检验，采用相应的计数控制图；计量检验是对长度、高度、质量、强度等连续变量的计量，采取对应的计量控制图。

(1) 检验样本大小　确定检验数量有两种方式：全检和抽样检验。确定检验数量的指导原则是比较不合格品造成的损失和检验成本的比较结果。

例如：假设有一批 500 个单位产品，产品不合格率为 2%，每个不合格品造成的维修费、赔偿费等成本为 100 元，即如果不对这批产品进行检验的话，总损失为 100×10=1000 元。因此，如果这批产品的检验费低于 1000 元，可选择对其进行全检。

(2) 全数检验　将送检批的产品或物料全部加以检验而不遗漏的检验方法，适用以下情形：

① 批量较小，检验简单且费用较低；

② 产品必须是合格；

③ 产品如有少量的不合格，可能导致该产品产生致命性影响。

(3) 抽样检验　从一批产品的所有个体中抽取部分个体进行检验，并根据样本的检验结果来判定整批产品是否合格的活动，是一种典型的统计推断工作，适用于以下情形：

① 对产品性能检验需进行破坏性试验；

② 批量太大，无法进行全数检验；

③ 需较长的检验时间和检验费用；

④ 允许有一定程度的不良品存在。

(4) 检验人员　检验人员的确定可采用操作工人和专职检验人员相结合的原则。而在实际操作中，通常检验职责由操作工人完成大部分检验任务，专职检验人员主要在质控点上抽检或全检。

5.1.4　过程检验

我国大部分产品标准，都把检验统一为型式检验（例行检验）与出厂检验（交收检验）两类。一般来说，型式检验是对产品各项质量指标的全面检验，以评定产品质量是否全面符合标准，是否达到全部设计质量要求。出厂检验是对正式生产的产品在交货时必须进行的最终检验，检查交货时的产品质量是否具有型式检验中确认的质量。产品经出厂检验合格，才能作为合格品交货。出厂检验项目是型式检验项目的一部分。

过程检验是保证产品质量的重要环节，但过程检验的作用不是单纯的把关，而是要同工序控制密切地结合起来，判定生产过程是否正常。通常要把首检、过程检验同控制图的使用有效地配合起来。过程检验不是单纯的把关，而是要同质量改进密切联系，把检验结果变成改进质量的信息，从而采取质量改进的行动。必须指出，在任何情况下，过程检验都不是单纯的剔出不合格品，而是要同工序控制和质量改进紧密结合起来。最后还要指出，过程检验中要充分注意两个问题：一个是要熟悉“工序质量表”中所列出的影响加工质量的主导性因素；另一个是要熟悉工序质量管理对过程检验的要求。工序质量表是工序管理的核心，也是编制“检验指导书”的重要依据之一。工序质量表一般并不直接发到生产现场去指导生产，但应根据“工序质量表”来制订指导生产现场的各种管理图表，其中包括检验计划。

对于确定为工序管理点的工序，应作为过程检验的重点，检验人员除了应检查监督操作工人严格执行工艺操作规程及工序管理点的规定外，还应通过巡回检查，确认质量控制点质量特性的变化以及影响质量特性变化的主要因素，核对操作工人的检查和记录以及打点是否正确，协助操作工人进行分析和采取改正的措施。

5.1.4.1　过程检验的目的和作用

(1) 过程检验的目的是预防产生大批的不合格品和防止不良品进入下道工序。

(2) 过程检验可以实施对不合格品的控制。对检查出的不合格品，做出标识、记录、隔离、评价和处置，并通知有关部门，作为纠正或纠正措施的依据。

(3) 通过过程检验实现产品标识。在有产品标识和可追溯性要求的场合，通过过程检验，可实现生产过程中对每个或每批产品都有唯一性的标识。

5.1.4.2　过程检验的要求

(1) 依据质量计划和文件要求进行检验。

按企业形成的相关文件或依据质量计划，以及过程检验规范、检验标准、工艺规程等文件进行检验，合格后转入下道工序。

(2) 设置质量控制点进行过程检验。

以关键部位或对产品质量有较大影响及发现不合格项目较多的工序设置质量控制点，可以应用统计技术对过程控制情况进行分析，为质量改进提供依据。

(3) 一般不得将没有完成过程检验的产品转入下道工序。

如果生产急需又来不及完成检验要求就要转入下一道工序，则必须做好标识、做好记录，确保可追溯性，同时要相应授权人批准，方可让步放行进入下一道工序。

5.1.4.3 过程检验责任

（1）IPQC 的检验范围

① 产品：半成品、成品的质量；

② 人员：操作员工工艺执行的质量，设备操作技能等；

③ 设备：设备运行状态，负荷程度；

④ 工艺、技术：工艺是否合理，技术是否符合产品特性要求；

⑤ 环境：环境是否适宜产品生产需要。

（2）工序产品检验　对产品的检验，检验方式有较大差异和灵活性，可依据生产实际情况和产品特性，更灵活地选择检验方式。工序过程中的主要检验方法包括：

① 质检员全检：适用于转入关键工序时，多品种小批量，有致命缺陷项目的工序产品。工作量较大，合格的才允许转入下道工序或入库，不合格则责成操作员工立即返工或返修；

② 质检员抽检：适用于工序产品在一般工序转工序时，大批量，单件价值低，无致命缺陷的工序产品；

③ 员工自检：操作员对自己加工的产品先实行自检，检验合格后方可转到下道工序。可提高产品流转合格率和减轻质检员工作量，不易管理控制，时有突发异常现象；

④ 员工互检：下道工序操作人员对上道员工的产品进行检验，可以不予接收上道工序的不良品，相互监督，有利于调动积极性，但也会引起包庇、争执等造成品质异常现象；

⑤ 多种方式的结合：有机结合各种检验方案，取长补短，杜绝不良品流入下道工序或入库，但检验成本较高。

（3）工序品质检验　对人员、设备工艺技术、环境等的检验。

① 人员要求的保证：主要通过对员工的上岗证检验、确认上岗操作的员工已经经过培训并获得相应的操作资格确认，特别是关键工序；

② 设备状况要求的保证：主要通过对应设备的点检记录和维修保养记录，检验、确认相关生产设备已得到正常正确的点检、保养等；

③ 工艺要求的保证：主要通过操作员工的操作过程记录、设备参数记录等确保操作员工是按工艺要求操作的；

④ 生产环境要求的保证：主要通过工作环境状况的温度、湿度等记录，确认生产环境是否满足生产要求。

5.1.4.4 过程检验方法

（1）首件检验　首件检验也称为“首检制”，长期实践经验证明，首检制是一项尽早发现问题、防止产品成批报废的有效措施。通过首件检验，可以发现诸如工夹或工具严重磨损或安装定位错误、测量仪器精度变差、看错图纸、投料或配方错误等系统性原因存在，从而采取纠正或改进措施，以防止批次性不合格品发生。

通常在下列情况下应该进行首件检验：

① 一批产品开始投产时；

② 设备重新调整或工艺有重大变化时；

③ 轮班或操作工人变化时；

④ 毛坯种类或材料发生变化时。

首件检验一般采用“三检制”的办法，即操作工人实行自检，班组长或质量员进行复检，检验员进行专检。首件检验后是否合格，最后应得到专职检验人员的认可，检验员对检验合格的首件产品，应打上规定的标记，并保持到本班或一批产品加工完了为止。

对大批量生产的产品而言，“首件”并不限于一件，而是要检验一定数量的样品。特别是以工装为主导影响因素（如冲压）的工序，首件检验更为重要，模具的定位精度必须反复校正。为了使工装定位准确，一般采用定位精度公差预控法，即反复调整工装，使定位尺寸控制在 1/2 公差范围的预控线内。这种预控符合正态分布的原理，美国开展无缺陷运动也是采用了这种方法。广东步步高电子工业有限公司对 IPQC 的首件检查非常重视，毕竟国内从事带视频的家电生产的企业，其工艺自动化程度低，主要依赖员工的操作控制。因此，新品生产和转工序时的首件检查，能够避免物料、工艺等方面的许多质量问题，做到预防与控制结合。

(2) 过程自检、互检　操作员生产时应按工艺文件要求或《装配作业指导书》要求，随时进行自检，完成作业后做好标识，合格品转入下道工序。

操作员收到上道工序转来的合格品，按工艺文件要求进行确认，合格后转入本道工序生产，不合格则责令上道工序人员分选或返工返修。

① 制订一个良品率指标，按此指标来定奖罚，适当即可，太低不起作用，太高（罚得太高员工有抵触情绪）实施效果差。

② 对于每月良品率第一的员工，可在月末以质量特别奖再次奖励。对于每月良品率倒数第一的员工，则通报批评进行处罚或进行末位淘汰。

③ 以上两种方法若不适用，则建议计价方式改变。出现 1pcs 不良品，倒扣 1pcs 良品工时数。计件人员为了不被倒扣计件数，就会加强检验。

④ 结合其他质量意识培训，逐步提高员工质量意识，自检和互检相结合，良品率会大大提高。

⑤ 创造必要条件，比如检验工具离操作岗位要近；平常机械设备的保养要做好，不占用员工正常工作时间。

对于自检，要做到：一是现场示范，言传身教；二是加强培训，提高品质意识；三是将工作好坏与工资直接挂钩；四是对典型事件严肃处理。

(3) 过程检验（IPQC）　过程检验就是检验员按一定的时间间隔和路线，依次到工作地或生产现场，用抽查的形式，检查刚加工出来的产品是否符合图纸、工艺或检验指导书中所规定的要求。在大批量生产时，过程检验一般与使用工序控制图相结合，是对生产过程发生异常状态实行报警，防止成批出现废品的重要措施。当过程检验发现工序有问题时，应进行两项工作：

① 寻找工序不正常的原因，并采取有效的纠正措施，以恢复其正常状态；

② 对上次过程检验后到本次过程检验前所生产的产品，全部进行重检和筛选，以防不合格品流入下道工序（或用户）。

过程检验是按生产过程的时间顺序进行的，因此有利于判断工序生产状态随时间过程而发生的变化，这对保证整批加工产品的质量是极为有利的。为此，工序加工出来的产品应按加工的时间顺序存放，这一点很重要，但常被忽视。

过程检验主要进行生产制造过程控制监督工作，并承担执行各项规章制度、工作指引的义务。主要职责包括：

① 依照首件制作流程，对首件进行检验及确认，及样品的制作检验工作；

② 依照过程检验流程与规定进行过程品质控制与检验；

③ 监督各工艺操作过程，严格要求各工序按工艺要求及客户要求生产；

④ 监督培训车间 QC 工作，监督车间 5S 工作；

⑤ 按照检验作业流程与规定对内部退料的检验工作；

⑥ 做好相关的品质记录与统计工作，异常工作向 OQA 反映与汇报。

从上述职责可知，IPQC 应具备有权要求对违反操作的工人进行停止生产整顿，必要时还有权叫停整条生产线的生产。

(4) 末件检验 靠模具或装置来保证质量的轮番生产的加工工序，建立“末件检验制度”是很重要的。即一批产品加工完毕后，全面检查最后一个加工产品，如果发现有缺陷，可在下一批投产前把模具或装置修理好，以免下一批投产后被发现，因需修理模具而影响生产。

5.2 检验作业控制

5.2.1 进料检验（IQC）

IQC 是工厂制止不合格物料进入生产五个环节的首要控制点。

(1) 进料检验项目及方法

① 外观 一般用目视、手感、对比样品进行验证；

② 尺寸 一般用卡尺、千分尺等量具验证；

③ 特性 如物理的、化学的、机械的特性，一般用检测仪器通过特定方法来验证。

(2) 进料检验方法 包括全检和抽检两种。

(3) 依据的标准 《原材料、外购件技术标准》《进货检验和试验控制程序》《理化检验规程》等。

5.2.2 过程检验（IPQC）

IPQC 一般是指对物料入仓后到成品入库前各阶段的生产活动的品质控制，而相对于该阶段后的完成品品质检验，则称为 FQC。

5.2.2.1 过程检验的方式

① 首件自检、互检、专检相结合；

② 过程控制与抽检、过程检验相结合；

③ 多道工序集中检验；

④ 逐道工序进行检验；

⑤ 产品完成后检验；

⑥ 抽样与全检相结合。

5.2.2.2 过程品质控制

过程品质控制是对生产过程做过程检验。

① 首件检验。

② 材料核对。

③ 过程检验。保证合适的过程检验时间和频率，严格按检验标准或作业指导书检验，包括对产品质量、工艺规程、机器运行参数、物料摆放标识、环境等检验。

④ 检验记录应如实填写。

5.2.2.3 过程产品品质检验（FQC）

FQC 是针对产品完工后的品质验证以确定该批产品可否流入下道工序，属定点检验或验收检验。

（1）检验项目。外观、尺寸、理化特性等。

（2）检验方式。

① 一般采用抽样检验。

② 不合格处理。

③ 记录。

（3）依据的标准：《作业指导书》、《工序检验标准》、《过程检验和试验程序》等。

5.2.3　最终检验控制

最终检验也称成品检验或出厂检验（QA），是完工后的产品入库前或发到用户手中之前进行的一次全面检验。

5.2.3.1　出厂检验的目的和作用

（1）出厂检验的目的是防止不合格品出厂和流入到用户手中，以免损害客户的利益和本企业的信誉。

（2）出厂检验可以全面确认产品的质量水平和质量状况，即出厂检验可以确认产品是否符合规范和技术文件要求的重要手段，并为最终产品符合规定要求提供证据。

5.2.3.2　出厂检验的要求

① 依据企业制定的相关检验标准、检验规范和检验工作指引进行检验，合格后办理入库手续；

② 按规定要求进行检验且要求完成了全部规定的检验要求，最后做出结论是否符合标准要求。

5.2.3.3　出厂检验的内容

以电子行业为例，主要有装配过程检验、总装检验以及型式检验。

（1）装配过程检验　根据企业相关技术文件的要求，将零件、部件进行配合和连接使之成为半成品或成品的工艺过程叫装配。

在生产过程中，装配工序一般作为最后一道工序，虽然零部件、配套件的质量均已符合规范和技术文件规定的要求，但在装配过程中，如不遵守工艺规程和技术文件规定，仍会导致产品的不合格。

部件装配是依据产品图样和装配工艺规程，把零件装配成部件的过程。

部件装配检验是依据产品图样，装配工艺规程及检验规程对部件的检验。

（2）总装成品检验　把零件和部件或外购配套件按工艺规程装配成最终产品的过程称为总装。

总装检验是依据产品的图样、装配工艺规程及检验规程对最终产品（成品）的检验。主要检验内容包括：

① 成品的性能：包括正常功能、特殊功能及效率三个方面；

② 成品的精度：包括几何精度和工作精度两个方面；

③ 结构：指对产品的装卸、可维修性、空间位置等；

④ 操作：主要要求操作简便、灵巧；

⑤ 外观；

⑥ 安全性：指产品在使用过程中保证安全的程度；

⑦ 环保性。

（3）型式试验　型式试验是根据产品技术标准或设计文件要求，或产品试验大纲要求，对产品的各项质量指标所进行的全面试验和检验。通过型式试验，评定产品技术性能是否达到设计功能要求，并对产品的可靠性、可维修性、安全性、外观等进行数据分析和综合评价。

型式试验一般对产品存放的环境、应力条件比较恶劣，常有的包括低温、高温、湿热、机械振动、热冲击等。

因型式试验对产品存在一定的破坏性，因此型式试验主要在新产品研制、设计定型时进行，而批量生产时一般只是根据客户的选择性要求做相应的试验，甚至不再做试验。

对于以上检验规范需制订抽样计划，采用 MIL-STD-105E 正常检验单次抽样计划，一般水准为Ⅱ级，或采用 MIL-STD105E 加严检验单次抽样计划，Ⅱ级检验水准；若客户有要求时，依客户要求进行检查。检验内容方式、外观检验，则依据检验作业流程规定的检验项目方法进行检验。数量检验依据包装生产标准规定对每箱进行抽检，确认外箱标签数量与箱内制品数量是否一致。抽检合格后，OQC 人员抽检时要核对外箱和内箱的料号、数量是否一致，外观、功能性测试，以批次抽检填写出货检验记录。

5.2.4 制程能力统计与品质异常的反馈及处理

在生产过程中，制程能力统计是为保证产品生产的初期制程能力（小于 15 天）和持续制程能力，使各关键特性能达到 6σ 的品质水准。其适用范围包括：生产时，从进料检验、到出货检验的尺寸与性能的统计分析；在生产的初期，初期制程能力要求符合 C_{pk}，如达不到要求，则该制程不接受为正式生产用，必须进行检讨改善，经改善完成后的制程，需再进行一次初期制程能力分析，达到要求后才可正式生产。在品质异常的反馈及处理上可分：

(1) 自己可以判定的直接通知员工或由生产线立即处理；

(2) 自己不能判定的，则持不良样板交主管确认，再通知纠正或处理；

(3) 应如实将异常情况进行记录；

(4) 对纠正或改善措施进行确认，并追踪处理效果；

(5) 对半成品、成品的检验应做好明确的状态标识，并监督相关部门进行隔离存放。

此外，在生产过程中，通过对产品过程审核，以评价过程控制的时效性，并对发现的问题采取有效的改进措施，以此保证过程的质量稳定。在以下几种情况时，应根据需要进行临时生产过程审核：

① 产品质量连续下降；

② 一个月内出现几次客户抱怨及客户索赔；

③ 发生重大质量事故；

④ 生产流程、工艺更改；

⑤ 生产地点变更；

⑥ 关键材料供货商更换。

5.2.5 质量记录、制品的鉴别与追溯性管理

在产品生产过程中，对制品进行标示，确保需要时实现可追溯性，以防止制品出货及客户退货各过程中制品的标示混装，掌握产品在各生产过程的质量状况。其标示或编号可依生产各工艺进行统一调整规划，例如：

① 原料、成品入库标示：原料进来，仓库按规格、批号和进料日期不同分类标示，同类别放于一个存放区，并通知品管 IQC 检验，IQC 检验后须作出合格与不合格标示，并记录于各种进料检验记录；

② 各制程半成品标示：可依各生产制程进行批次或批量进行标示或编号，以完整记录各生产制程的数量。

任何为已完成的品质作业活动和结果提供客观的证据，必须做到准确、及时、字迹清晰、完整并加盖检验印章或签名，还要做到及时整理和归档，并储存在适宜的环境中。

习　题

一、选择题

1. 质量控制对象是（　　）。

A. 组织　B. 过程　C. 资源　D. 产品

2. 生产过程检验的标准依据是（　　）。

A. 标准作业工作书　B. 标准检查规范　C. 生产工程图纸　D. 以上都需要

3. 当生产过程中发现不合格品时，品管人员应该（　　）。

A. 暂不理睬　B. 通知客户

C. 马上开出异常联络单处理　D. 要求供货商停止供货

4. 出货检验时发现产品性能严重缺陷而无法修复，且批量不大时，如何处理该不合格品（　　）。

A. 特采　B. 重工　C. 报废　D. 挑选

5. （　　）条件下不需做首件检查。

A. 设备维修　B. 修模　C. 每日开线前　D. 换同种批号材料

6. 一般而言，首件复核的责任为（　　）。

A. 品管主管　B. 现场主管　C. 作业员　D. 品管人员

7. 一般而言，成品检查第一责任者是（　　）。

A. 品管主管　B. 作业员　C. 品管人员　D. 现场主管

8. 成品检验也称为（　　）。

A. 最终或出厂　B. 巡回或最终　C. 完工或出厂　D. 完工或最终

9. 以$\pm 3\sigma$标准管制制程，C_{pk}值在（　　）情况下表明制程能力合格。

A. $1.00 > C_{pk} \geqslant 0.67$　B. $1.33 > C_{pk} \geqslant 1.00$

C. $1.67 > C_{pk} \geqslant 1.33$　D. $C_{pk} \geqslant 1.67$

10. 质量记录的目的是（　　）。

A. 确保产品质量目标　B. 相关物料满足法规的要求

C. 实现产品可追溯性　D. 以上皆是

二、判断题

（　　）1. 检验标准的依据来源于工程图纸和客户要求。

（　　）2. 抽检是对产品总体中的所有单位产品进行全数检查，通过它们来判断产品总体质量状况的方法。

（　　）3. 生产过程检验中，质量不好是品管部门的责任。

（　　）4. 流程卡不是一种质量文件，制卡单位可以随时在计算机中更改并打印发给生产单位使用。

（　　）5. 生产过程中，只有靠全检才能得到好的质量。

（　　）6. 检验成本太高的产品或工序一般采用抽样检验的方法。

（　　）7. 全检后的产品就是100%合格品。

（　　）8. 产品质量的判断是依赖于检验规范和主管的指示。

（　　）9. 产量和质量是绝对矛盾的。

（　　）10. 全面品管的三个基本要求是顾客为先、持续不断的改善和全员参与。

三、综合分析题

1. 对电子产品而言，因电子元器件较多，在生产过程中工序也较长，所以企业应如何管理现场生产过程中的质量、成本、交货期？

2. 5S活动一直在企业中监督车间质量管理；目前为提升企业内部整体生产的效益，5S增加“安全”与“节约”两项，成为7S管理，应如何落实7S管理应用于目前各产业追求创新与智能化？

第6章　电子产品的可靠性验证

【学习要点】

- 了解产品的特性，产品各种可靠性验证的目的、种类、方式与条件，通过可靠性验证，说明产品的品质问题。
- 可靠性验证的主要项目与对应的实施办法，应以满足实际产品需求，以此作为产品设计与开发，以及生产条件的依据。
- 判定标准与相关问题解决，应让产品凸显性能，易于生产作业的实施与规划，并了解性能的极限，作为产品设计开发的经验。
- 根据产品可靠性验证结果，进一步讨论产品的改善与设计，同时通过分析失效模式，采用更严苛的可靠性验证条件，让产品更具市场竞争力。

6.1　概述

随着电子技术的发展，对电子产品也提出了更高的要求。由于产品技术性能和结构要求等方面的提高，可靠性问题愈显突出。如果没有可靠性保证，高性能指标是没有任何意义的，现代用户买电子产品就是买可靠性，对生产厂家来说，可靠性就是信誉，就是市场，就是经济效益。从整机来讲，可靠性贯穿于设计、生产、管理中。从部件、元器件的角度来讲，电子元器件的可靠性水平决定了整机的可靠性程度。可靠性属于质量的范畴，是产品质量的时间函数。从基本概念上讲，可靠性指标与质量的性能指标所强调的内容是不同的，可靠性的基本概念与时间有关，这些基本概念的具体化，就是产品故障或寿命特征的数学模型化。只有通过可靠性试验才能确定产品故障或寿命特征符合哪一种数学分布，才可以决定产品的可靠性指标，进而推算产品的可靠程度。在可靠性工程中，最常见的寿命分布函数有指数分布、威布尔分布、对数正态分布和正态分布。

6.1.1　国外电子产品可靠性发展概况

国外的电气公司与各种国际机构（如 IEEE 等）中，可靠性工作都很受重视，IEC 在 1965 年成立了可靠性与维修性技术委员会，至今已发布了不少关于可靠性与维修性方面基础性或共性的标准，如 IEC 300《可靠性与维修性管理》，它为产品在制订可靠性与可维修性相关文件时提供参考，还有 ISO 9000 系列标准的补充文件提供有关可靠性方面的内容；还有 IEC 605《设备可靠性试验》与 IEC 706《维修性导则》IEC 605 是关于设备可靠性试验方面一套较为完整的基础性标准，它规定了设备可靠性验证试验和可靠性测定试验的总原则、具体程序及试验方案。

美国于 1964 年发布了军用标准 MIL-R-39016《有可靠性指标的电磁继电器总规范》；日本于 1980 年发布了日本工业标准 JISC 5440《有可靠性要求的控制用小型继电器通则》；前苏联于 1983 年发布的 QCT 12434—83《低压开关电器通用技术条件》中规定了产品的可靠性要求和可靠性试验方法；法国在工业用控制设备—接触器标准 NFC 63—100 中规定：“对

成批生产的电器，特别是约定发热电流小于或等于40A的电器，机械寿命应在有代表性的样机上以重复方式进行试验，制造厂在统计了试验结果后给出产品的机械寿命值"，这实际上也是规定了用可靠性的概念来确定接触器的机械寿命。

国际上在电子产品可靠性学术交流方面也很活跃，涉及可靠性的国际学术会议有：国际电接触会议；IEEE霍姆电接触会议；国际可靠性物理会议；国际可靠性与维修性会议。

6.1.2 国内电子产品可靠性发展概况

早在1980年原机械工业部电工局委托河北工业大学举办了两期电器新技术学习班，可靠性技术是其中主要内容之一。1983年10月成立了中国电工技术学会电工产品可靠性研究会，在该学会组织下开展了电工产品可靠性研究工程与学术交流活动，并多次举办了电工产品可靠性学习班及电工行业领导干部可靠性研讨班，对我国电工行业的可靠性工作起了一定的促进作用。原机械工业部1986～1991年共发布了七次（共1189种规格）限期考核可靠性指标的机电产品清单，其中包括继电器、接触器、变压器、量度继电器、电动机、电力电子器件等产品，这对推动我国电工产品的可靠性工作有很大的作用。1994年原机械工业部又召开机械工业可靠性工作会议，会上提出可靠性必须从产品设计抓起，并规定凡是列入部或省市机械厅局开发计划和重大技术设备攻关的项目，应加强可靠性设计和试验研究工作：要求在立项时提出可靠性设计目标和攻关内容，产品鉴定或项目验收时应对可靠性目标进行审核评定。会上决定在机电产品中进一步开展可靠性认定工作。

从20世纪80年代中期至今，我国电工产品可靠性研究在电力电子、电机、变压器与继电保护装置等领域均做了不少工作：在上海电器科学研究所、成都机床电器研究所、许昌继电器研究所及广州电器科学研究所等单位的组织下，开展了电器可靠性研究工作。电磁式中间继电器、小容量交流接触器、低压断路器、洗衣机、电冰箱的可靠性研究被列为原机械工业部重点项目，以产、学、研相结合的方式开展了上述产品的可靠性研究，通过理论分析及大量试验数据统计分析了产品的失效机理，研制了一些可靠性试验装置，提出了这些产品的可靠性指标及考核方法。通过对这些产品的可靠性考核与早期失效机理的分析，对产品设计及制造工艺提出了改进措施，使这些产品的可靠性得到较大幅度提高，取得了一定成效。

迄今为止，制定了国家标准GB/T 15510《控制用电磁继电器可靠性试验通则》；国家军用标准GB 10962《机床电器可靠性通则》；国家军用标准GJB 65B—1999《有可靠性指标的电磁继电器总规范》。另外，家用和类似用途的小容量交流接触器的可靠性试验方法、家用和类似用途的过电流保护断路器的可靠性试验方法、剩余电流动作断路器的可靠性试验方法等三个标准均已由中国机械工业行业标准协会陆续推出。

如今，在激烈的市场经济竞争中，以优取胜，以质量与可靠性取胜，必将成为共识。为了进一步开展电器产品的可靠性工作，以提高我国电器产品的可靠性水平，我们应该尽快制定其他主要电器产品（如低压断路器、热继电器等）可靠性试验方法的行业标准；积极研制各种主要电器产品的可靠性试验装置；经常开展电器产品失效分析工作，找出其失效模式和失效机理，针对失效分析中找出的问题，提出改进措施，以提高电子产品可靠性；电子产品生产企业应加强可靠性管理工作。为了开展可靠性设计、可靠性生产、可靠性实验和失效分析工作，必须要有健全的可靠性管理组织；为了收集现场使用中的失效产品或现场失效信息，也需要健全的可靠性管理组织；为了把失效分析得到的信息反馈给设计部门、生产部门和试验部门，更需要健全的可靠性管理组织。因此，加强可靠性管理工作是十分重要的。

当今社会，产品质量就是产品的生命。各行各业在激烈的市场竞争下也越来越注重产品质量的提高，因此不少企业在产品上市前都会做各种试验，检验产品的符合性和易用性。但是从目前的情况来看，一般的企业所进行的产品试验也还是停留在跌落试验，高低温试验等这些常规的、国家强制要求的基本试验。很少有企业专门去做比较专业的可靠性试验。

可靠性试验是国外厂家普遍进行的产品定型试验，但由于成本较高不被国内厂商接受，我们认为国内电子产品要想在激烈的竞争中占领市场，达到最终走向国际市场的目标，进行科学合理的试验对提高自身产品的竞争力是非常有必要的。

6.1.3 可靠性的定义

可靠性是指产品在规定条件下和规定时间内，完成规定功能的能力。我们应清楚以下几个方面的内容。

产品：是指作为单独研究和分别试验对象的任何元件、设备或系统，可以是零件、部件，也可以是由它们装配而成的机器，或由许多机器组成的机组和成套设备。例如，手机、手机电池、手机 SIM 卡等，均可视为可靠性定义中的产品。

规定条件：一般是指使用条件，主要是环境条件，包括温度、湿度、沙尘、腐蚀性等，还包括操作技术、维修方法等条件。例如，手机信号强弱对手机的通话质量起决定性作用，而手机信号的强度却受周围环境的影响非常大，有时我们一进电梯就发现无手机信号，就是说在电梯环境下手机信号非常弱。

规定时间：是可行性区别于产品其他质量属性的重要特征，因此产品的可靠性也可认为是产品功能在时间上的稳定程度。因此，以数学公式表示的可靠性各特征量都是时间的函数。

规定功能：具体产品的功能是什么，怎样才算是完成规定功能，可以从反面来理解。产品丧失规定功能就是指失效，对可修复产品通常也称为故障。如手机不再具备通话功能，那可以说这部手机已不能完成规定功能。如手机只是某位数字按键失效，则只能说这部手机发生了故障，需要修复。

能力：在可靠性定义中，能力只是一个定性的概念。一个产品在某段时间内的工作情况并不很好地反映该产品可靠性的高低，而应观察大量该种产品的工作情况，并进行合理处理后才能正常反映该产品的可靠性。例如，华为手机在广东消费者心中具有较好的信誉，是因为众多用户在用过多个不同品牌的手机后感受到华为手机的可靠性。

6.1.4 可靠性验证

可靠性验证就是通过模拟相关电子产品或电子元件的使用条件，在规定时间范围内电子产品或电子元件完成规定功能的能力。

为真实模拟相关电子产品或电子元件的使用条件而形成了相应的一个产业就是研发、生产及销售可靠性验证设备的专业厂家，同时国家为统一各类可靠性验证的条件，提出了一系列的可靠性要求验证指导规范。详见附录 D：电工电子产品环境试验国家相关标准清单。

6.2 可靠性验证的主要项目及其意义

6.2.1 可靠性验证项目要求的提出

可靠性验证项目要求的提出主要有两个方面：一方面是国家/行业相关标准中提出的强制性的可靠性验证要求；另一方面是客户根据自身产品/元件的应用要求或使用条件提出的可靠性验证要求。

可靠性研究已逐渐成为一项系统工程，在产品所处的不同阶段，可靠性验证项目和要求也不一样。

(1) 可靠性管理　完善可靠性组织结构，规划出可靠性组织工作的目标并制订出相应的流程，规范可靠性工作，监督可靠性工作的实施要求，以增强质量意识、规避设计风险。同时，通过规范可靠性测试作业流程及方法，提高信赖性测试结果的准确性、及时性，从而达到公司及客户要求。

(2) 可靠性设计　通过设计奠定产品的可靠性基础，研究在设计阶段如何预测和预防各种可能发生的故障和隐患。可靠性设计是保证机械及其零部件满足给定的可靠性指标的一种机械设计方法，包括对产品的可靠性进行预计、分配、技术设计、评定工作。

(3) 可靠性试验及分析　通过试验测定和验证的可靠性，研究在有限的样本、时间和使用费用下，如何获得合理的评定结果，找出薄弱环节，并研究导致薄弱环节的内因和外因，找出规律，提出改进措施以提高产品的可靠性。

(4) 可靠性试验项目顺序选择　不同类型的可靠性测试，有其不同的目的，要想让试验达到预定的效果与目标，应当考虑试验项目的完整化、试验条件的合理化、试验项目和试验顺序的科学化，以及采用的试验方法和具体试验程序的可重现性等因素。试验项目的顺序安排往往取决于试验样品情况和研制生产计划进度、试验设备和试验人员的时间条件，进而影响试验结果的可信度和可比性。

(5) 制造阶段的可靠性　研究制造偏差的控制、缺陷的处理和早期故障的排除，保证设计目标的实现。

(6) 可靠性操作方法及判定基准　当客户有要求时，应根据客户指定的可靠性测试操作方法和判定基准进行相关测试；试验时需参考客户最新版本可靠性试验资料；若有不确定处，与客户进行确认：必要时制作作业程序，发给客户确认试验方法是否正确。若客户无要求时，可依照产品特性及以往经验共同确认测试规范。

6.2.2 可靠性验证的主要项目

6.2.2.1 环境试验

(1) 高温存储试验

① 试验目的　考核在不施加电应力的情况下，高温存储对产品的影响。有严重缺陷的产品处于非平衡态，是一种不稳定态，由非平衡态向平衡态的过渡过程既是诱发有严重缺陷产品失效的过程，也是促使产品从非稳定态向稳定态的过渡过程。这种过渡一般情况下是物理化学变化，其速率遵循阿伦尼乌斯公式，随温度成指数增加，高温应力的目的是为了缩短这种变化的时间，所以该实验又可以视为一项稳定产品性能的工艺。另一种方式，是与高温存处储相似的试验为温升测试，是正常工作下内部和外部表面的温度相同的一种试验，测试使用设备仪器与人工气候环境测试相同，考察设备的适应性和可靠性。

注：阿伦尼乌斯公式

$$K=A\exp(-Ea/RT)$$

式中，K 为速率常数；R 为摩尔气体常数；T 为热力学温度；Ea 为宏观活化能；A 为频率因子。

② 试验条件　一般选定一恒定的温度应力和保持时间。微电路温度应力范围为 75～400℃，试验时间为 24h 以上。试验前后被试样品要在标准试验环境中，即温度为 (25±10)℃、气压为 86～100kPa 的环境中放置一定时间。多数的情况下，要求试验后在规定的时间内完成终点测试。

(2) 温度循环试验

① 试验目的　考核产品承受一定温度变化速率的能力及对极端高温和极端低温环境的

承受能力，是针对产品热机械性能设置的。当构成产品各部件的材料热匹配较差，或部件内应力较大时，温度循环试验可引发产品由机械结构缺陷劣化产生的失效。如漏气、内引线断裂、芯片裂纹等。

② 试验条件　在气体环境下进行。主要是控制产品处于高温和低温时的温度和时间及高低温状态转换的速率。试验箱内气体的流通情况、温度传感器的位置、夹具的热容量都是保证试验条件的重要因素。其控制原则是试验所要求的温度、时间和转换速率都是指被试产品，不是试验的局部环境。微电路的转换时间要求不大于 1min，在高温或低温状态下的保持时间要求不小于 10min；低温为（－65±10)℃，高温从（85＋10)℃到（300＋10)℃不等。

(3) 热冲击试验

① 试验目的　考核产品承受温度剧烈变化，即承受大温度变化速率的能力。试验可引发产品由机械结构缺陷劣化产生的失效，热冲击试验与温度循环试验的目的基本一致，但热冲击试验的条件比温度循环试验要严酷得多。

② 试验条件　被试样品是置于液体中。主要是控制样品处于高温和低温状态的温度和时间及高低温状态转换的速率。试验箱内液体的流通情况、温度传感器的位置、夹具的热容量都是保证试验条件的重要因素。其控制原则与温度循环试验一样，试验所要求的温度、时间和转换速率都是指被试样品，不是试验的局部环境。微电路的转换时间要求不大于 1min；转换时被试样品要在 5min 内达到规定的温度；在高温或低温状态下的停留时间要求不小于 2min；高低温条件分为三挡不同的产品要求也不一样，一般分 ABC 三挡，A 挡一般用水作载体，B 挡和 C 挡用过碳氟化合物作载体。作载体的物质不得含有氯和氢等腐蚀性物质或强氧化剂物质。

(4) 低气压试验

① 试验目的　考核产品对低气压工作环境（如高空工作环境）的适应能力。当气压减小时空气或绝缘材料的绝缘强度会减弱；易产生电晕放电、介质损耗增加、电离；气压减小使散热条件变差，会使元器件温度上升。这些因素都会使被试样品在低气压条件下丧失规定的功能，有时会产生永久性损伤。

② 试验条件　被试样品置于密封室内，加规定的电压，从密封室降低气压前 20min 直至试验结束的一段时间内，要求样品温度保持在（25±1.0)℃的范围。密封室从常压降低到规定的气压再恢复到常压，并监视这个过程中被试样品能否正常工作，微电路被试样品所施加电压的频率在直流到 20MHz 的范围内，电压引出端出现电晕放电被视为失效。试验的低气压值是与海拔高度相对应的，并分若干挡。如微电路低气压试验的 A 挡气压值是 58kPa，对应高度是 4572m，E 挡气压值是 1.1kPa，对应高度是 30480m 等。

(5) 耐湿试验

① 试验目的　是以施加加速应力的方法评定微电路在潮湿和炎热条件下抗衰变的能力，是针对典型的热带气候环境设计的。微电路在潮湿和炎热条件下衰变的主要机理是由化学过程产生的腐蚀和由水汽的浸入、结露、结冰引起微裂缝增大的物理过程。试验也考核在潮湿和炎热条件下构成微电路材料发生或加剧电解的可能性，电解会使绝缘材料电阻值发生变化，使介质抗击穿的能力变弱。

② 试验条件　潮热试验有两种，即交变潮热试验和恒定潮热试验。交变潮热试验要求被试样品在相对湿度为 90%～100%的范围内，用一定的时间（一般 2.5h）使温度从 25℃上升到 65℃，并保持 3h 以上；然后再在相对湿度为 80%～100%的范围内，用一定的时间

（一般2.5h）使温度从65℃下降到25℃，再进行一次这样的循环后再在任意湿度的情况下将温度下降到−10℃，并保持3h以上，再恢复到温度为25℃，相对湿度等于或大于80%的状态。这就完成了一次交变潮热的大循环，大约需要24h。一般一次耐湿试验，上述交变潮热的大循环要进行10次，试验时被试样品要施加一定的电压。试验箱内每分钟的换气量要求大于试验箱容积的5倍。被试样品应该是经受过非破坏性引线牢固性试验的样品。

(6) 盐雾试验

① 试验目的　是以加速的方法评定元器件外露部分在盐雾、潮湿和炎热条件下抗腐蚀的能力，是针对热带海边或海上气候环境设计的。表面结构状态差的元器件在盐雾、潮湿和炎热条件下外露部分会产生腐蚀。

② 试验条件　盐雾试验要求被试样品上不同方位的外露部分都要在温度、湿度及接收的盐沉积速率等方面处于相同的规定条件。这一要求是通过样品在试验箱内放置的相互间的最小距离和样品的放置角度来满足的。试验温度一般要求为（35±3）℃、在24h内盐沉积速率为$2\times10^4\sim5\times10^4 mg/m^2$。盐沉积速率和湿度是通过产生盐雾的盐溶液的温度、浓度及流经它的气流决定的，气流中氧气和氮气比例要与空气相同。试验时间一般分为24h、48h、96h和240h四挡。

(7) 辐照试验

① 试验目的　考核微电路在高能粒子辐照环境下的工作能力。高能粒子进入微电路会使微观结构发生变化产生缺陷或产生附加电荷或电流。从而导致微电路参数退化、发生锁定、电路翻转或产生浪涌电流引起烧毁失效。辐照超过某一界限会使微电路产生永久性损伤。

② 试验条件　微电路的辐照试验主要有中子辐照和γ射线辐照两大类。又分总剂量辐照试验和剂量率辐照试验。剂量率辐照试验是以脉冲的形式对被试微电路进行辐照的。在试验中要依据不同的微电路和不同的试验目的严格控制辐照的剂量和总剂量。否则会由于辐照超过界限而损坏样品或得不到要寻求的阈值。辐照试验要有防止人体损伤的安全措施。

6.2.2.2　寿命试验

(1) 试验目的　考核产品在规定的条件下，在全过程工作时间内的质量和可靠性。为了使试验结果有较好代表性，参试的样品要有足够的数量，如按GJB 548《微电子器件试验方法和程序》的《鉴定和质量一致性检验程序》，采用批容许不合格百分率（Lm Tolerance Percent Defective，LTPD）等于5的抽样方案。

(2) 试验条件　微电路的寿命试验分稳态寿命试验、间歇寿命试验和模拟寿命试验。稳态寿命试验是微电路必须进行的试验，试验时要求被试样品要施加适当的电源，使其处于正常的工作状态。国家军用标准的稳态寿命试验环境温度为125℃，时间为1000h。加速试验可以提高温度，缩短时间。功率型微电路管壳的温度一般大于环境温度，试验时保持环境温度可以低于125℃。微电路稳态寿命试验的环境温度或管壳的温度要以微电路结温等于额定结温为基点（一般在175～200℃之间）进行调整。

间歇寿命试验要求以一定的频率对被试微电路切断或突然施加偏压和信号，其他试验条件与稳态寿命试验相同。

模拟寿命试验是一种模拟微电路应用环境的组合试验，它的组合应力有机械、温度、湿度和低气压四应力试验等。

6.2.2.3　机械试验

(1) 恒定加速度试验

① 试验目的　考核微电路承受恒定加速度的能力。它可以暴露由微电路结构强度低和机械缺陷引起的失效。如芯片脱落、内引线开路、管壳变形、漏气等。

② 试验条件　在微电路芯片脱出方向和与压紧方向垂直的方向施加大于 1m/s^2 的恒定加速度，试验时微电路的壳体应刚性固定在恒定加速器上。

(2) 机械冲击试验

① 试验目的　考核微电路承受机械冲击的能力。即考核微电路承受突然受力的能力。在装卸、运输、现场工作过程中会使微电路突然受力。如跌落、碰撞时微电路会受到突发的机械应力。这些应力可能引起微电路的芯片脱落、内引线开路、管壳变形、漏气等失效。

② 试验条件　试验时微电路的壳体应刚性固定在试验台基上，外引线要施加保护。对微电路的芯片脱出方向、压紧方向和与该方向垂直的方向各施加五次半正弦波的机械冲击脉冲。冲击脉冲的峰值加速度取值范围一般取为 $4900\sim294000\text{m/s}^2$（$500\sim30000g$）脉冲持续时间为 0.1～1.0ms，允许失真不大于峰值加速度的 20%。

(3) 机械振动试验　振动试验主要有四种，即扫频振动试验、振动疲劳试验。振动噪声试验和随机振动试验。目的是考核微电路在不同振动条件下的结构牢固性和电特性的稳定性。

扫频振动试验使微电路进行等幅谐振动，其加速度峰值一般分为 196m/s^2（$20g$）、490m/s^2（$50g$）和 686m/s^2（$70g$）三挡。振动频率 20～2000Hz 范围内随时间按对数变化。振动频率 20～2000Hz 再回到 20Hz 的时间要求不小于 4ms，并且在互相垂直的三个方向上（其中一个方向与芯片垂直）各进行五次。

振动疲劳试验也要使微电路进行等幅谐振动，但是其振动频率是固定的，一般为几十到几百赫兹，其加速度峰值一般也分为 196m/s^2（$20g$）、490m/s^2（$50g$）和 686m/s^2（$70g$）三挡。在互相垂直的三个方向上（其中一个方向与芯片垂直）各进行一次，每次的时间大约为 32h。

随机振动试验的试验条件是模拟各种现代化现场环境下可能产生的振动。随机振动的振幅具有高斯分布。加速度谱密度与频率的关系是特定的。频率范围为几十 Hz 到 2000Hz。

振动噪声试验的试验条件与扫频振动试验基本相同。使微电路做等幅谐振动，其加速度峰值一般不小于 196m/s^2（$20g$）。振动频率 20～2000Hz 范围内随时间按对数变化。振动频率 20～2000Hz 再回到 20Hz 的时间要求不小于 4min，并且在互相垂直的三个方向上（其中一个方向与芯片垂直）各进行 1 次。但是微电路要施加规定的电压和电流。测量在试验过程中在规定负载电阻上的最大噪声输出电压是否超出了规定值。

(4) 键合强度试验

① 试验目的　检验微电路封装内部的内引线与芯片和内引线与封装体内外引线端键合强度。分为破坏性键合强度试验和非破坏性键合强度试验，键合强度差的微电路会出现内引线开路失效。

② 试验条件　试验要求在键合线中部对键合线施加垂直于微电路方向的力；同时施加给指向芯片反方向的力，施力要从零开始缓慢增加，避免冲击力。若设定一个力，当施力增加到设定力时停止施力，且此力应不大于最小键合力规定值的 80%，则试验称为非破坏性键合强度试验。若试验时施力增加到键合断裂时停止，称破坏性键合强度试验。键合强度试验目的是对微电路键合性能做批次性评价，所以要有足够多的试验样品。非破坏性键合强度试验有时作为筛选试验项目。

(5) 芯片附着强度试验

① 试验目的　该试验目的是考核芯片与管壳或基片结合的机械强度。芯片附着强度试验有两个，即芯片与基片/底座附着强度试验和剪切力试验，前者是考核芯片承受垂直芯片脱离基片/底座方向受力的能力。后者是考核芯片承受平行芯片与基片/底座结合面方向受力的能力。

② 试验条件　试验要求严格控制施加力的方向，且避免冲击力。该试验的施加的力与芯片面积成正比，且与脱落后界面附着痕迹面积与芯片面积的比值有关，附着痕迹面积小，意味着结合性能差，施加的力要加严。

(6) 与外引线有关的试验

① 试验目的　该试验目的是考核微电路外引线质量，主要试验有外引线可焊性试验；着力试验，引线牢固性试验及针栅阵列式封装破坏性引线拉力试验。外引线可焊性试验是考核外引线接收低熔点焊接的能力。

② 试验条件　试验要求被试样品要在高温水汽下老化 8h，水汽温度与海拔高度相对应，海拔越高对应的温度越低。水汽老化后进行干燥处理。加焊剂之后将外引线以 (25±6.4)mm/s 的速率浸入规定组分的熔锡中，要求熔锡保持在 (245±5)℃，外引线从熔锡中提起的速率与浸入速率相同，不同封装，外引线的浸入深度有不同的要求。外引线在熔锡中停留的时间应随其横截面积的不同有所差异。横截面积大的停留的时间长。如外引线其直径大于 1mm 时在熔锡中停留的时间为 (7±0.5)s，小于 1mm 时停留的时间为 (5±0.5)s。试验判据为外引线浸润焊锡的面积与应覆盖面积之比，要求比值不小于 95%。引线涂覆层附着力试验是用来考核外引线各涂覆层的牢固性的，试验要求在外引线的中部反复弯曲直至断裂，弯曲角度不小于 90°，弯曲半径要求小于外引线厚度或直径的 1/4，各涂覆层的接触面出现裂纹、剥落、脱皮、起泡或分离应判为不合格。引线牢固性试验有引线拉力试验、弯曲应力试验、引线疲劳试验、引线扭力试验。引线牢固性试验是用来考核微电路引线牢固性，与引线有关的密封性的引线拉力试验是用来考核微电路外引线在与其平行方向拉力的作用下引线牢固性和封装密封性的。试验要求在外引线末端无冲击地施加一定的力（一般要求 2N），并保持不小于 30s 的时间。弯曲应力试验是用来考核微电路的引线牢固性、引线涂覆和密封在外引线受弯曲应力作用时的劣化程度；试验要求原则上在刚性最小的方向施加弯曲应力。施力点和弯曲的弧度依据封装引线的不同而有差异。引线疲劳试验目的是检查引线抗金属疲劳的能力。试验时要在规定的施力点，以一定的弯曲的弧度重复施加规定次数的弯曲应力。试验后观察引线与微电路本体之间是否出现断线或松动。引线扭力试验目的是考核微电路引线和密封性抗引线扭应力的能力。试验要求在距微电路壳体规定距离上，对引线施加一定的转矩，顺时针、逆时针方向各一次。取消转矩后观察引线与微电路壳体之间是否出现断线或松动，并进行密封性检验。与外引线有关的试验也是微电路的批评价试验，因此应按一定的抽样方案选取试验样品数。

(7) 粒子碰撞噪声检测试验　粒子碰撞噪声检测试验（Particle Impact Noise Detection，PIND）的目的是检验微电路空腔封装腔体内是否存在可动多余物。可动导电多余物能导致微电路内部短路失效。试验原理是对微电路施加适当的机械冲击应力使黏附微电路腔体内的多余物成为可动多余物，再同时施加振动应力，使可动多余物产生振动，振动的多余物与腔体壁撞击产生噪声。

通过换能器检测噪声。试验要求将微电路最大的扁平面借助于黏附剂安装在换能器上，先施以峰值加速度为 (9800±1960)m/s^2 延续时间不大于 100μs 冲击脉冲。然后再施以频率为 40～250Hz，峰值加速度为 196m/s^2 振动，随后再使冲击应力与振动应力同时施加和单独施加振动应力，交替进行一定次数，若检测出噪声，则表示微电路腔体内有可动多余物。有的微电路内引线较长。长引线的颤动也可能检测出噪声，改变振动频率，噪声有变化时其噪声往往是由长引线的颤动产生的。所用黏附剂应对其传送的机械能量有较小的衰减系数。冲击脉冲的峰值加速度、延续时间和次数应严格控制，否则试验可能是破坏性的。

(8) 其他相关的外应力与内应力试验

① 球压测试：作为带危险电压的绝缘材料或塑料支撑件，需要做球压测试，以保证危险电压部件在高温工作时，塑料件有足够的支撑强度。测试温度是最高温度加上 15℃，但是不小于 125℃。球压时间是在要求温度下保持 1h。

② 扭力测试：扭力测试是针对设备外部导线在使用中，经常受到外力作用弯曲变形的测试。这个测试就是测试导线能够承受的弯曲次数，在产品生命周期内不会因为外力作用发生断裂，AC220V 时电线外露等危险。

③ 外壳受力测试：设备在使用过程中，会受到各种外力作用，这些外力可能会使设备外壳变形，这些变形可能导致设备内部的危险，或指标不能满足要求。因此在设计设备时必须考虑这些影响，安全认证时必须测试这些指标。

④ 跌落测试：小的设备或台式设备，在正常使用中，可能会从手中或工作台跌落到地面。这些跌落可能会导致设备内部安全指标不能达到要求。因此，在设计设备时必须考虑这种影响，在安全认证时需要测试这些指标。要求是：设备跌落后，功能可以损失，但是不能对使用人员造成危险。

⑤ 应力释放测试：设备内部如果有危险电路等，设备在正常使用中，如果外壳发生变形，导致危险外露，这样是不允许的。因此在设计设备时，必须考虑这些影响，安全认证时必须测试这些指标。

6.2.2.4 电性试验

(1) 静电放电敏感度试验　静电放电敏感度试验（Electrostatic Discharge Damage，EDD）可以给出微电路承受静电放电的能力，它是破坏性试验。试验方法是模拟人体、设备或器件放电的电流波形，按规定的组合及顺序对微电路的各引出端放电。寻找出微电路产生损伤的阈值静电放电电压，以微电路敏感电参数的变化量超过规定值的最小静电放电电压，作为微电路抗静电放电的能力的表征值。

(2) 电磁兼容测试　形成电磁干扰必须具备三个基本要素：电磁干扰源、耦合途径或传播通道、敏感设备。因此，要实现产品的电磁兼容必须从三个方面入手：抑制/消除电磁干扰源、切断电磁干扰耦合途径、提高电磁敏感设备的抗干扰能力。

电磁兼容标准要求的主要检测项目包括：电源端子干扰电压、其他端子干扰电压或干扰电流、辐射干扰场强及干扰功率、静电放电抗扰度、射频电磁场抗扰度、冲击抗扰度、由射频场感应的传导干扰抗扰度、磁场抗扰度、电源电压跌落或瞬时中断或电压变化抗扰度、谐波电流发射、电压闪烁和波动等。

目前相关电磁兼容的检测，在世界各国皆有认证机构，作为对电磁兼容测试的标准化机构。CCC 认证是中国强制性产品认证（China Compulsory Certification，简称 3C 认证）。凡列入 3C 认证目录内的产品，如果没有获得国家指定认证机构出具的认证证书，没有按规定施加认证标志，一律不得进口、不得出厂销售和在经营服务场所使用。

(3) 输入测试　输入测试目的是考察产品设计时，产品在正常工作时，输入电路是否能够承受产品工作时需要的电流。产品标准规定：最大功耗的输入电流不能大于产品标称值的

110%。这个标称值也是告诉用户该产品安全工作需要的最小电流，让用户在使用这个设备前要准备这样的电气环境。

(4) 电容放电测试　对一个电源线可以插拔的设备，其电源线经常会被拔出插座，拔出插座的电源插头，经常是被人任意放置。刚被拔出的电源插头是带电的，而这个电随时间而消失，如果这个时间太长，那么将会对人造成电击，对任意放置的电源插头会损坏其他设备或设备自己。因此各个整机安全标准对这个时间作出严格的规定。我们设计产品要考虑这个时间，产品做安全认证时需要测量这个时间。

(5) 电路稳定测试

① SELV电路　SELV电路，就是安全的电压电路，这个电路对使用人员就是安全的，例如手机充电器的直流输出端到手机，它们是安全的，可以任意触摸不会有危险。SELV电路在不同的标准里面有不同解释，例如在IEC60364里面解释与IEC60950-1是不同的，因此关于SELV需要注意在哪个标准下面，其危险也是不同的。SELV电路需要满足特殊的要求，才能是安全的SELV电路，这些要求是，在单一故障时，仍然是满足SELV电路要求的。因此对每一个SELV电路都需要做单一故障下的测试，证明SELV电路是稳定的。该测试是将单一故障逐一引入，监视SELV电路。

② 限功率源电路　由于限功率源电路输出的功率很小，在已经知道的经验中，它们不会导致着火危险，因此在安全标准中，对这类电路的外壳作了专门降低要求规定，它们阻燃等级是UL94V-2。因此有这类电路都需要测量，证明它们是限功率源电路。

③ 限流源电路　要求在电路正常和单一故障下，输出的电流是在安全限值以下的，对人不会导致危险的电流值应小于0.25mA。对于隔离一次和二次电路的电阻，要求是满足专门标准的耐冲击电阻。

(6) 接地连续测试　设备或仪器必须接地，否则将在其可以触摸的表面有危险电压。这些危险电压必须通过接地释放。安规测试规定需要使用多大的电流和多久时间，测量的电阻必须小于0.1Ω，或电压降小于2.5V。

(7) 电池充放电测试　如果设备或仪器内部有可充电电池，则需要做充放电测试，以及单一故障下的充电测试和过充电测试。这是因为设备在正常使用中、充电和放电，以及设备故障时，其主要功能还没有损失，而使用人员不会发现设备故障的，这种情况下，充放电要求是安全的，不能因此而发生爆炸等危险。

(8) 接触电流测试　接触电流，就是常说的漏电流。这个电流严格控制，各个安规标准都有严格规定，因此在设计时要严格控制这个电流，在产品认证时要测试这个电流。

(9) 耐电压测试　耐电压测试或高压测试，主要用于考察设备绝缘的耐受能力，设计的绝缘是否满足设计要求。各种不同的绝缘，其测试电压不同。耐压测试都是在潮湿处理后进行测试，以便考察设备在潮湿时的耐受能力。

(10) 异常测试　异常测试分为单一故障测试和错误使用测试，以及常见的异常使用测试：单一故障测试，指设备在一个故障状态下，设备要求是安全的；错误使用：指设备有调节装置，或其他装置，在位置或状态不对的情况下测试，要求设备是安全的，允许设备功能损失；常见异常使用测试：指设备可能由于人们喜欢美而额外加上的一些装饰部件，而这些装饰对设备的散热等是极为不利的，因此也要进行测试。

6.2.2.5　应用实例：手机产品的主要可靠性验证

(1) 压力测试　用自动测试软件连续对手机拨打1000个电话，检查手机是否会发生故障。若出了问题，有关的软件就需要重新编写。所以有时候手机上会出现不同的软件版本存在的情况。

(2) 抗摔性测试　抗摔性测试是由专门的 Pprt 可靠性实验室来进行，0.5m 的微跌落测试要做 300 次/面（手机有六个面）。而 2m 的跌落测试每个面需各做一次，还仿真人把手机抛到桌面，而手机所用的电池，也要经过最少 4m 的高度，单独向地面撞击跌落 100 次而不能有破裂的情况出现。

(3) 高/低温测试　让手机处于不同温度环境下测试手机的适应性，低温一般在－20℃，高温则在 80℃左右。

(4) 高湿度测试　用一个专门的柜子来做滴水测试，仿真人出汗的情况（水内渗入一定比例的盐分），约需进行 30h。

(5) 百格测试（又称界豆腐测试）　用 H4 硬度的铅笔在手机外壳上画 100 个格子，看看手机的外壳是否会掉下油漆，有些要求更严格的手机，会在手机的外壳上再涂抹上一些化妆品，看看是否因有不同的化学成分而将手机的油漆产生异味或者掉漆的可能。

(6) 翻盖可靠性测试　对翻盖手机进行翻盖 10 万次，检查手机壳体的损耗情况，是用一部翻盖的仿真机来进行，它可以设置翻盖的力度、角度等。

(7) 扭矩测试　直接用夹具夹住两头，一个往左拧，一个往右拧。扭矩测试主要是考验手机壳体和手机内面大型器件的强度。

(8) 静电测试　在北方地区，天气较为干燥，手摸金属的东西容易产生静电，会引致击穿手机的电路。进行这种测试的工具，是一个被称为“静电枪”的铜板，静电枪会调校到 10～15kV 的高压低电流的状况，对手机的所有金属接触点进行放电的测试，时间约为 300ms～2s，并在一间有湿度控制的房间内进行，而有关的充电器也会有同样的测试，合格才能出厂发售。

(9) 按键寿命测试　借助机器以设定的力量对键盘击打 10 万次，假使用户每天按键 100 次，就是 1000 天，相当于用户使用手机三年左右的时间。

(10) 沙尘测试　将手机放入特定的箱子内，细小的沙子被吹风机鼓吹起来，经过约 3h 后，打开手机并察看手机内部是否有沙子进入。如果有，那么手机的密闭性设计不够好，其结构设计有待重新调整。

6.2.3 可靠性验证的意义

可靠性验证是为了验证产品在设计、生产及使用过程中达到预定的可靠性指标，采用可靠性工程技术来确保可靠性验证结果最终可以达到预定目标。

(1) 提高产品可靠性，可以防止故障和事故的发生，尤其是避免灾难性的事故发生。1986 年 1 月 28 日，美航天飞机“挑战者号”由于 1 个密封圈失效，起飞 76s 后爆炸，其中 7 名宇航员丧生，造成 12 亿美元的经济损失。

(2) 提高产品的可靠性，能使产品总的费用降低。提高产品的可靠性，首先要增加费用，如选用好的元器件，研制部分冗余功能的电路及进行可靠性设计、分析、实验，这些都需要经费。然而，产品可靠性的提高使得维修费及停机检查损失费大大减小，使总费用降低。

(3) 提高产品的可靠性，可以减少停机时间，提高产品可用率，一台设备可当几台用，可以发挥几倍的效益。美国 GE 公司经过分析认为，对于发电、冶金、矿山、运输等连续作业的设备，如可以使可靠性提高 1%，成本提高 10%也是合算的。

(4) 对于公司来讲，提高产品的可靠性，可以改善公司信誉，增强竞争力，扩大市场份额，从而提高经济效益。

6.3 可靠性验证的结果输出及应对

可靠性验证是破坏性的试验，验证结果只有两个：一个是符合预定目标，另一个是不符合预定目标。在不同的阶段针对不同的验证结果应采取不同的改善或纠正措施。

在产品设计阶段，如果验证结果不符合预定目标，则主要从以下几个方面去考虑改善。

① 材料选择的合理性；

② 结构设计的合理性；

③ 工艺设计的合理性；

④ 生产条件的合理性。

在产品生产阶段，如果验证结果不符合预定目标，则主要从以下几个方面去考虑纠正或预防。

(1) 人：产品生产过程一般由产业工人来完成，而产业工人应经过足够的培训才能胜任相应的工作岗位，特别是特殊、关键岗位必须持证上岗，这样可以有效保证产品质量，从而有效地保证产品的可靠性目标；

(2) 机：产品生产过程一般需要经过适宜的生产设备，因此应确保生产设备处于良好的工况，如机器设备处于非正常工况，即无法生产出合格的产品，从而也无法保证产品的可靠性目标；

(3) 料：材料作为产品组成的重要元素，其品质状况是否符合设计要求将直接影响到产品的质量，从而影响产品的可靠性目标；

(4) 法：规范的工艺流程及工艺技术才能生产出稳定的合格的产品；

(5) 环：电子类产品对生产环境中的温度、湿度等要求非常高，在生产过程中必须保证适宜的生产条件。

在产品使用阶段，出现了可靠性不符合预定目标时，则主要从以下几个方面去考虑。

(1) 人：确认产品的操作或使用者是否掌握了对应产品的操作或使用规程，即通常所说的掌握了产品的使用说明书；

(2) 环：确认产品的使用环境是否满足产品对应的规格书要求，如符合商业级要求的产品如使用到工业级环境下，产品的可靠性自然无法达到预期目标；

(3) 法：确认产品的使用方法是否符合产品使用说明书的要求，如在冬天汽车发动机应先预热后才能行驶，未经预热而直接行驶对汽车发动机会造成比较大的“伤害”，这是一种不合理的汽车使用方法。

习 题

一、选择题

1. 可靠性验证种类可分为（　　）。

A. 环境试验　　B. 寿命试验　　C. 物理与机械试验　　D. 以上皆是

2. 电子产品在前期开发过程中，需经过可靠性验证的原因是（　　）。

A. 产品要求　　B. 客户要求　　C. 工程设计要求　　D. 制程能力要求

3.（　　）不属于环境测试条件。

A. 高温高湿　　B. 高温储存　　C. 冷热冲击　　D. 常温储存

4. 盐雾测试是一种（　　）测试。

A. 腐蚀性　B. 防锈性　C. 抗溶解性　D. 以上皆是

5.（　　）不属于机械测试条件。

A. 冲击　B. 掉落　C. 振动　D. ESD

6. 下列（　　）不在电性测试的可靠性的规范中。

A. 电容放电测试　B. 接地连续测试　C. 异常测试　D. 输出阻抗测试

7. 电磁兼容性是指（　　）。

A. EMI　B. EMS　C. EMI＋EMS　D. EMC

8. 电子产品可靠性要求的强度由小到大排列正确的是（　　）。

A. 军用、商用、民用　B. 民用、商用、军用

C. 商用、民用、军用　D. 以上皆非

9.（　　）不是电子产品进行可靠性验证的目的。

A. 提高产品的功能　B. 符合相关法规的要求

C. 提高生产效率　D. 增加产品安全性

二、判断题

（　　）1. 员工作业时，戴静电环未接触到皮肤，可以起到防静电作用。

（　　）2. 电子产品一定要经过相关的可靠性测试才可以出货。

（　　）3. 可靠性测试有相关的规定方法与规范。

（　　）4. 因测试时间太长或测试设备不足，可以简化测试条件。

（　　）5. 一般电子产品进行可靠性测试，需要订立相关的测试日程与顺序。

（　　）6. 如发现测试条件与产品的要求相违背，可以不用测试。

（　　）7. 特殊测试要求，需要经过客户同意，并签订合同。

（　　）8. 测试结果在公司品管部门需要自行先判定。

（　　）9. 不同电子产品的测试要求是相同的。

（　　）10. 可靠性测试的要求越高，表示产品的性能越好。

三、综合分析题

1. 电子产品在可靠性测试的条件中，为了分析其失效模式，常常会利用监控的方式，监控在测试的过程中电信号的变化情况，请设计并画出监控电压随时间变化的方块图，同时说明其使用的方法与原因。

2. 电子产品在环境的可靠性测试中，常发生只有部分测试合格，但是整体的可靠性测试是不合格的，对于这样的测试结果，请从测试检验的观点，讨论如何在制造过程中进行改善。

第7章　电子产品的性能测试

【学习要点】

● 了解电子产品几何性能的规格，其度量衡几何大小与公差概念；掌握物理性能相关知识，电性参数对产品的重要性。

● 各检测仪器设备与测试方法，着重实际操作与判读，利用数据结果分析电子产品与元器件的质量状况。

● 了解误差值、计量的准确性，对测试可定性与定量的要求，重点掌握相关测试步骤。

● 了解不同测试对象对测试环境的要求，提高对测试结果的分析能力，以避免因操作不当对测试仪器或设备造成损害。

7.1　概述

随着科学技术的飞速发展，消费需求的不断变化，市场上新产品层出不穷，产品生命周期不断缩短，新产品开发直接关系到企业的生存与发展。彼得·德鲁克认为："任何企业只有两个——仅仅是两个基本功能，就是贯彻市场营销观念和创新，因为它们能创造顾客。"其基本含义也指明任何企业应积极开发新产品，以推动整个社会经济的发展。

严格地说，新产品就是具有完全新的功能的东西，或者是现有的功能的主要改良。在营销学上，所谓新产品并非单纯指发明创造的创新产品，还包括革新产品、改进产品和仿制产品。第一，创新产品，指采用新技术、新材料等制造而成的前所未有的产品，如尼龙、电灯、计算机等。由于研制难度大、时间长、投资多、风险大、绝大多数企业很难开发创新产品。第二，革新产品，指采用新技术、新材料、新元件对原有产品做较大革新而创造的换代产品，如电子计算机，经历了从电子管、晶体管、集成电路、大规模集成电路，直至人工智能的各个阶段，每一阶段都是前一阶段的革新产品。第三，改进产品，指对产品的质量、性能、结构、材料、款式、包装等方面做出改良。此类产品与原产品差别不大，研制容易，竞争激烈。如药物牙膏、带日历显示的全自动手表，即是对传统牙膏与传统手表的改良。第四，仿制产品，指企业仿造市场上已出现的新产品，换上自己的商标后推向市场。仿制产品难度小，投资少、也易为消费者接受，但会使市场竞争更加激烈。

美国学者柯特勒根据新产品与消费者固有消费模式的差异程度，将新产品分成四种类型。第一，相合性新产品。即与某些消费者的消费模式基本一致，与原产品相比较，只是在款式、质量、性能方面略有变化，消费者对它往往熟视无睹。第二，连续性新产品，即与固有的消费模式差异不大，是对现有产品改进的结果，这种产品能更好地满足消费者的需求，不同市场上连续性产品与消费模式的差异程度是不同的。第三，动态连续性新产品。即与固有的消费模式的差异程度很大，但还没有形成新的消费模式。由于不同消费者对生活环境变化的敏感性程度不一样，也决定了他们对这种新产品不同的态度。而连续性新产品和动态连续性新产品在国际营销活动中起着重要的作用，因为这两类新产品开发的难度比非连续产品低，但其经济效益却远远超出相合性新产品。第四，非连续性新产品。即提供了一种新的消费模式，这类产品的出现往往由于科学技术的重大突破而使人们梦寐以求的需求愿望得以实现，并意味着在一定的区域乃至全球将会发生产业结构的大规模调整，能够率先把握住这一时机的国家和企业，必将获得巨大的经济效益和社会效益。

7.2　几何性能的测试及其仪器、设备

几何性能测试实际就是几何尺寸的测试，显然产品的几何尺寸将直接影响到产品的安装空间、配合尺寸要求等，为产品的安装使用提供依据。

主要几何性能指标实际就是产品的外形尺寸，这是产品的一类重要指标，特别是对于会涉及用户安装使用的产品或部件，直接决定了安装位置和安装空间的需求。

7.2.1　涂层测厚仪

涂层测厚仪是对材料表面保护、装饰形成的覆盖层进行厚度测量的仪器，它可以测量的对象包括涂层、镀层、敷层、贴层、化学生成膜等［在有关国家和国际标准中称为覆层(coating)］。覆层厚度测量已成为加工工业、表面工程质量检测的重要一环，是产品达到优等质量标准的必备手段，如图 7-1 所示。

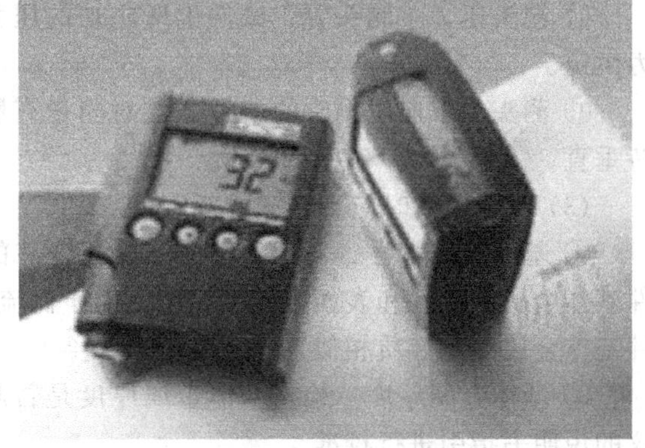

图 7-1　涂层测厚仪

(1) 测量原理　涂层测厚仪根据测量原理一般有以下五种类型。

① 磁性测厚法：适用导磁材料上的非导磁层厚度测量。导磁材料一般为钢、铁、银、镍。此种方法测量精度高。

② 涡流测厚法：适用导电金属上的非导电层厚度测量。此种方法较磁性测厚法精度低。

③ 超声波测厚法：目前国内还没有用此种方法测量涂层厚度的，国外个别厂家有这样的仪器，适用多层涂层厚度的测量或是以上两种方法都无法测量的场合。但一般价格昂贵且测量精度也不高。

④ 电解测厚法：此方法有别于以上三种，不属于无损检测，需要破坏涂镀层。一般精度也不高。测量起来较其他几种麻烦。

⑤ 放射测厚法：此种仪器价格非常昂贵（一般在 10 万元以上），适用于一些特殊场合。

国内目前使用最为普遍的是第①、②两种方法。

(2) 测量值精度影响的因素

① 基体金属磁性质　磁性法测厚受基体金属磁性变化的影响（在实际应用中，低碳钢磁性的变化可以认为是轻微的），为了避免热处理和冷加工因素的影响，应使用与试件基体金属具有相同性质的标准片对仪器进行校准；亦可用待测涂覆试件进行校准。

② 基体金属电性质　基体金属的电导率对测量有影响，而基体金属的电导率与其

材料成分及热处理方法有关。使用与试件基体金属具有相同性质的标准片对仪器进行校准。

③ 基体金属厚度　每一种仪器都有一个基体金属的临界厚度。大于这个厚度，测量就不受基体金属厚度的影响。

④ 边缘效应　本仪器对试件表面形状的陡变敏感。因此在靠近试件边缘或内转角处进行测量是不可靠的。

⑤ 曲率　试件的曲率对测量有影响。这种影响总是随着曲率半径的减少明显增大。因此，在弯曲试件的表面上测量是不可靠的。

⑥ 试件的变形　测头会使软覆盖层试件变形，因此在这些试件上测不出可靠的数据。

⑦ 表面粗糙度　基体金属和覆盖层的表面粗糙程度对测量有影响。粗糙程度增大，影响增大。粗糙表面会引起系统误差和偶然误差。每次测量时，在不同位置上应增加测量的次数，以克服这种偶然误差。如果基体金属粗糙，还必须在未涂覆的粗糙度相类似的基体金属试件上取几个位置校对仪器的零点；或用对基体金属没有腐蚀的溶液溶解除去覆盖层后，再校对仪器的零点。

⑧ 磁场　周围各种电气设备所产生的强磁场，会严重干扰磁性法测厚工作。

⑨ 附着物质　涂层测厚仪对那些妨碍测头与覆盖层表面紧密接触的附着物质敏感，因此，必须清除附着物质，以保证仪器测头和被测试件表面直接接触。

⑩ 测头压力　测头置于试件上所施加的压力大小会影响测量的读数，因此，要保持压力恒定。

⑪ 测头的取向　测头的放置方式对测量有影响。在测量中，应当使测头与试样表面保持垂直。

(3) 使用仪器时应当遵守的规定

① 基体金属特性　对于磁性方法，标准片的基体金属的磁性和表面粗糙度，应当与试件基体金属的磁性和表面粗糙度相似；对于涡流方法，标准片基体金属的电性质，应当与试件基体金属的电性质相似。

② 基体金属厚度　检查基体金属厚度是否超过临界厚度，如果没有，可依据涂层测厚仪的说明书指引进行校准。

③ 边缘效应　不应在紧靠试件的突变处，如边缘、洞和内转角等处进行测量。

④ 曲率　不应在试件的弯曲表面上测量。

⑤ 读数次数　通常由于仪器的每次读数并不完全相同，因此必须在每一测量面积内取几个读数。覆盖层厚度的局部差异，也要求在任一给定的面积内进行多次测量，表面粗糙时更应如此。

⑥ 表面清洁度　测量前，应清除表面上的任何附着物质，如尘土、油脂及腐蚀产物等，但不要除去任何覆盖层物质。

7.2.2　千分尺

千分尺（micrometer）又称螺旋测微器、螺旋测微仪、分厘卡，是比游标卡尺更精密的测量长度的工具，用它测长度可以精确到 0.01mm，测量范围为几厘米。图 7-2 所示为一种常见的千分尺。

(1) 千分尺的分类　螺旋测微器分为机械式千分尺和电子千分尺两类。①机械式千分尺，简称千分尺，是利用精密螺纹副原理测长的手携式通用长度测量工具。1848 年，

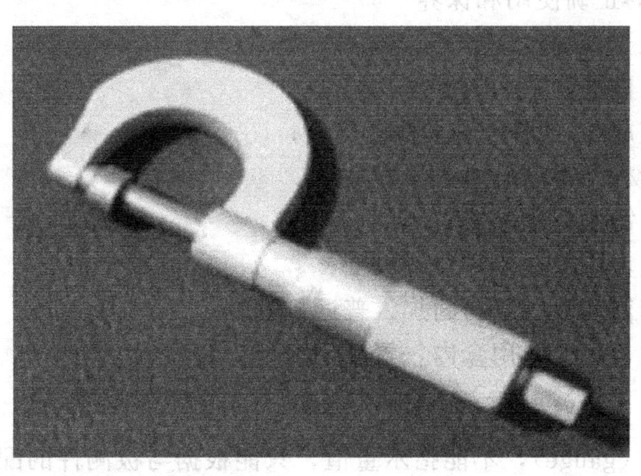

图 7-2　千分尺

法国的 J. L. 帕尔默取得外径千分尺的专利 。1869 年，美国的 J. R・布朗和 L. 夏普等将外径千分尺制成商品，用于测量金属线外径和板材厚度。千分尺的品种很多。改变千分尺测量面形状和尺架等就可以制成不同用途的千分尺，如用于测量内径、螺纹中径、齿轮公法线或深度等的千分尺。②电子千分尺。也叫数显千分尺，测量系统中应用了光栅测长技术和集成电路等。电子千分尺是 20 世纪 70 年代中期出现的，用于外径测量。

（2）千分尺的测量原理　螺旋测微器是依据螺旋放大的原理制成的，即螺杆在螺母中旋转一周，螺杆便沿着旋转轴线方向前进或后退一个螺距的距离。因此，沿轴线方向移动的微小距离，就能用圆周上的读数表示出来。螺旋测微器的精密螺纹的螺距是 0.5mm，可动刻度有 50 个等分刻度，可动刻度旋转一周，测微螺杆可前进或后退 0.5mm，因此旋转每个小分度，相当于测微螺杆前进或推后 0.5/50＝0.01mm。可见，可动刻度每一小分度表示 0.01mm，所以以螺旋测微器可精确到 0.01mm。由于还能再估读一位，可读到毫米的千分位，故又名千分尺。

测量时，当小砧和测微螺杆并拢时，可动刻度的零点若恰好与固定刻度的零点重合，旋出测微螺杆，并使小砧和测微螺杆的面正好接触待测长度的两端，那么测微螺杆向右移动的距离就是所测的长度。这个距离的整毫米数由固定刻度上读出，小数部分则由可动刻度读出，如图 7-3 所示。

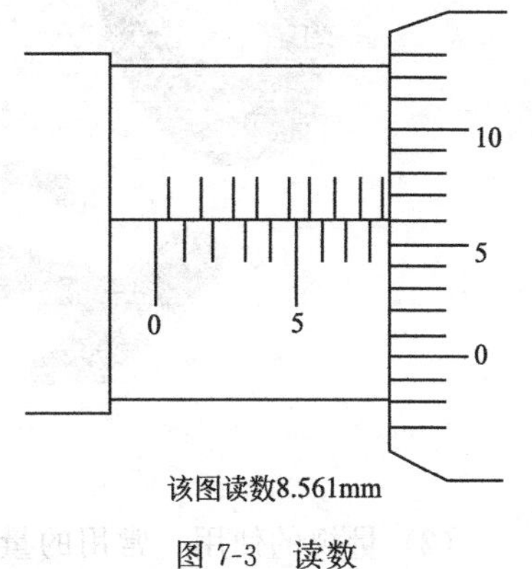

图 7-3　读数

（3）螺旋测微器的注意事项

① 测量时，在测微螺杆快靠近被测物体时应停止使用旋钮，而改用微调旋钮，避免产生过大的压力，既可使测量结果精确，又能保护螺旋测微器。

② 在读数时，要注意固定刻度尺上表示半毫米的刻线是否已经露出。

③ 读数时，千分位有一位估读数字，不能随便扔掉，即使固定刻度的零点正好与可动刻度的某一刻度线对齐，千分位上也应读取为“0”。

④ 当小砧和测微螺杆并拢时，可动刻度的零点与固定刻度的零点不相重合，将出现零误差，应加以修正，即在最后测长度的读数上去掉零误差的数值。

(4) 螺旋测微器的正确使用和保养

① 检查零位线是否准确;

② 测量时需把工件被测量面擦干净;

③ 工件较大时应放在V形铁或平板上测量;

④ 测量前将测量杆和小砧砧座擦干净;

⑤ 拧活动套筒时需用棘轮装置;

⑥ 不要拧松后盖,以免造成零位线改变;

⑦ 不要在固定套筒和活动套筒间加入普通机油;

⑧ 用后擦净上油,放入专用盒内,置于干燥处。

7.2.3 量规

(1) 概述 量规(gauge),不能指示量值,只能根据与被测件的配合间隙、透光程度或者能否通过被测件等来判断被测长度是否合格的长度测量工具,如图7-4所示。量规结构简单,通常为具有准确尺寸和形状的实体,如圆锥体、圆柱体、块体平板、尺和螺纹件等。常用的量规有量块、角度量块、多面棱体、正弦规、直尺、平尺、平板、塞尺和极限量规等。用量规检验工件通常有通止法(利用量规的通端和止端控制工件尺寸使之不超出公差带)、着色法(在量规工作表面上涂上一薄层颜料,用量规表面与被测表面研合,被测表面的着色面积大小和分布不均匀程度表示其误差)、光隙法(使被测表面与量规的测量面接触,后面放光源或采用自然光,根据透光的颜色可判断间隙大小,从而表示被测尺寸、形状或位置误差的大小)和指示表法(利用量规的准确几何形状与被测几何形状比较,以百分表或测微仪等指示被测几何形状误差)。其中利用通止法检验的量规称为极限量规(如卡规、光滑塞规、螺纹塞规、螺纹环规等)。

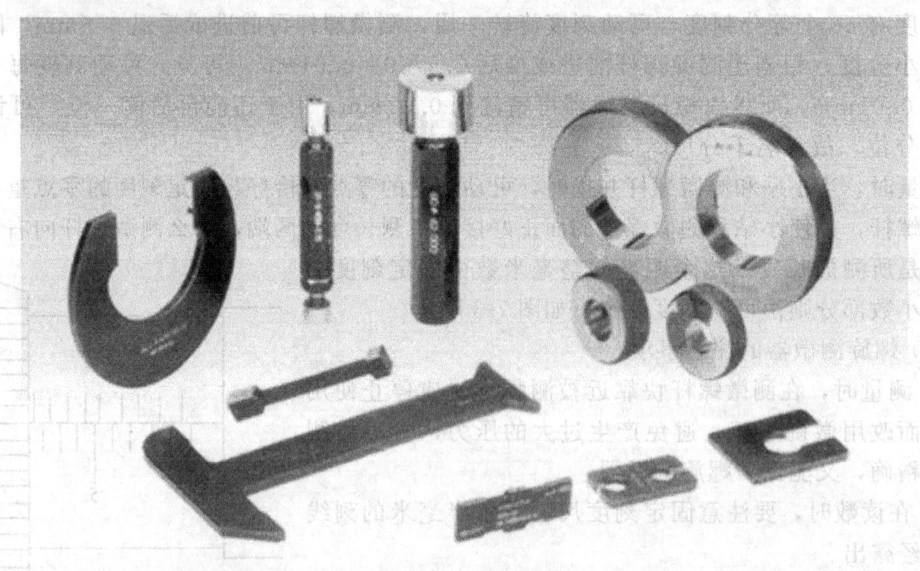

图7-4 量规

(2) 量规的使用 常用的量规有量块、角度量块、多面棱体、正弦规、直尺、平尺、平板、塞尺、平晶和极限量规等。

用量规检验工件通常有通止法、着色法、光隙法和指示表法。显然不同的工件应选用合适的量块和检验方法,以确保测量精度。

7.3 物理性能测试及其仪器、设备

首先，电子产品物理性能的测试重点在于确定产品的工作条件，从而确保产品的设计寿命和设计可靠性要求；其次，形成用户正确使用相应产品的工作指引和注意事项，从而确保产品的安全和使用者的安全；第三要依据物理性能的测试情况决定产品正常运行所需的环境保证等。

电子产品的主要物理性能指标包括但不仅仅包括电流、电压、功率等。

7.3.1 万用表

(1) 指针式万用表和数字万用表的选用

① 指针式万用表读取精度较差，但指针摆动的过程比较直观，其摆动速度幅度有时也能比较客观地反映被测量的大小（比如测电视机数据总线（SDL）在传送数据时的轻微抖动）；数字式万用表读数直观，但数字变化的过程看起来很杂乱，不太容易观看。

② 指针式万用表内一般有两块电池：一块低电压的 1.5V，另一块是高电压的 9V 或 15V，其黑表笔相对红表笔来说是正端。数字式万用表则常用一块 6V 或 9V 的电池。在电阻挡，指针式万用表的表笔输出电流相对数字式万用表来说要大很多，用 $R\times1$ 挡可以使扬声器发出响亮的“哒”声，用 $R\times10$k 挡甚至可以点亮发光二极管（LED）。

③ 在电压挡，指针式万用表内阻相对数字式万用表来说比较小，测量精度相比较差。某些高电压微电流的场合甚至无法测准，因为其内阻会对被测电路造成影响（比如在测电视机显像管的加速级电压时测量值会比实际值低很多）。数字式万用表电压挡的内阻很大，至少在兆欧级，对被测电路影响很小。但极高的输出阻抗使其易受感应电压的影响，在一些电磁干扰比较强的场合测出的数据可能是虚的。

④ 总之，相对而言大电流高电压的模拟电路测量中适用指针式万用表，比如电视机、音响功放。在低电压小电流的数字电路测量中适用数字式万用表，比如 BP 机、手机等。不是绝对的，可根据情况选用指针式万用表和数字式万用表。

(2) 测量技巧（如不做说明，则指用的是指针式万用表）

① 测喇叭、耳机、动圈式话筒：用 $R\times1$ 挡，任一表笔接一端，另一表笔点触另一端，正常时会发出清脆响量的“哒”声。如果不响，则是线圈断了，如果响声小而尖，则是有擦圈问题，也不能用。

② 测电容：用电容挡，根据电容容量选择适当的量程，并注意测量时对于电解电容黑表笔要接电容正极。a. 估测微法级电容容量的大小：可凭经验或参照相同容量的标准电容，根据指针摆动的最大幅度来判定。所参照的电容耐压值不必一样，只要容量相同即可，例如估测一个 100μF/250V 的电容可用一个 100μF/25V 的电容来参照，只要它们指针摆动最大幅度一样，即可断定容量一样。b. 估测皮法级电容容量大小：要用 $R\times10$k 挡，但只能测到 1000pF 以上的电容。对 1000pF 或稍大一点的电容，只要表针稍有摆动，即可认为容量够了。c. 测电容是否漏电：对 1000μF 以上的电容，可先用 $R\times10$ 挡将其快速充电，并初步估测电容容量，然后改到 $R\times1$k 挡继续测一会儿，这时指针不应回返，而应停在或十分接近∞处，否则就是有漏电现象。对一些几十微法以下的定时或振荡电容（比如彩电开关电源的振荡电容），对其漏电特性要求非常高，只要稍有漏电就不能用，这时可在 $R\times1$k 挡充完电后，再改用 $R\times10$k 挡继续测量，同样表针应停在∞处而不应回返。

③ 在线测二极管、三极管、稳压管好坏：因为在实际电路中，三极管的偏置电阻或二

极管、稳压管的周边电阻一般都比较大，大都在几百或几千欧姆以上，这样，我们就可以用万用表的 $R\times10$ 或 $R\times1$ 挡来在线测量 PN 结的好坏。在线测量时，用 $R\times10$ 挡测 PN 结应有较明显的正反向特性（如果正反向电阻相差不太明显，可改用 $R\times1$ 挡来测），一般正向电阻在 $R\times10$ 挡测时表针应指示在 200Ω 左右，在 $R\times1$ 挡测时表针应指示在 30Ω 左右（根据不同表型可能略有出入）。如果测量结果正向阻值太大或反向阻值太小，都说明这个 PN 结有问题，这个管子也就有问题了。这种方法对于维修时特别有效，可以非常快速地找出坏管，甚至可以测出尚未完全坏掉但特性变坏的管子。比如当用小阻值挡测量某个 PN 结正向电阻过大，如果把它焊下来用常用的 $R\times1\text{k}$ 挡再测，可能还是正常的，其实这个管子的特性已经变坏了，不能正常工作或不稳定了。

④ 测电阻：重要的是要选好量程，当指针指示于 1/3～2/3 满量程时测量精度最高，读数最准确。要注意的是，在用 $R\times10\text{k}$ 电阻挡测兆欧级的大阻值电阻时，不可将手指捏在电阻两端，这样人体电阻会使测量结果偏小。

⑤ 测稳压二极管：通常所用到的稳压管的稳压值一般都大于 1.5V，而指针式万用表的 $R\times1\text{k}$ 以下的电阻挡是用表内的 1.5V 电池供电的，这样，用 $R\times1\text{k}$ 以下的电阻挡测量稳压管就如同测二极管一样，具有完全的单向导电性。但指针式万用表的 $R\times10\text{k}$ 挡是用 9V 或 15V 电池供电的，在用 $R\times10\text{k}$ 测稳压值小于 9V 或 15V 的稳压管时，反向阻值就不会是∞，而是有一定阻值，但这个阻值还是要大大高于稳压管的正向阻值的。如此，我们就可以初步判断出稳压管的好坏。但是，好的稳压管还要有个准确的稳压值，业余条件下怎么估测出这个稳压值呢？这需要再去找一块指针式万用表。方法是：先将一块表置于 $R\times10\text{k}$ 挡，其黑、红表笔分别接在稳压管的阴极和阳极，这时就模拟出稳压管的实际工作状态，再取另一块表置于电压挡 $V\times10\text{V}$ 或 $V\times50\text{V}$（根据稳压值）上，将红、黑表笔分别搭接到刚才那块表的的黑、红表笔上，这时测出的电压值基本上就是这个稳压管的稳压值。说“基本上”，是因为第一块表对稳压管的偏置电流相对正常使用时的偏置电流稍小些，所以测出的稳压值会稍偏大一点，但基本相差不大。这个方法只可估测稳压值小于指针式万用表高压电池电压的稳压管。如果稳压管的稳压值太高，就只能用外加电源的方法来测量（这样看来，在选用指针式万用表时，选用高压电池电压为 15V 的要比 9V 的更适用）。

⑥ 测三极管：通常要用 $R\times1\text{k}$ 挡，不管是 NPN 管还是 PNP 管，不管是小功率、中功率、大功率管，测其 be 结 cb 结都应呈现与二极管完全相同的单向导电性，反向电阻无穷大，其正向电阻大约在 10kΩ。为进一步估测管子特性的好坏，必要时还应变换电阻挡位进行多次测量，方法是：置 $R\times10$ 挡测 PN 结正向导通电阻都在大约 200Ω；置 $R\times1$ 挡测 PN 结正向导通电阻都在 30Ω 左右，（以上为 47 型表测得数据，其他型号表略有不同，可多试测几个好管总结一下，做到心中有数）如果读数偏大太多，可以断定管子的特性不好。还可将表置于 $R\times10\text{k}$ 再测，耐压再低的管子（基本上三极管的耐压都在 30V 以上），其 cb 结反向电阻也应在∞，但其 be 结的反向电阻可能会有些，表针会稍有偏转（一般不会超过满量程的 1/3，根据管子的耐压不同而不同）。同样，在用 $R\times10\text{k}$ 挡测 ec 间（对 NPN 管）或 ce 间（对 PNP 管）的电阻时，表针可能略有偏转，但这不表示管子是坏的。但在用 $R\times1\text{k}$ 以下挡测 ce 或 ec 间电阻时，表头指示应为无穷大，否则管子就是有问题。应该说明一点的是，以上测量是针对硅管而言的，对锗管不适用。另外，所说的“反向”是针对 PN 结而言，对 NPN 管和 PNP 管方向实际上是不同的。现在常见的三极管大部分是塑封的，如何准确判断三极管的三只引脚哪个是 b、c、e？三极管的 b 极很容易测出来，但怎么断定哪个是 c 哪个是 e？这里推荐三种方法：第一种方法是对于有测三极管 h_{FE} 插孔的指针式万用表，

先测出 b 极后，将三极管随意插到插孔中去（当然 b 极是可以插准确的），测一下 h_{FE} 值，然后再将管子倒过来再测一遍，测得 h_{FE} 值比较大的一次，各管脚插入的位置是正确的。第二种方法是对无 h_{FE} 测量插孔的表，或管子太大不方便插入插孔的，可以用这种方法，对 NPN 管，先测出 b 极（管子是 NPN 还是 PNP 以及其 b 脚都很容易测出），将表置于 $R\times1$k 挡，将红表笔接假设的 e 极（注意拿红表笔的手不要碰到表笔尖或管脚），黑表笔接假设的 c 极，同时用手指捏住表笔尖及这个管脚，将管子拿起来，用舌尖舔一下 b 极，看表头指针应有一定的偏转，如果各表笔接得正确，指针偏转会大些，如果接得不对，指针偏转会小些，差别是很明显的。由此就可判定管子的 c、e 极。对 PNP 管，要将黑表笔接假设的 e 极（手不要碰到笔尖或管脚），红表笔接假设的 c 极，同时用手指捏住表笔尖及这个管脚，然后用舌尖舔一下 b 极，如果各表笔接得正确，表头指针会偏转得比较大。当然测量时表笔要交换一下测两次，比较读数后才能最后判定。这个方法适用于所有外形的三极管，方便实用。根据表针的偏转幅度，还可以估计出管子的放大能力，当然这是凭经验的。第三种方法是先判定管子的 NPN 或 PNP 类型及其 b 极后，将表置于 $R\times10$k 挡，对 NPN 管，黑表笔接 e 极，红表笔接 c 极时，表针可能会有一定偏转，对 PNP 管，黑表笔接 c 极，红表笔接 e 极时，表针可能会有一定的偏转，反过来都不会有偏转。由此也可以判定三极管的 c、e 极。不过对于高耐压的管子，这个方法就不适用了。对于常见的进口型号的大功率塑封管，其 c 极基本都是在中间。中、小功率管有的 b 极可能在中间。比如常用的 9014 三极管及其系列的其他型号三极管、2SC1815、2N5401、2N5551 等三极管，其 b 极有的就在中间。当然它们也有 c 极在中间的。所以在维修更换三极管时，尤其是这些小功率三极管，不可拿来就按原样直接安装上，一定要先测一下。

(3) 万用表的使用的注意事项

① 在使用万用表之前，应先进行“机械调零”，即在没有被测电量时，使万用表指针指在零电压或零电流的位置上。

② 在使用万用表过程中，不能用手去接触表笔的金属部分，这样一方面可以保证测量的准确，另一方面也可以保证人身安全。

③ 在测量某一电量时，不能在测量的同时换挡，尤其是在测量高电压或大电流时，更应注意。否则，会使万用表毁坏。如需换挡，应先断开表笔，换挡后再去测量。

④ 万用表在使用时，必须水平放置，以免造成误差。同时，还要避免外界磁场对万用表的影响。

⑤ 万用表使用完毕，应将转换开关置于交流电压的最大挡。如果长期不使用，还应将万用表内部的电池取出来，以免电池腐蚀表内其他器件。

(4) 万用表欧姆挡的使用

① 选择合适的倍率。用欧姆挡测量电阻时，应选适当的倍率，使指针指示在中值附近。最好不使用刻度左边三分之一的部分，这部分刻度密集很差。

② 使用前要调零。

③ 不能带电测量。

④ 被测电阻不能有并联支路。

⑤ 测量晶体管、电解电容等有极性元件的等效电阻时，必须注意两支笔的极性。

⑥ 用万用表不同倍率的欧姆挡测量非线性元件的等效电阻时，测出电阻值是不相同的。这是由于各挡位的中值电阻和满度电流各不相同所造成的，机械表中，一般倍率越小，测出的阻值越小。

(5) 万用表测直流

① 进行机械调零。

② 选择合适的量程挡位。

③ 使用万用表电流挡测量电流时，应将万用表串联在被测电路中，因为只有串联才能使流过电流表的电流与被测支路电流相同。测量时，应断开被测支路，将万用表红、黑表笔串接在被断开的两点之间。应特别小心，因为万用表电流挡可以并接到被测子电路中，这样做是很危险的，极易使万用表烧毁。

④ 注意被测电量极性。

⑤ 正确使用刻度和读数。

⑥ 当选取用直流电流的2.5A挡时，万用表红表笔应插在2.5A测量插孔内，量程开关可以置于直流电流挡的任意量程上。

⑦ 如果被测的直流电流大于2.5A，则可将2.5A挡扩展为5A挡。方法很简单，使用者可以在“2.5A”插孔和黑表笔插孔之间接入一支0.24Ω的电阻，这样该挡位就变成了5A电流挡了。接入的0.24Ω电阻应选取2W以上的线绕电阻，如果功率太小会使之烧毁。

(6) 万用表的保养

① 使用万用表之前，必须熟悉每个转换开关、旋钮、插孔和接线柱的作用，了解表盘上每条刻度线所对应的被测电量。测量前，必须明确要测什么和怎样测，然后拨到相应的测量种类和量程挡上。假如预先无法估计被测量的大小，应先拨到最大量程挡，再逐渐减小量程到合适的位置。每一次拿起表笔准备测量时，务必再核对一下测量种类及量程选择开关是否拨对位置。

② 万用表在使用时应水平放置。若发现表针不指在机械零点，需用螺旋刀调节表头上的调整螺钉，使表针回零。读数时视线应正对着表针。若表盘上有反射镜，眼睛看到的表针应与镜里的影子重合。

③ 测量完毕，将量程选择开关拨到最高电压挡，防止下次开始测量时不慎烧坏万用表。有的万用表（如500型），应将开关旋钮旋到“空挡”位置，使测量机构短路。

④ 测电流时应将万用表串联到被测电路中。测直流电流时注意正负极性，若表笔接反了，表针会反打，容易碰弯。

⑤ 测电流时，若电源内阻和负载电阻都很小，应尽量选择较大的电流量程，以降低万用表内阻，减小对被测电路工作状态的影响。

⑥ 测电压时，应将万用表并联在被测电路的两端。测直流电压时要注意正负极。如果误用直流电压挡去测交流电压，表针就不动或略微抖动。如果误用交流电压挡去测直流电压，读数可能偏高一倍，也可能读数为零（和万用表的接法有关）。选取的电压量程，应尽量使表针偏转到满刻度的1/2或1/3。

⑦ 严禁在测高压（如220V）或大电流（如0.5V）时拨动量程选择开关，以免产生电弧，烧坏转换开关触点。

⑧ 测高内阻电源的电压时，应尽量选较大的电压量程，因为量程越大，内阻也越大。这样表针的偏转角度虽然减小了，但是读数却更真实些。即使这样，仍会产生较大的测量误差。

7.3.2 兆欧表

兆欧表又叫摇表或叫绝缘电阻测试仪，是一种简便、常用的测量高电阻的直读式仪表，可用来测量电路、电机绕组、电缆、电气设备等的绝缘电阻。兆欧表上有3个分别标有接地

(N)、电路（U)、保护环（G）的接线柱，使用时不仅要接线正确，接线端子拧紧，兆欧表的使用方法及注意事项如下。

(1) 测量前先将兆欧表进行一次开路和短路试验，检查兆欧表是否正常。具体操作为：将两连接线开路，摇动手柄指针应指在无穷大处，再把两连接线短接一下，指针应指在零处。

(2) 被测设备必须与其他电源断开，测量完毕一定要将被测设备充分放电（约需 2～3min)，以保护设备及人身安全。

(3) 兆欧表与被测设备之间应使用单股线分开单独连接，并保持线路表面清洁干燥，避免因线与线之间绝缘不良引起误差。

(4) 摇测时，将兆欧表置于水平位置，摇把转动时其端子间不许短路。摇测电容器、电缆时，必须在摇把转动的情况下才能将接线拆开，否则反充电将会损坏兆欧表。

(5) 摇动手柄时，应由慢渐快，均匀加速到 120r/min，并注意防止触电。摇动过程中，当出现指针已指零时，就不能再继续摇动，以防表内线圈发热损坏。

(6) 为了防止被测设备表面泄漏电阻，使用兆欧表时，应将被测设备的中间层（如电缆壳芯之间的内层绝缘物）接于保护环。

(7) 应视被测设备电压等级的不同选用合适的兆欧表。一般额定电压在 500V 以下的设备，选用 500V 或 1000V 的兆欧表；额定电压在 500V 及以上的设备，选用 1000～2500V 的兆欧表。量程范围的选用一般应注意不要使其测量范围过多超过所测设备的绝缘电阻值，以免使读数产生较大的误差。

(8) 禁止在雷电天气或在邻近有带高压导体的设备处使用兆欧表测量。

7.3.3　毫伏表

常用的单通道晶体管毫伏表，具有测量交流电压、电平测试、监视输出等功能。交流测量范围是 100nV ～ 300V、5Hz ～ 2MHz，共分 1mV、3mV、10mV、30mV、100mV、300mV，1V、3V、10V、30V、100V、300V 共 12 挡；电平 dB 刻度范围是－60～＋50dB。

(1) 工作原理　晶体管毫伏表由输入保护电路、前置放大器、衰减电路、放大器、表头指示放大电路、整流器、监视输出及电源组成。

输入保护电路用来保护该电路的场效应管。衰减控制器用来控制各挡衰减电路的接通，使仪器在整个量程均能高精度工作。整流器是将放大了的交流信号进行整流，整流后的直流电流再送到表头。

监视输出功能主要是用来检测仪器本身的技术指标是否符合出厂时的要求，同时也可作放大器使用。

(2) 使用方法

① 开机前的准备工作：

a. 将通道输入端测试探头上的红、黑色鳄鱼夹短接；

b. 将量程开关选最高量程（300V)。

② 操作步骤：

a. 接通 220V 电源，按下电源开关，电源指示灯亮，仪器立刻工作。为了保证仪器稳定性，需预热 10s 后使用，开机后 10s 内指针无规则摆动属正常。

b. 将输入测试探头上的红、黑鳄鱼夹断开后与被测电路并联（红鳄鱼夹接被测电路的正端，黑鳄鱼夹接地端)，观察表头指针在刻度盘上所指的位置，若指针在起始点位置基本没动，说明被测电路中的电压甚小，且毫伏表量程选得过高，此时用递减法由高量程向低量程变换，直到表头指针指到满刻度的2/3左右。

c. 准确读数。表头刻度盘上共刻有四条刻度。第一条刻度和第二条刻度为测量交流电压有效值的专用刻度，第三条和第四条为测量分贝值的刻度。当量程开关分别选1mV、10mV、100mV、1V、10V、100V挡时，就从第一条刻度读数；当量程开关分别选3mV、30mV、300mV、3V、30V、300V时，应从第二条刻度读数（逢1就从第一条刻度读数，逢3从第二刻度读数）。例如，将量程开关置“1V”挡，就从第一条刻度读数。若指针指的数字是在第一条刻度的“0.7”处，其实际测量值为0.7V；若量程开关置“3V”挡，就从第二条刻度读数。若指针指在第二条刻度的“2”处，其实际测量值为2V。以上举例说明，当量程开关选在哪个挡位，比如，1V挡位，此时毫伏表可以测量外电路中电压的范围是0～1V，满刻度的最大值也就是1V。

当用该仪表去测量外电路中的电平值时，就从第三、四条刻度读数，读数方法是，量程数加上指针指示值，等于实际测量值。

(3) 注意事项

① 仪器在通电之前，一定要将输入电缆的红黑鳄鱼夹相互短接。防止仪器在通电时因外界干扰信号通过输入电缆进入电路放大后，再进入表头将表针打弯。

② 当不知被测电路中电压值大小时，必须首先将毫伏表的量程开关置最高量程，然后根据表针所指的范围，采用递减法合理选挡。

③ 若要测量高电压，输入端黑色鳄鱼夹必须接在“地”端。

④ 测量前应短路调零。打开电源开关，将测试线（也称开路电缆）的红黑夹子夹在一起，将量程旋钮旋到1mV量程，指针应指在零位（有的毫伏表可通过面板上的调零电位器进行调零，凡面板没有调零电位器的，内部设置的调零电位器已调好）。若指针不指在零位，应检查测试线是否断路或接触不良，应更换测试线。

⑤ 交流毫伏表灵敏度较高，打开电源后，在较低量程时由于干扰信号（感应信号）的作用，指针会发生偏转，称为自起现象。所以在不测试信号时应将量程旋钮旋到较高量程挡，以防打弯指针。

⑥ 交流毫伏表接入被测电路时，其地端（黑夹子）应始终接在电路的地上（成为公共接地），以防干扰。

⑦ 交流毫伏表表盘刻度分为0～1和0～3两种刻度，量程旋钮切换量程分为逢1量程（1mV、10mV、0.1V…）和逢3量程（3mV、30mV、0.3V…），凡逢1的量程直接在0～1刻度线上读取数据，凡逢3的量程直接在0～3刻度线上读取数据，单位为该量程的单位，无需换算。

⑧ 使用前应先检查量程旋钮与量程标记是否一致，若错位会产生读数错误。

⑨ 交流毫伏表只能用来测量正弦交流信号的有效值，若测量非正弦交流信号要经过换算。

⑩ 注意：不可用万用表的交流电压挡代替交流毫伏表测量交流电压（万用表内阻较小，用于测量50Hz左右的工频电压）。

7.3.4 示波器

通过示波器可以直观地观察被测电路的波形，包括形状、幅度、频率（周期）、相位，还可以对两个波形进行比较，从而迅速、准确地找到故障原因。

(1) 面板介绍

① 亮度和聚焦旋钮 亮度调节旋钮用于调节光迹的亮度（有些示波器称为“辉度”），

使用时应使亮度适当，若过亮，容易损坏示波管。聚焦调节旋钮用于调节光迹的聚焦（粗细）程度，使用时以图形清晰为佳。

② 信号输入通道　常用示波器多为双踪示波器，有两个输入通道，分别为通道 1（CH1）和通道 2（CH2），可分别接上示波器探头，再将示波器外壳接地，探针插至待测部位进行测量。

③ 通道选择键（垂直方式选择）　常用示波器有五个通道选择键：

CH1：通道 1 单独显示；

CH2：通道 2 单独显示；

ALT：两通道交替显示；

CHOP：两通道断续显示，用于扫描速度较慢时双踪显示；

ADD：两通道的信号叠加。维修中以选择通道 1 或通道 2 为多。

④ 垂直灵敏度调节旋钮　调节垂直偏转灵敏度，应根据输入信号的幅度调节旋钮的位置，将该旋钮指示的数值（如 0.5V/div，表示垂直方向每格幅度为 0.5V）乘以被测信号在屏幕垂直方向所占格数，即得出该被测信号的幅度。

⑤ 垂直移动调节旋钮　用于调节被测信号光迹在屏幕垂直方向的位置。

⑥ 水平扫描调节旋钮　调节水平速度，应根据输入信号的频率调节旋钮的位置，将该旋钮指示数值（如 0.5ms/div，表示水平方向每格时间为 0.5ms），乘以被测信号一个周期占有格数，即得出该信号的周期，也可以换算成频率。

⑦ 水平位置调节旋钮　用于调节被测信号光迹在屏幕水平方向的位置。

⑧ 触发方式选择　示波器通常有四种触发方式：

常态（NORM）：无信号时，屏幕上无显示；有信号时，与电平控制配合显示稳定波形；

自动（AUTO）：无信号时，屏幕上显示光迹；有信号时与电平控制配合显示稳定的波形；

电视场（TV）：用于显示电视场信号；

峰值自动（P-P AUTO）：无信号时，屏幕上显示光迹；有信号时，无需调节电平即能获得稳定波形显示。该方式只有部分示波器（例如 CALTEK 卡尔泰克 CA8000 系列示波器）中采用。

⑨ 触发源选择　示波器触发源有内触发源和外触发源两种。如果选择外触发源，那么触发信号应从外触发源输入端输入，家电维修中很少采用这种方式。如果选择内触发源，一般选择通道 1（CH1）或通道 2（CH2），应根据输入信号通道选择，如果输入信号通道选择为通道 1，则内触发源也应选择通道 1。

(2) 测量方法

① 幅度和频率的测量方法（以测试示波器的校准信号为例）

a. 将示波器探头插入通道 1 插孔，并将探头上的衰减置于“1”挡；

b. 将通道选择置于 CH1，耦合方式置于 DC 挡；

c. 将探头探针插入校准信号源小孔内，此时示波器屏幕出现光迹；

d. 调节垂直旋钮和水平旋钮，使屏幕显示的波形图稳定，并将垂直微调和水平微调置于校准位置；

e. 读出波形图在垂直方向所占格数，乘以垂直衰减旋钮的指示数值，得到校准信号的幅度；

f. 读出波形每个周期在水平方向所占格数，乘以水平扫描旋钮的指示数值，得到校准信号的周期（周期的倒数为频率）。

一般校准信号的频率为1kHz，幅度为0.5V，用以校准示波器内部扫描振荡器频率，如果不正常，应调节示波器（内部）相应电位器，直至相符为止。

② 示波器应用举例（以测量788手机13MHz时钟脉冲为例） 手机中的13MHz时钟信号正常是开机的必要条件，因此维修时要经常测量有无13MHz时钟信号，步骤如下。

a. 打开示波器，调节亮度和聚焦旋钮，使屏幕上显示一条亮度适中、聚焦良好的水平亮线；

b. 按上述方法校准好示波器，然后将耦合方式置于AC挡；

c. 将示波器探头的接地夹夹在手机电路板的接地点，探针插到788手机CPU管脚；

d. 接通手机电源，按开机键，调节垂直扫描和水平扫描旋钮，观察屏幕上是否出现稳定的波形，如果没有，一般说明没有13MHz信号。

7.3.5 信号发生器

信号发生器是一种能产生标准信号的电子仪器，是工业生产和电工、电子实验室中经常使用的电子仪器之一。信号发生器种类较多，性能各有差异，但它们都可以产生不同频率的正弦波、调幅波、调频波信号，以及各种频率的方波、三角波、锯齿波和正负脉冲波信号等。利用信号发生器输出的信号，可以对电路或元器件的特性及参数进行测量。

7.3.6 频率计

（1）频率计的基本原理 频率计又称为频率计数器，是一种专门对被测信号频率进行测量的电子测量仪器。其最基本的工作原理为：当被测信号在特定时间段 T 内的周期个数为 N 时，则被测信号的频率 $f=N/T$。

频率计主要由四个部分构成：时基（T）电路、输入电路、计数显示电路以及控制电路。在一个测量周期过程中，被测周期信号在输入电路中经过放大、整形、微分操作之后形成特定周期的窄脉冲，送到主门的一个输入端。主门的另外一个输入端为时基电路产生电路产生的闸门脉冲。在闸门脉冲开启主门的期间，特定周期的窄脉冲才能通过主门，从而进入计数器进行计数，计数器的显示电路则用来显示被测信号的频率值，内部控制电路则用来完成各种测量功能之间的切换并实现测量设置。

（2）频率计的应用范围 在传统的电子测量仪器中，示波器在进行频率测量时测量精度较低，误差较大。频谱仪可以准确测量频率并显示被测信号的频谱，但测量速度较慢，无法实时快速跟踪捕捉到被测信号频率的变化。正是由于频率计能够快速准确捕捉到被测信号频率的变化，因此，频率计拥有非常广泛的应用范围。

在传统的生产制造企业中，频率计被广泛应用在生产线的生产测试中。频率计能够快速捕捉到晶体振荡器输出频率的变化，用户通过使用频率计能够迅速发现有故障的晶振产品，确保产品质量。

在计量实验室中，频率计被用来对各种电子测量设备的本地振荡器进行校准。在无线通信测试中，频率计既可以被用来对无线通信基站的主时钟进行校准，还可以被用来对无线电台的跳频信号和频率调制信号进行分析。

7.4 功能性测试原理及测试方法

众所周知，产品是指能够提供给市场，被人们使用和消费，并能满足人们某种需求的任何东西，包括有形的物品、无形的服务、组织、观念或它们的组合，因而不同的产品具有不同的功能测试要求。

功能性测试主要就是要确认产品是否符合产品的协议要求或相关的国家标准/行业标准等的要求。

7.4.1　主要功能测试项目

不同的产品具有不同的功能性测试要求，作为 OEM/ODM 制造商，不仅要考虑测试的效率，还要考虑测试所带来的成本。在此我们以手机为例，具体阐述手机的一些主要功能性测试要求和测试方法。

(1) CDMA/GSM 手机测试系统结构　如图 7-5 所示，利用 NI 射频信号分析模块 PXI-5660 和外部射频信号发生器，PXI-5660 以实时带宽大、时间基轴稳定和能够进行矢量测量著称，矢量测量的特性更使其成为射频信号和商业电子测量的理想选择。我们的测试平台提供了最优化的数据传输结构，从而减少了测试时间并降低了测试成本。

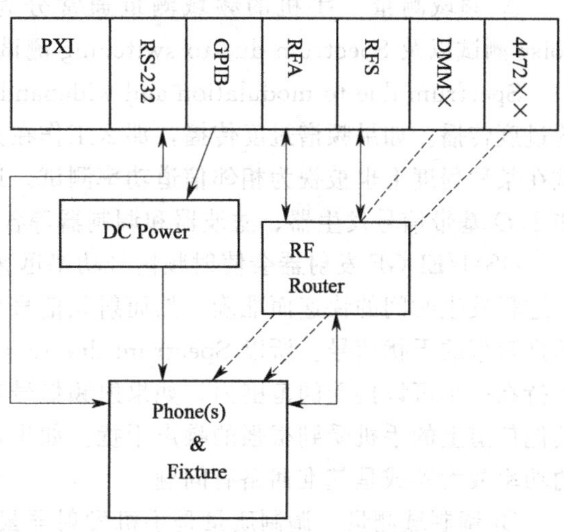

图 7-5　CDMA/GSM 校验系统硬件连接框图

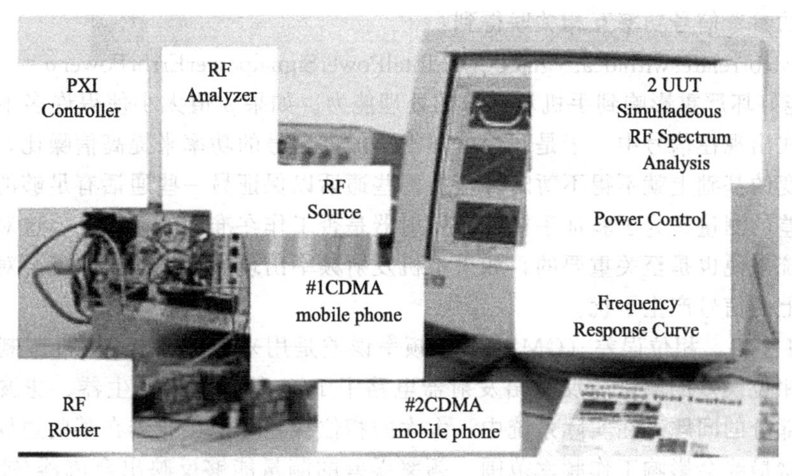

图 7-6　CDMA/GSM 校验系统实际测试平台结构图

由图 7-6 可见，基于 NI Service Network 独特的并行测试技术，在此基础上系统又整合了基于 PXI 的射频信号发生器以及射频信号分析模块。

(2) CDMA/GSM 手机测试系统的软件工具包　无线测试软件工具包是按照软件无线电的理念，基于 National Instruments 的 LabVIEW 开发，是手机在线测试系统的核心部分。

(3) CDMA/GSM 手机功能测试原理

① 时间域测量　时间域测量常用于脉冲信号系统，测量参数包括脉冲上升/下降时间、脉冲重复间隔、开/关机时间、误码间隔时间等。传统的测量方法就是用示波器来观察信号的时域波形。而我们可以用矢量信号分析仪将输入信号移到基带后采样成同相分量 I 和正交分量 Q。我们可以在幅度-时间、相位-时间或 I/Q 极坐标等坐标系统中来表示这两个分量。扫频仪用于显示信号在时域的幅度，即 RF 信号的包络。对于 CDMA 技术来说时域分析尤为重要，所以脉冲的波形和定时在 GSM 手机的检测中是必不可少的参数。

② 频域测量　手机的频域测量通常分为 Spectrum due to modulation and wideband noise 测试以及 Spectrum due to switching 测试。

Spectrum due to modulation and wideband noise 测试是为了确保调制过程不会造成频谱的过度传播。如果频谱过度传播，那么工作在其他频段的手机就将受到噪声的干扰。这项测试在某种程度上也被视为相邻信道功率测试。通过这项测试可以及时发现信号发射过程中诸如 I/Q 基带信号发生器、滤波器和调制器等各个层面上的问题。

GSM/EDGE 发射器会使射频信号功率迅速呈下降趋势。发射射频载波功率测试确保这一过程发生时间的快速而准确，然而射频信号功率下降过快又会导致在发射射频信号中出现不良频率的干扰信号。所以 Spectrum due to switching test 确保了这些频率成分的信号功率保持在一个可以接受的范围内。如果射频信号功率下降过快，就会导致工作在发射频率附近其他信道上的手机受到很强的噪声干扰。如果这项测试不能通过的话可能的原因就是发射器的功率放大器或是基准回路有问题。

③ 调制域测量　调制质量是手机发射器最重要的性能指标之一，所以它的测量就变得尤为重要。CDMA 手机和 GSM 手机的调制质量、测试方法有所不同，CDMA 手机是通过测试 ρ 和频率误差来表征它的调制质量，而 GSM 手机则通过测试相位误差和频率误差来表征它的调制质量。

a. CDMA 手机　ρ 是关于互功率和总功率之间关系测量。互功率是将测得的射频信号功率和理想的参考信号功率互相关联得到：

PowerthatcorrelateswithidealSignalPowerTotalPowerSignalpowerErrorPower ρ ＝＝＋（1）。

ρ 的性能好坏严重影响到手机对信号的处理能力。如果 ρ 值太小使得许多不相关的信号以噪声的形式出现在信号中，于是我们就不得不加大信号的功率来提高信噪比，这样基站在发射功率不变的基础上就不得不暂时屏蔽掉一些通话以保证另一些通话有足够的信噪比。

频率误差的测量是为了验证手机信号发射器是否工作在准确的频率上。这对于手机以及整个通信系统来说也是至关重要的，如果手机发射频率出现比较大的误差就会对工作在其相邻频率信道上的信号产生干扰。

b. GSM 手机　相位误差（GMSK）和频率误差是用来表征 GSM 手机调制质量的两个重要参数。相位误差的测量能反映出发射器电路中 I/Q 基带信号发生器、滤波器、调制器和放大器等部分的问题。在实际系统中，太大的相位误差会使接收器在某些边界条件下无法正确解调，这最终会影响工作频率范围。频率误差的测量能够反映出合成器/锁相环等部分的性能。频率误差过大反映出当信号发送时存在频率转换，合成器不能快速识别信号。在实际系统中，频率误差过大会造成接收器无法锁定频率，最终导致和其他手机之间相互干扰。

④ 通道功率的测量　通道功率是指在信号频率带宽范围内的平均功率，它是通信系统最基本的参数之一。在无线通信系统中，我们要用尽可能小的功率实现最佳的通信连接。这样不仅有助于将整个系统的干扰保持在最小的程度，还可以最大限度地延长基站电池的寿命。手机移动通信中如果通道功率太小，那就无法得到理想的通话质量；如果通道功率太大，基站电池的寿命就会大大缩短。要使通道功率保持在一个使两者性能达到最佳的均衡状态。因此通道功率的测试在手机测试中就显得至关重要。

7.4.2　功能性测试与校正的主要目的和意义

功能性测试主要就是要确认产品是否符合产品的协议要求或相关的国家标准及行业标准等的要求。产品在功能性测试时，应确保测量用的检验、量测、试验的仪器，能有效校正、管制与维护，使用时具备足够的检测精确度。一般可通过以下三个部门进行分工管理。

(1) 品管部门：负责本公司测试设备的校正、送校、追溯以及送修返回的补校作业，联络沟通相关事宜。

(2) 设备使用部门：负责设备的使用与维护保养、设备点检及送修管理事宜，另外，对于损伤、故障的仪器设备应停止使用，立即通知品管部或送修返回品管部进行校正作业。

(3) 采购部门：负责联系厂商进行维修。

由于在电子元器件行业，对于功能性测试要求，比其他产业更严格，凡使用于检验、测量仪器的校正，必须追溯至国家或国际标准，送外校正单位必须符合国家或国际验证合格，且其登录校正项目必须符合送校仪器项目。同时，若无法追溯至国家或国际标准的仪器校正，品管部门应提出用以校正的依据，且书面加以记载执行过程和管制方法。首先，在校正方法上，优先采取具有国家认可并可追溯至国家或国际标准专业校验机构的校验行为，并于外校报告书判定其校正的有效性；其次，内部自行校正应利用标准件（含外校合格仪器）对公司的仪器设备进行校验，并建立校正作业标准，明确规范校正程序及接收标准，使校正结果保持一致性，且符合校正功能；最后，对于免校的仪器，只限于与产品的特性及品质检验无关的仪器设备，且其测量结果仅供参考，用作合格与否的判定。最后若长期不使用、使用频率程度低或不具备校正条件等原因，则可以对仪器校正方式或校正周期进行调整。

习　　题

一、选择题

1. 用电压表测得某电路端电压为 0，这说明（　　）。

A. 外电路断路　　B. 外电路短路

C. 外电路上电流比较小　　D. 电源内电阻为 0

2. 电路引入交流负反馈的目的是（　　）。

A. 稳定交流信号，但不能改善电路性能

B. 不能稳定交流信号，但能改善电路性能

C. 稳定交流信号，也稳定直流偏置

D. 稳定交流信号，改善电路性能

3. 测量设备进行维护的最终目的是（　　）。

A. 确保测量的准确性　　B. 确保产品符合要求

C. 确保测量设备正常工作　　D. 确保损坏的设备能使用

4. 公差范围选择公差±0.01mm 时，下列（　　）量具较适合。

A. 直尺　　B. 游标卡尺　　C. 千分尺　　D. 以上皆可

5. 电子产品对于性能的测试不包括（　　）。

A. 几何尺寸性能　　B. 电参数性能　　C. 物理机械性能　　D. 外观性能

6. 如果要测量交流信号，不需要用（　　）。

A. 示波器　　B. 万用表　　C. 信号发生器　　D. 频率计

7. 高频信号的测量，应选用（　　）。

A. 示波器　　B. 频谱仪　　C. 功率计　　D. 以上皆可

8. 在电子产品测试中，电参数性能主要是（　　）。

A. 电压　　　　B. 电流　　　　C. 功率　　　　D. 以上皆是

9. 对于长期不使用或使用频率程度低的测量仪器，其管理办法是（　）。

A. 存放后，等需要使用再进行校正　　B. 可置之不理

C. 周期性进行保养与校正　　D. 以上皆可

10. 测量仪器的合格检验标示，应由（　）单位进行。

A. 该仪器的厂商　　B. 国家或行业计量标准相关单位

C. 公司内部自行检验　　D. 以上皆可

二、判断题

（　）1. 万用表在直流电流挡时，可以在线测量电阻和电压。

（　）2. 在电阻并联电路中，电阻值越大，流过它的电流也就越大。

（　）3. 识别发光二极管引脚时，可以采用万用表的R×1k挡。

（　）4. 用精度为0.02mm的卡尺能测量30mm±0.01mm的尺寸。

（　）5. 自制的量规无论其精度如何都可以无需校正。

（　）6. 量具新购回以后，可以使用一段时间后再校正使用。

（　）7. 示波器可测量频域响应的项目。

（　）8. 任何测试仪器或设备都有标准作业指导书。

（　）9. 使用任何测试仪器或设备的人员，都应该先经过教育训练，确保安全正确测试。

（　）10. 测试仪器或设备的计量校正，是品管部门的责任。

三、综合分析题

1. 电子产品测试常用到万用表、示波器与信号发生器，请图标并接线说明如何自行校正，同时，写出其对应的步骤与注意事项。

2. 电子产品的性能测试，由于测试需要耗费大量时间，习题图7-1所示为RS-232的接头，说明如何做到防呆的功能，以便有效提升检验的效率，减少检验上的不合格现象，并且按此说明设计一份性能测试的作业标准。

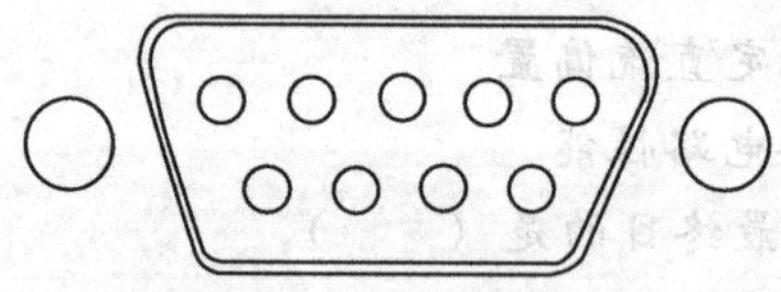

习题图7-1　RS-232插座

第8章 电子产品检验结果的分析与处理

【学习要点】

● 了解产品检验与测量方法，对产品整体测量进行计划、准备与评估，以保证产品的检验与测量可以顺利实施。

● 统计分析方法：QC七大手法，对生产过程的品质检验数据进行统计与分析处理，同时掌握生产中各种问题发生的原因并提出改善措施。

● 测量系统检验误差问题的影响与判定标准，提高产品检测能力，避免对不合格品判定的争议，同时了解产品的制程能力。

● 产品8D改善报告的对应方法，维护企业自身对客户的信誉与诚信，减少生产过程中出现品质上的问题，并增加在产品制程上的信心与可信度。

● 建立产品的成熟度模型，通过PDCA循环改善产品质量，并有效实施全面质量管理。

8.1 概述

众所周知，产品检验本身是不能提高产品质量的，甚至可以说产品检验不仅不产生任何价值，而且需要投入大量的产品检验成本，包括检验人员、检测仪器及相关设备，因此，产品检验不是目的，只是一种手段，用于判定相应产品对相应标准的符合性，即区分合格品与不合格品的一种手段。

产品的质量水平是固有的，而测量系统是存在变差的，因此，在对电子产品检验结果进行分析及处理前首先要确认测量系统是适宜的。

理想的测量系统在每次测量时，应只产生“正确”的测量结果，每次测量结果总应该与一个标准值相符。一个能产生理想测量结果的测量系统，应具有零方差、零偏移和对所测的任何产品错误分类为零概率的统计特性。

此外，对产品在前期开发过程、生产过程中直至后期生产结束，应建立全面质量管理方法，在操作上，可以根据实际生产中的质量问题，直接解决或改善问题。根据实际生产能力制定合理的产品质量标准，通过解决质量上的重点问题，使其生产得以顺利实施。

8.2 测量系统分析

8.2.1 评价测量系统的主要方面

建立评价测量系统的目的，在于确保人员或是仪器测量与判定的准确性及精密性。实际的测量系统（Measurement System Analysis，MSA），是测量人员依据一定的操作程序，利用适当或特定的测量仪器、软件、设备等，取得被测量对象的测量特性结果的过程所构成的整个系统。此外，对于任何用于获得测量结果的设施、装备，通常用来指制造现场的设施，都会加以管理，以确保测量结果的真实性。在测量过程中，我们应注意以下几点：

(1) 准确度　是指测量值与真实值或可接受的基准值的接近程度，显然测量值与真实值或可接受的基准值越接近，测量系统的准确度越高。

(2) 偏差　是指测量结果的观测平均值与基准值的差值，显然差值越小测量结果也越接近真实值或基准值。通常是指同一人员使用同一仪器设备，重复测量同一样品的同一特性，所得数据的平均数与真值的差。

(3) 重复性　是指同一个测评人，采用同一种仪器，多次测量同一零件的同一特性时获得的测量结果的差值。显然差值越小，说明测量系统的重复性越好。

(4) 再现性　是指不同的测评人，采用同一种仪器，测量同一零件同一特性时测量平均值的变差。显然变差越小，说明测量系统的再现性越好。

(5) 稳定性　是指某持续时间内测量同一基准或零件的单一特性时获得测量值总变差，或一仪器设备依时间的不同，随环境的改变、电力的变动或仪器设备的老化造成的变异。显然总变差越小，说明测量系统的稳定性越好。

8.2.2　测量系统重复性和再现性的可接受标准

低于10%的误差或变差测量系统是可以接受的。

介于10%至30%的误差或变差，考虑重复性、量具成本、维修成本的前提下，测量系统可以接受。

高于30%的误差或变差时，该测量系统是不能投入使用的，必须予以改善。

例 8-1　两套不同的测量系统 A 和测量系统 B 测量同一个参数 X，采用测量系统 A 测定 X 时，其重复性测定结果见表 8-1；采用测量系统 B 测定 X 时，其再现性测定结果见表 8-2。已知 X 的标准值为 1，请判定这两套测量系统的可用性。

分析：

针对测量系统 A，重复性测定结果的平均值为 1.45；与标准值的差值为 1.45－1.00＝0.45，变差＝重复性差值/基准值×100%＝45%，根据测量系统重复性可接受标准要求，变差达到 45%，已高于 30%的基本要求，显然测试系统 A 是不可以使用的。

表 8-1　重复性测定结果

次数	1	2	3	4	5	6	7	8	9	10
结果	1.60	1.31	1.42	1.23	1.55	1.44	1.36	1.52	1.61	1.42

表 8-2　再现性测定结果

次数	1	2	3	4	5	6	7	8	9	10
结果	1.02	1.03	1.04	1.02	1.05	1.04	1.03	1.05	1.06	1.04

针对测量系统 B，重复性测定结果的平均值为 1.04；与标准值的差值为 1.04－1.00＝0.04，变差＝重复性差值/基准值×100%＝4%，根据测量系统再现性可接受标准要求，变差范围只有 4%，远低于 10%的基本要求，显然测试系统 B 是可以使用的。

结论：应选用测量系统 B 作为该参数 X 的测试系统。

8.2.3　影响测量系统测量结果的主要因素

影响测量系统测量结果的主要因素，如图 8-1 所示。

8.2.4　测量系统对决策的影响

8.2.4.1　测量系统对产品决策的影响

第一类错误：对生产者来说的风险（误判率）：一个好的零件有时被判定为“不合格”；

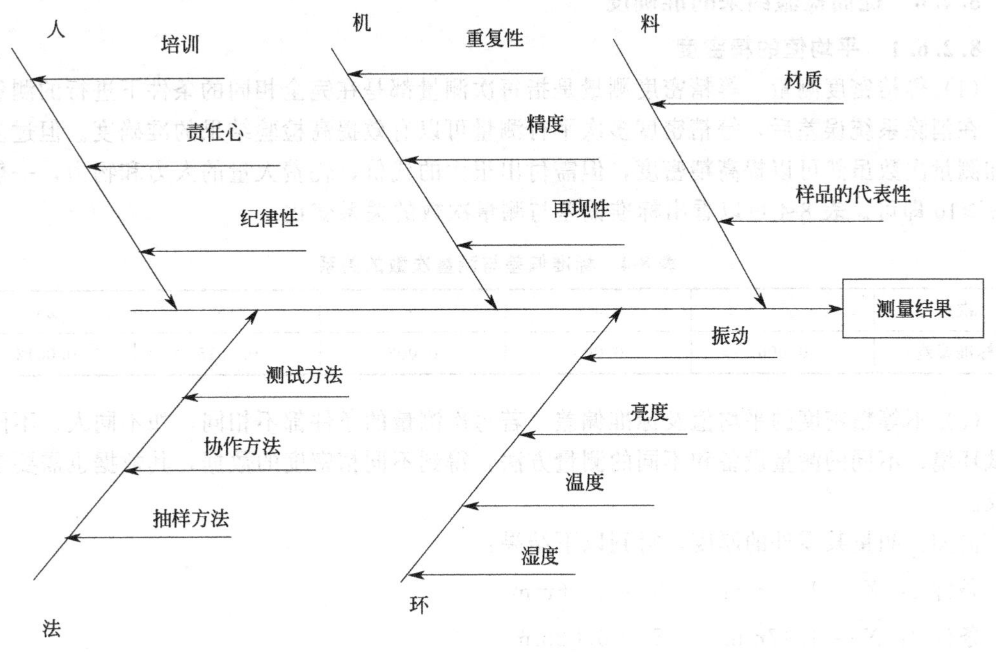

图 8-1　影响测量系统测量结果的主要因素

第二类错误：对于消费者来说的风险（漏判率）：一个不合格零件有时被误判为“合格”。

8.2.4.2　测量系统对过程决策的影响

第一类错误：将普通原因判断为特殊原因。例如，因游标卡尺没有校准而使测量结果出现较大偏差，应是普通原因，只需校准游标卡尺即可重新正常使用。如判断为特殊原因甚至判断为产品本身的不合格，对过程决策将产生的严重错误。

第二类错误：将特殊原因判断为普通原因。例如：因外部测试环境温度和湿度不符合要求导致测量结果出现较大偏差，应是特殊原因，需要改善测试环境，把环境温度和湿度调整到要求值。如判断为普通原因甚至判断为产品本身不合格，对过程决策将产生严重的错误。

8.2.5　测量系统产生变差的可能原因

测量系统产生变差的可能原因，见表 8-3。

表 8-3　测量系统产生变差的可能原因

偏　移	稳　定　性	重　复　性	再　现　性
＊基准的误差 ＊磨损的量具 ＊仪器测量非代表性的特性 ＊制造的仪器尺寸不对 ＊仪器没有正确校准 ＊测评人使用仪器不正确	＊仪器需要校正，减小校正周期 ＊正常老化 ＊仪器维护保养不足 ＊测量方法问题	＊仪器需要维护 ＊量具应重新设计以提高刚度 ＊夹具及检测点位置的确认需要改进 ＊存在过大的零件内变差	＊测评人需要更好地培训如何使用量具仪器及读数 ＊量具刻度盘上的读数不清楚 ＊需要某种夹具帮助测评人提高使用量具的一致性 ＊某些测量系统没有测评人，若所有的部件均由同一设备处理、固定及测量，那么再现性为零；当使用了不同的工装，那么再现性表现为工装间的变差

8.2.6 提高检验结果的准确度

8.2.6.1 平均值的精密度

(1) 等精密度测量　等精密度测量是指每次测量都是在完全相同的条件下进行的测量。

在消除系统误差后，等精密度多次平行测量可以有效提高检验结果的准确度。但过多的增加测量次数虽然可以提高精密度，但需付出很大的代价，耗费大量的人力和物力，一般要求 $n \geqslant 10$ 即可。表 8-4 可以看出标准偏差与测量次数的关系变化。

表 8-4 标准偏差与测量次数的关系

次数	1	4	9	16	25
标准偏差	0.006	0.003	0.002	0.0015	0.0012

(2) 不等精密度的平均值及标准偏差　若每次测量的条件都不相同，如不同人、不同的测试环境、不同的测量设备和不同的测量方法，得到不同精密度的数据，其数据也需要予以加权。

例如：测量某零件的厚度，得到以下结果：

条件 1：$\overline{X}_1 = 1.53\text{mm}$　　$S_1 = 0.06\text{mm}$

条件 2：$\overline{X}_2 = 1.47\text{mm}$　　$S_2 = 0.02\text{mm}$

分析：此时该零件的厚度绝对不能计算为：

$$\overline{X} = (\overline{X}_1 + \overline{X}_2)/2 = 1.50\text{mm}$$

处理这类数据时必须引入加权的概念。如在检验中，测量值分别为 X_1、X_2、…、X_n，其对应的权值分别为 W_1、W_2、…、W_n，其加权平均值和加权标准偏差为：

$$X_w = (W_1X_1 + W_2X_2 + \cdots + W_nX_n)/(W_1 + W_2 + \cdots + W_n)$$

求加权平均值时，权值的计算可按权值与精密度（S）平方成反比的关系求出，因此：

$$W_1 = 1/S_1^2 = 277$$

$$W_2 = 1/S_2^2 = 2500$$

$$X_w = (W_1\overline{X}_1 + W_2\overline{X}_2)/(W_1 + W_2) = 1.48\text{mm}$$

8.2.6.2 如何提高检验结果的准确度

(1) 系统误差的消除　系统误差对测量结果的影响往往比随机误差的影响还要大，所以通过实验的方法消除系统误差的影响是非常必要的。

① 对照检验：所谓对照检验就是以标准样品与被检样品的测量值进行对比，若检验结果符合公差要求，说明操作和测量系统没有问题，检验结果是可靠的。若不符合则以标准量的差值进行修正。

② 校准仪器：通过计量检定得到的测定值与真值的偏差，对检验结果进行修正。

③ 检验结果的校正：通过各种试验求出外界因素影响测量值的程度，之后从检验结果中扣除。

④ 选择适宜的测量方法。

(2) GR&R 测试　在测量系统分析作业程序时，应当确保人员或仪器测量与判定的精确性与准确性。一般实际操作中，针对定期连续生产 1 个月以上的类似长期生产的产品，应该每 3 个月都要进行测试；或不定期对质检员变更或量具变动、产品变更时，必须在 1～2 个月内测试。

① 常规测试：对任何用于获得测量结果的设施、装备，通常是指制造现场的设施（包括不合格的设施）进行测试。

② 重复性：同一作业者采用同一种测量仪器，经过多次测量同一制品的同一特性时，

所测量值之间的变异，例如：取 30 个相同样品，一名测量人员分别测量 2 次，由其他测量人员进行数据记录。

③ 再现性：不同的作业者，采用相同的测量仪器，经过多次测量同一制品的同一特性，所测量的平均值之间的变异，例如：三名测量人员依据相同的测量方法，分别对制品进行测量 2 次，并将测量结果进行三人交叉记录。

④ 计量值：由仪器设备直接或经由人员操作读取测量结果，是一个连续性的数据：如长、宽尺寸、重量等。一般 20%＜%GR&R＜30%，表示测量系统必须改进。

⑤ 计数值：仪器设备自动判定或由人员目视判定只有两种结果：合格与不合格，或者是与否。

⑥ 测量系统：是指测量人员依据一定的操作程序，利用适当（特定）的测量仪器、软件、设备等，取得被测量对象的测量特性结果的过程所构成的整个系统。

（3）对检验员素质的要求　由于主观因素的影响，检验员的素质条件不同会造成不同程度的检验误差，只有对检验员严格要求，选择训练有素的检验员，才能高质量地完成检验任务。

① 技术性误差：由于检验员缺乏检验技能而造成的误差。

② 粗心大意误差：由于检验员责任心不强、工作马虎造成的误差。

③ 程序性误差：由于工作程序混乱、不合理而造成的误差。

8.3 检验结果的主要分析方法

8.3.1 统计过程的控制

统计，顾名思义就是利用统计工具对一些汇集好的资料进行统计分析及结果解释。统计的基本涵义是：统计是一种对客观现象总体数量方面进行数据的搜集、整理、分析的活动，生产统计可以让我们一目了然地看到整个生产过程的状态，便于对整个过程进行管制。企业的整个流程，从试产、量产、成品入库到出货，都可以利用统计来分析出每个环节的日、周和月、年报，针对一些重大不良问题采取措施进行改善，以使生产线顺利生产。利用统计能方便地对制程进行管制，提高工作效率，所以统计在企业界起着非常重要的作用。

8.3.1.1 统计过程控制（SPC）

SPC 全称是“Statistical Process Control”，即统计过程控制，目的是通过各种工具，区分普通原因变差和特殊原因变差，以便对特殊原因变差采取措施。SPC 主要是指应用统计分析技术对生产过程进行实时监控，科学地区分出生产过程中产品质量的随机波动与异常波动，从而对生产过程的异常趋势提出预警，以便生产管理人员及时采取措施，消除异常，恢复过程的稳定，从而达到提高和控制质量的目的。它的基本控制原理是 3σ 原则，即以过程平均值 3σ 作为过程控制上下界限。SPC 的特点如下。

（1）SPC 是全系统的、全过程的，要求全员参加，人人有责。这与全面质量管理的精神完全一致。

（2）SPC 强调用科学的方法（主要是数理统计技术，尤其是控制图理论）来保证全过程的预防。

（3）SPC 不仅用于生产过程，而且可用于服务过程和一切管理过程。

8.3.1.2 SPC 的作用

（1）从数据到图形应用统计技术，用以反馈生产或过程性质变化的信息。

（2）帮助我们基本了解引起生产和过程性质变化的原因。

（3）控制图反映生产或过程性质的变化状况。

(4) 最初应用于对过程中心值变化趋势的评价和分析引起过程变化的原因。

(5) 客户作为一种评定供应商生产或过程性质的工具。

(6) 评定生产或过程性质变化与原来过程状况进行比较。

(7) 根据样本数据可对过程性质作出评价。

(8) 对于超出控制界限点需采取纠正行动，并使我们知道其风险度和置信度。

因此，SPC 主要的工作包括：收集、整理、展示、分析、解释统计资料；由样本（sample）推论母体或群体（population）的质量状况；能在不确定的情况下，通过分析做出决策，是一种科学的方法和工具。

8.3.1.3 80/20 原则

企业领导层可以解决 80%的质量问题，而基层员工只能解决 20%的质量问题。如何发现、判断这 80%和 20%的质量问题，并区别各种问题的不同原因，是统计过程控制的任务。

8.3.1.4 企业有效实施 SPC 的效益

① 减少变差，改善产品质量；

② 降低质量成本；

③ 提高顾客满意度，赢得更多客户；

④ 实物质量和管理质量的持续改进；

⑤ 以科学理论依据和量化管理过程，保证最终输出；

⑥ 提高整个供应链的信心；

⑦ 实现方便地进行过程沟通；

⑧ 使标准趋于准确，过程更加稳定，控制规格更加真实；

⑨ 减少检查，降低问题出现的频率；

⑩ 改善预测结果的准确度；

⑪ 减少出货周期时间。

8.3.2 统计分析方法：QC 七大手法

8.3.2.1 直方图法

直方图是将所收集的测定值或数据分为几个相等的区间作为横轴，并将各区间内的测定值所出现次数累积而成的面积，用柱子排起来的图形。将测量所得的一批数据按大小顺序排列，并将它划分为若干区间，统计各区间的数据频数（或频率），以这些频数（或频率）的分布状态用直方形表示的图表，其中 LSL、SL、USL 分别是规格下限、规格中心线、规格上限。作直方图，数据至少 50 个以上（一般对于数据个数多少，称为样品大小），如图 8-2 所示。

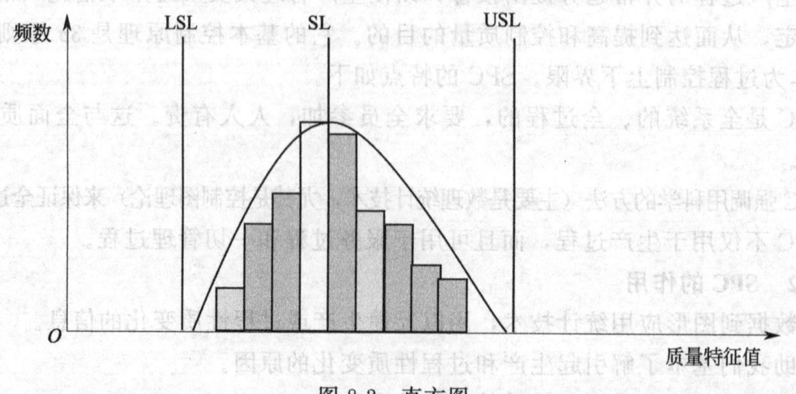

图 8-2 直方图

直方图的主要作用：直观地传达有关过程质量分布，供质量状况分析参考。具体包括：

① 观察产品质量在某一时间段内的整体分布状况；

② 研究过程能力或预测过程能力；

③ 调查是否混入两个以上不同群体；

④ 测知是否有虚假数据；

⑤ 指定产品的规格界限；

⑥ 计算平均值和标准值。

例 8-2　某零件的某特殊特性尺寸规格中心为 1.40mm，公差为±0.07mm，随机在一批产品中抽样 72pcs，测得每个产品相应的数据如表 8-5 所示。

表 8-5　某产品测试数据　　单位：mm

1.35	1.37	1.40	1.38	1.40	1.36
1.39	1.38	1.41	1.37	1.39	1.41
1.42	1.41	1.37	1.43	1.43	1.40
1.38	1.41	1.34	1.44	1.36	1.40
1.45	1.39	1.35	1.40	1.39	1.40
1.36	1.43	1.38	1.43	1.42	1.42
1.43	1.40	1.38	1.41	1.39	1.37
1.38	1.42	1.36	1.40	1.42	1.40
1.39	1.35	1.41	1.37	1.41	1.39
1.43	1.39	1.40	1.40	1.38	1.44
1.44	1.38	1.39	1.37	1.42	1.44
1.45	1.45	1.39	1.34	1.41	1.44

解：

第一步　数据分类，如表 8-6 所示。

表 8-6　数据分类

数值/mm	次数统计	次数累计	数值/mm	次数统计	次数累计
1.34	××	2	1.40	×××××××××××	11
1.35	×××	3	1.41	××××××××	8
1.36	××××	4	1.42	××××××	6
1.37	××××××	6	1.43	××××××	6
1.38	××××××××	8	1.44	×××××	5
1.39	××××××××××	10	1.45	×××	3

第二步　计算、分组

计算极差 R（又叫全距）：

$$R=X_{max}-X_{min}=1.45-1.34=0.11\ (mm)$$

设定组数：如表 8-7 所示。

表 8-7　建议分组表

数据总数 n	50～100	100～250	250 以上
建议分组数	6～10 组	7～12 组	10～20 组

计算组距：

样品数为 72，可选组数为 6，则组距 $h=R/6=0.11/6=0.018$

第三步　计算每组的中心、下限、上限并列出频数表，如表 8-8 所示。

表 8-8　每组的中心、下限、上限与频数表

组　别	组距上、下限值/mm	中心值/mm	频　数
1	1.34～1.358	1.349	5
2	1.358～1.376	1.367	10
3	1.376～1.394	1.385	18
4	1.394～1.412	1.403	19
5	1.412～1.43	1.421	12
6	1.43～1.45	1.439	8

第四步　按频数画纵、横坐标及直方图，如图 8-3 所示。

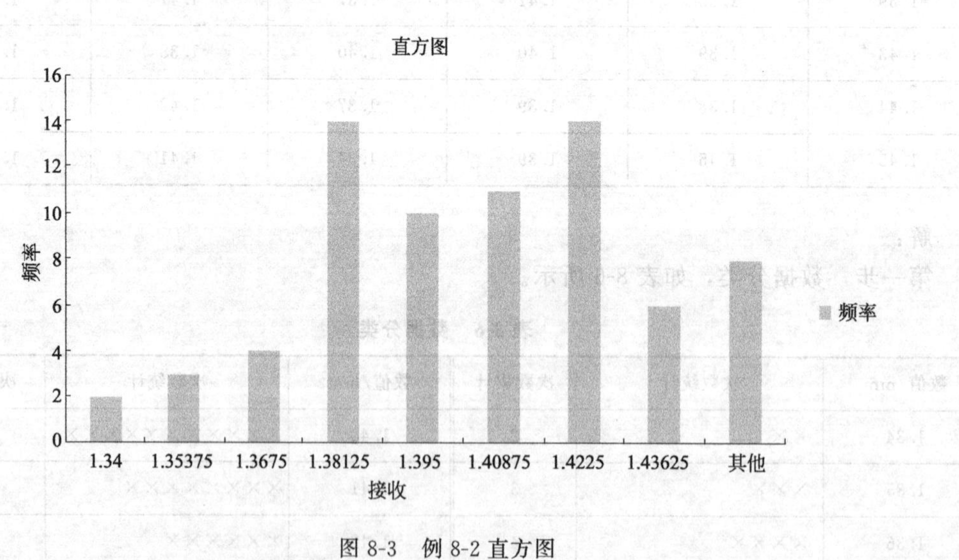

图 8-3　例 8-2 直方图

第五步　根据直方图画分布曲线，如图 8-4 所示。

8.3.2.2　因果图法

因果图又叫特性要素图。因其形状像树枝或鱼骨，故又叫树枝图或鱼骨图，如图 8-5 所示。就是当一个问题的特性结果受到一些原因的影响时，我们将这些要因予以整理，成为有

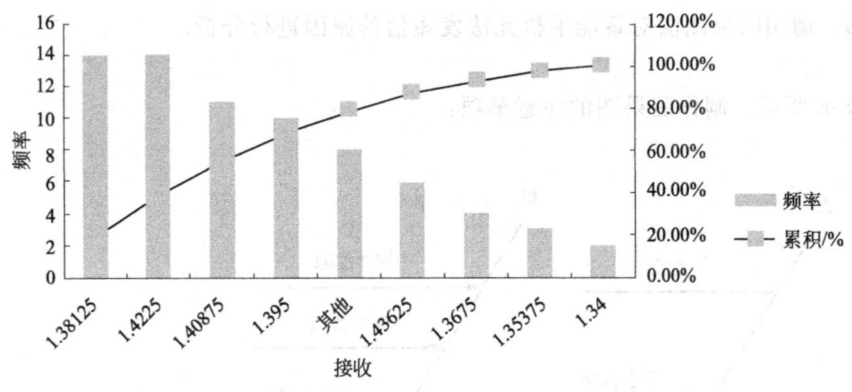

图 8-4　例 8-2 直方图与曲线

相互关系且有系统的图形。简言之，就是将造成某项结果特性的诸多原因，以系统的方式来表达出结果与原因之间的关系，某项结果的形成，必定有其原因，设法使用图解法找出这些原因。因此在产品出现质量问题时，首先要把产生这些问题的原因找到，以便"精准"地解决问题。

产品的质量是由其形成过程中许多因素作用的结果，有些质量问题的原因比较复杂，在这种情况下就可以借助因果图来分析。因果图应用的基本步骤如下：

① 简明扼要地确定结果，或确定需要解决的质量问题。

② 确定可能产生这种结果或导致这种质量问题的原因，一般是指常用的 4M1E，主要包括人员、机器、材料、方法、测量和环境等五个方面，用来检查在生产过程中的问题及其原因。

③ 开始画图，如图 8-5 所示。结果在最右边，各类原因放在左边，作为产生结果的输入。

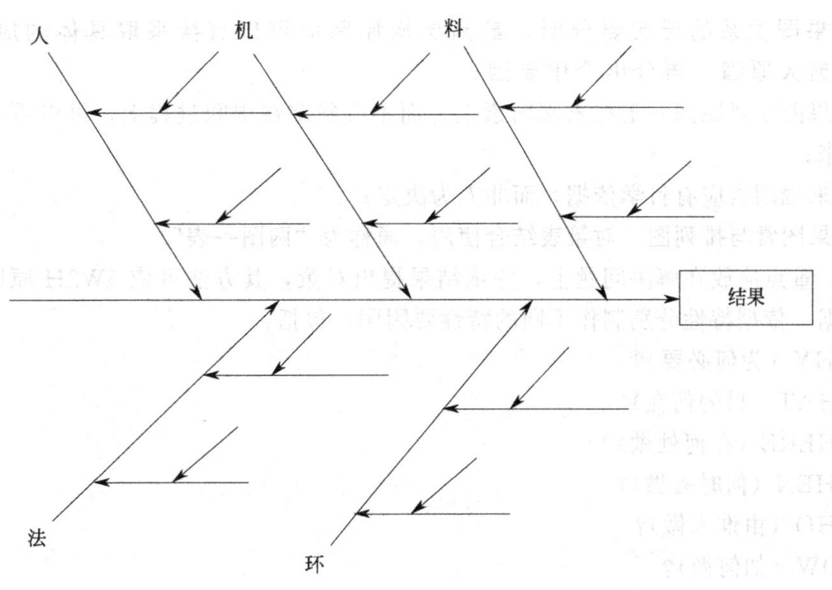

图 8-5　因果图

④ 列出所有产生这种结果或这种质量问题的原因，分层次列出。

例 8-3 请用因果图法对智能手机无法发短信的原因进行分析。

解：

如图 8-6 所示。制作因果图的注意事项：

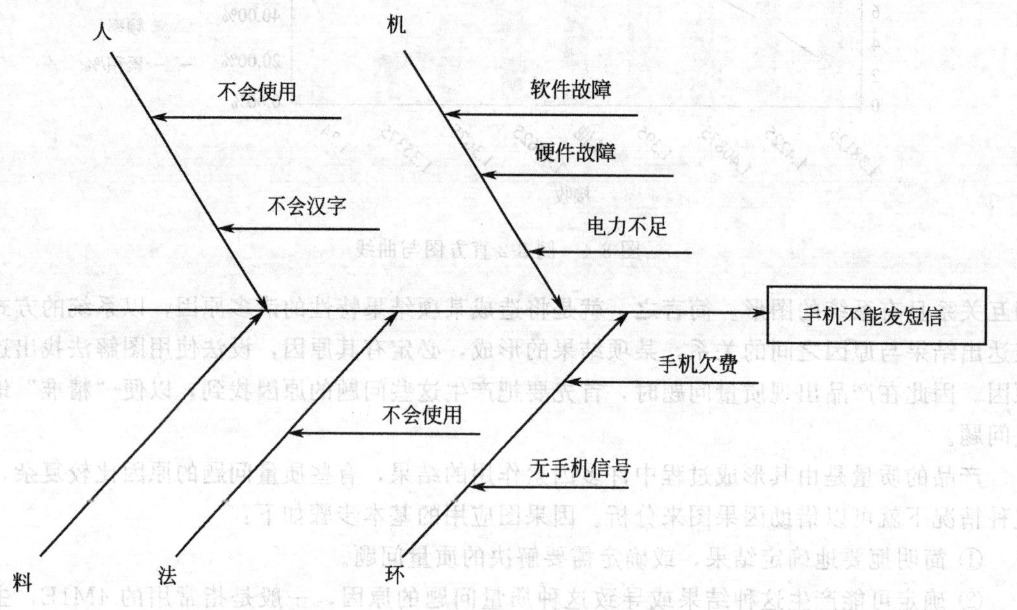

图 8-6 智能手机无法发送短信的因果图

① 应采用头脑风暴法，集思广益；

② 确定要分析的问题应明确、具体，不能笼统，且因果图只能用于单一目的研究分析；

③ 因果图关系的层次要分明，最高层次原因应可以直接采取具体的应对措施为止，再依据大原因，再分出个中要因；

④ 因果图主要原因一定在末端因素上，而不应确定在中间过程上，可将更详细的小要因讨论出来；

⑤ 对末端因素应有科学依据，而非人为决定；

⑥ 因果图常与排列图、对策表结合使用，通称为“两图一表”。

此外，重点应放在解决问题上，并依结果提出对策，其方法可依 5W2H 原则执行，以事实为依据，依据特性分别制作不同的特性要因图；包括：

A. WHY（为何必要）?

B. WHAT（目的何在）?

C. WHERE（在何处做）?

D. WHEN（何时去做）?

E. WHO（由谁来做）?

F. HOW（如何做）?

G. HOW MUCH（费用多少）?

因果图又叫特性要因图，不仅是发掘原因，还可据此整理问题，找出最重要的问题点，并依循原因找出解决问题的方法。特性要因图的用途极广，在管理工程、事务处理上都可使用，其用途可依目的分类如下。

① 改善分析用；

② 制定标准用；

③ 管理用；

④ 品质管制导入及教育用。

8.3.2.3　控制图

控制图是用于区分特殊原因所引起的波动和过程固有波动的一种工具。控制图是通过图形的方法，显示过程随着时间的变化而产生的波动，通过分析，可以判断这些波动造成的原因是偶然原因还是系统原因，从而提醒人们及时做出正确的对策。

为使现场的品质状况达到所谓的“管理”作业要求，一般均以检测产品的品质特性来验证“管理”作业是否正常，而品质特性是随着时间、各种状况有着高低的变化。那么到底高到何种程度或低到何种状况才算异常？故设定一个合理的高低界限，作为检测现场生产状况是否在“管理”状态，这就是控制图的基本根源。

(1) 控制图的作用　一般来说，在一些重要过程，都应建立质量控制点，使用相应的控制图。因此控制图的作用主要体现在以下方面。

① 评估过程的稳定性。运用控制图可以及时得知过程是否稳定的信息，可以使过程更好受控；

② 决定某一过程何时需要进行调整，何时需要保持原有状态，对质量问题和质量事故预期报警，可以减少大量的严重的损失；

③ 确认某一过程的改良时机。

(2) 质量波动产生的原因（4M1E）　引起质量波动的 4M1E，即造成质量波动的主要原因有五个方面：

① 人（Man）：主要受操作者对质量的认识、技术训练程序、身体状况等；

② 机器（Machine）：机器设备、工装夹具的精度及维护保养情况；

③ 材料（Material）：材料的成分、物理性能和化学性能等；

④ 方法（Method）：包括加工工艺、工装选择、操作规程和测量方法等；

⑤ 环境（Enviroment）：工作场所的温度、湿度、照明和清洁条件等。

(3) 偶然因素和特殊因素　根据对质量影响的大小，将造成质量波动的因素分为偶然因素和特殊因素两类。偶然因素对质量波动的影响小，但却是过程中所固有的，难以消除；特殊因素对质量波动的影响大，但却非过程所固有，不难除去。主要对比如表 8-9 所示。

(4) 控制图

① 控制图是对过程质量特性值进行测定和记录，是一种采用统计学方法设计出来的用于评估和监察过程是否处于可控状态的图。

② 绘制控制图的基本方法：画坐标系，计算并画上控制界限 UCL、下控制界限 LCL 和中心线 CL，把取样值打点，根据点子情况判断过程是否稳定，对上、下管制界限的绘制，则一般均用虚线来表示，以表示可接受的变异范围；至于实际产品品质特性的点连线，则大都以实线来绘制。如图 8-7 所示。其中，可看出有的高于上控制界限，表示在生产过程中出现异常，需要探讨是否为偶然原因和特殊原因的发生概率，以检查生产质量过程中发生的波动问题。

表 8-9　质量波动的偶然因素和特殊因素

质量波动	偶然因素	特殊因素
特点	过程所固有的，难于消除。该原因所产生的问题大约占现场问题的85%	非过程所固有，故不难除去。产生的问题约占现场问题的15%，多出现在过程设计和过程确认过程中
对产品的影响	影响总存在，一定程度上是正常的	影响不经常存在，但一旦存在，对产品质量产生显著影响
示例	(1)原材料性能、成分的微小差异 (2)机床的轻微振动 (3)夹具的微小松动 (4)工艺系统的弹性变形 (5)测试手段的微小误差 (6)检查员读数的微小差异	(1)工人违反操作规程 (2)操作规程有重大缺点 (3)原材料规格不符、材质不符 (4)测量系统未经检定 (5)操作者过度疲劳 (6)测试错误
消除方法	非现场人员所能决定，要涉及人员、机器、材料、方法、环境等整个系统的改造	现场人员可自行决定所采取的措施，不必请示更高级的管理人员
解决措施	经过深入的调查研究，做出全面的可行性报告后，再经最高管理者做最后决定，称之为系统措施	根据实际情况，现场人员自行决定，称之为局部措施

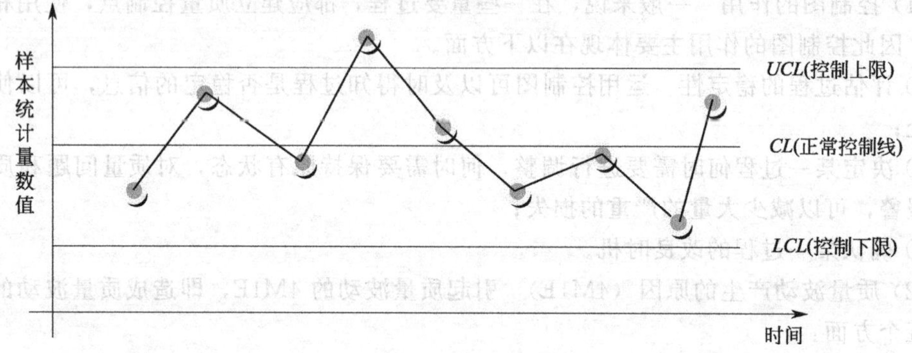

图 8-7　控制图

③ 控制图的基本原理：在生产过程中，仅有偶然因素存在时，产品质量特性值会形成某种典型的分布，如正态分布。当出现特殊因素时，质量特性值就会偏离原来的典型分布。此时就可运用数理统计中的假设检验来及时发现这种偏离，从而判断特殊因素是否存在。

例 8-4　某车间测得 A 零件的铸件质量值 125 个，分为 5 组，如表 8-10 所示，要求做出其均值-极差控制图，并分析。

解：

① 收集数据并分组：一般按时间顺序分组。样本量不少于 100，组内样本大小（n）一般在 3～5 个。本例中：每天为一组，每四个小时抽样一次，每次抽五个样本，共取 25 组，组数 $K=25$。

② 计算各组的平均值（$\overline{X}$）和极差（R），如表 8-10 所示。

③ 计算平均值的平均值：

$$\overline{\overline{X}}=323.5/25=12.94$$

极差的平均值：

$$\overline{R}=33.8/25=1.35$$

表 8-10　样本质量值记录表　　单位：kg

序号＼数值＼分组（时间）	6 点 X_1	10 点 X_2	14 点 X_3	18 点 X_4	23 点 X_5	$\overline{X}$	R
1	14.0	12.6	13.2	13.1	12.1	13.00	1.9
2	13.2	13.3	12.7	13.4	12.1	12.94	1.3
3	13.5	12.8	13.0	12.8	12.4	12.90	1.1
4	13.9	12.4	13.3	13.1	13.2	13.18	1.5
5	13.0	13.0	12.1	12.2	13.3	12.72	1.2
6	13.7	12.0	12.5	12.4	12.4	12.60	1.7
7	13.9	12.1	12.7	13.4	13.0	13.02	1.8
8	13.4	13.6	13.0	12.4	13.5	13.18	1.2
9	14.4	12.4	12.2	12.4	12.5	12.78	2.2
10	13.3	12.4	12.6	12.9	12.8	12.80	0.9
11	13.3	12.8	13.0	13.0	13.1	13.04	0.5
12	13.6	12.5	13.3	13.5	12.8	13.14	1.1
13	13.4	13.3	12.0	13.0	13.1	12.96	1.4
14	13.9	13.1	13.5	12.6	12.8	13.18	1.3
15	14.2	12.7	12.9	12.9	12.5	13.04	1.7
16	13.6	12.6	12.4	12.5	12.2	12.66	1.4
17	14.0	13.2	12.4	13.0	13.0	13.12	1.6
18	13.1	12.9	13.5	12.3	12.8	12.92	1.2
19	14.6	13.7	13.4	12.2	12.5	13.28	2.4
20	13.9	13.0	13.0	13.2	12.6	13.14	1.3
21	13.3	12.7	12.6	12.8	12.7	12.82	0.7
22	13.9	12.4	12.7	12.4	12.8	12.84	1.5
23	13.2	12.3	12.6	13.1	12.7	12.78	0.9
24	13.2	12.8	12.8	12.3	12.6	12.74	0.9
25	13.3	12.8	12.2	12.3	13.0	12.72	1.1
						$\Sigma\overline{X}_i=323.50$	$\Sigma R_i=33.8$

④ 计算控制界限：$\overline{X}$-R 控制图实际上是由两张图组成，即 $\overline{X}$ 图和 R 图。

对于 $\overline{X}$ 图：

$$UCL=\overline{\overline{X}}+A_2\overline{R}；\ LCL=\overline{\overline{X}}-A_2\overline{R}；\ CL=\overline{\overline{X}}$$

对于 R 图：

$$UCL=D_4\overline{R}；\ LCL=D_3\overline{R}；\ CL=\overline{R}$$

A_2、D_3、D_4 一般依据查表得出，如表 8-11 所示。

表 8-11　均值和极差控制数据

样本大小 n	均值控制图			极差控制图			
	A	A_2	A_3	D_1	D_2	D_3	D_4
2	2.121	1.880	2.659	0	3.686	0	3.267
3	1.732	1.023	1.954	0	4.358	0	2.574
4	1.500	0.729	1.682	0	4.698	0	2.282
5	1.342	0.577	1.472	0	4.918	0	2.115

本例中，

对于 $\overline{X}$ 图，查表得 $n=5$，$A_2=0.577$，则：

$$UCL=\overline{\overline{X}}+A_2\overline{R}=12.94+0.577\times1.35=13.719$$

$$LCL=\overline{\overline{X}}-A_2\overline{R}=12.94-0.577\times1.35=12.161$$

$$CL=\overline{\overline{X}}=12.94$$

对于 R 图，查表得 $n=5$，$D_4=2.115$，$D_3=0$，则：

$$UCL=D_4\overline{R}=2.115\times1.35=2.855$$

$$LCL=D_3\overline{R}=0$$

$$CL=\overline{R}=12.94$$

⑤ 绘制控制图及打点：上方画 $\overline{X}$ 控制图，下方画 R 图，并要使相同组样在上下两图中对应。

$\overline{X}$ 图如图 8-8 所示，R 图如图 8-9 所示。

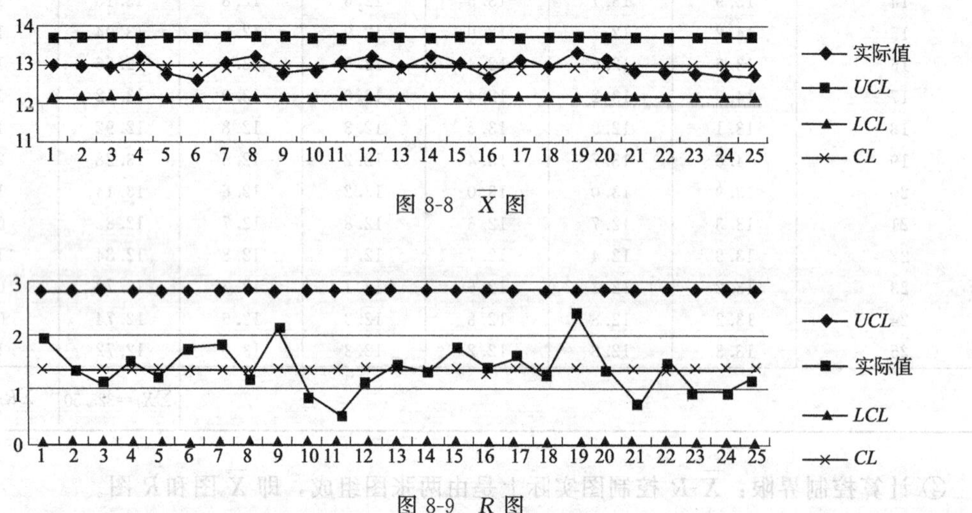

图 8-8 $\overline{X}$ 图

图 8-9 R 图

从上述两个图可以看出实际值的分布点并不存在异常，从而可以确认此过程是稳定的。

在控制图使用时应注意以下事项。

① 控制图使用前，现场作业应尽量采用标准化作业。

② 控制图使用前，应先决定控制项目，包括品质特性的选择与取样数量的多少。

③ 控制界限需高于规格值，以提早预防不合格品发生。

④ 控制图种类的选择应配合控制项目的选择。

⑤ 抽样方法以能取得合理样本为原则。

⑥ 数据超出界限或有不正常的状态，必须利用各种措施研究改善或配合统计方法，把异常原因找出来，同时加以消除。

⑦ 控制图一定要与制程控制的配置相结合。

⑧ 控制图如果有点超出控制下限，也应采取对策，不能认为不良率低而不必采取对策，因其异常原因可能来自以下方面：

a. 量具的失灵，必须更新量具，并检查对前面测量值的影响程度；

b. 良品的判定方法有误，应予立即修正；

c. 真正有不良率变小的原因，若能掌握原因，则有利于日后大幅降低不良率。

⑨ 制程控制做得不好，控制图形同虚设，要使控制图发挥效用。

8.3.2.4　查核表

查核表是一种用来收集及分析数据简单而有效的图形方法，检查人员只需填入规定的检查记号，再加以统计完整的数据，即可提供量化分析或比对检查，也称为点检表或检查表。查核表可以说是另一种次数分配的表现，使用时只要运用简单的符号标记出工作目标是否达成或对特定事件发生给予累积记录。使用简单符号如「√」、「△」、「○」、「×」或「正」。查核表的设计要简单明了，而且要能涵盖所要研究的项目，避免工作延迟或遗漏。依用途区分，大致可分为记录用及点检用两种。记录用点检表是用来搜集计划资料，应用于不良原因和不良项目的记录，其作法是将数据分类为数个项目类别，以符号、标注或数字记录的表格或图形。由于常用于作业缺失、品质良莠等记录，故也称为改善用检查表。点检用检查表设计时即已定义使用时，只做是非或选择的注记，其主要功用在于确认作业执行、设备仪器保养维护的实施状况或为预防事故发生，以确保使用时安全使用，此类检查表主要是确认检查作业过程中的状况，以防止作业疏忽或遗漏。

查核表的一般作法如下。

① 召集所有相关人员，运用脑力激荡法制作特性要因图，以列出要因项目。

② 将所列出的要因项目分类后，并填入检查表中。

③ 操作人员运用简单的记号，将检查结果记录于表中。

④ 对所得的数据进行整理分析，以便了解管制情况或采取必要措施。

此外，还应注意以下几点：

① 用在对现状的调查，以备今后用作分析；

② 对需调查的事件或情况，明确项目名称；

③ 确定资料收集人、时间、场所、范围；

④ 资料汇总统计。

查核表的作用：

查核表制作完成后，要让工作场所中的人员了解，并且做在职训练，而在使用查核表时应注意下列事项。

① 搜集完成的数据应立即使用，并观察整体数据是否代表某些事实。

② 数据是否集中在某些项目？而各项目间的差异如何？

③ 某些事项是否因时间的经过而有所变化？

④ 如有异常，应马上追究原因，并采取必要的措施。

⑤ 查检的项目应随着作业的改善而改变。

⑥ 对现场的观察要细心、客观。

⑦ 由使用的记录数据即能迅速判断，采取行动。

⑧ 检查责任者，明确指定谁来做，并使其了解收集目的及方法。

⑨ 搜集的数据应能获得分类的情报。

⑩ 数据搜集后，若发现并非当初所设想的，应重新检查并再搜集。

⑪ 检查的项目，期间计算单位等基准，应该一致，方能进行统计分析。

⑫ 尽快将结果呈报给应报告的人，并使相关人员也能知晓。

⑬ 数据的搜集应注意样本取得的随机性与代表性。

⑭ 对于过去、现在及未来的检查记录，应适当保管，并比较其差异性。

⑮ 检查表完成后可利用柏拉图加以整理，以便掌握问题核心。

例 8-5 机器设备点检表（表 8-12）

表 8-12 机器设备点检表

检查时间	检查项目	××月份						
		1	2	3	4	5	6	7
08:00	1. 检查设备外表有无损伤、各开关操作有无异常	√	/	√	√	√	√	√
	2. 温度与设定温度是否相同	√	/	√	√	√	√	√
	3. 运作有无异常噪声	√	/	√	√	√	√	√
	4. 机器高低压力是否正常	√	/	√	√	√	√	√
	5. 水温度是否在 13℃±2℃之间	√	/	√	√	√	√	√
12:45	1. 检查设备外表有无损伤、各开关操作有无异常	√	/	√	√	√	√	√
	2. 温度与设定温度是否相同	√	/	√	√	√	√	√
	3. 运作有无异常噪声	√	/	√	√	√	√	√
	4. 机器高低压力是否正常	√	/	√	√	√	√	√
	5. 水温度是否在 13℃±2℃之间	√	/	√	√	√	√	√
17:30	1. 检查设备外表有无损伤、各开关操作有无异常	√	/	√	√	√	√	√
	2. 温度与设定温度是否相同	√	/	√	√	√	√	√
	3. 运作有无异常噪声	√	/	√	√	√	√	√
	4. 机器高低压力是否正常	√	/	√	√	√	√	√
	5. 水温度是否在 13℃±2℃之间	√	/	√	√	√	√	√

8.3.2.5 层别法

我们所搜集的数据中，因各种不同的特征，将对结果产生影响，因而需要以各类特征加以分类、统计，此类统计分析的方法称为层别法（或分层法）。它是针对不同部门、不同工位、不同工作方法、不同设备、不同地点等所收集的数据，按照它们共同的特征加以分类、统计的一种分析方法，即为了区别各种不同的原因对结果的影响，而以个别原因为主，分别统计分析的一种方法。层别法的意义：影响产品质量的原因很多，可能来自于人员、材料、制造方法及机器设备等，但在生产过程中，这些因素皆牵涉其中，若无法将质量变异的原因分析出来，质量就无法获得改善。所以，为了搞清楚质量变异的原因来自何处，就必须针对各项因素分开搜集数据，加以比较，因此，将人员、材料、制造方法或机器设备等分开搜集数据，以找出其间的差异，并针对差异提出改善的方法。

（1）层别法的分类

① 根据原料的供应来源或批次分类；

② 根据作业人员的部门、年龄、性别、熟练程度等分类；

③ 根据机械设备之种类、厂牌与布置位置等分类；

④ 根据时间，如月、周、日夜，或上、下午等分类；

⑤ 根据作业条件，如温度、压力、速度或天气等分类；

⑥ 根据操作方法分类；

⑦ 根据不同生产线分类。

（2）层别法的实施步骤

① 先行选定欲调查的原因、对象；

② 设计搜集资料所使用的表单；

③ 设定资料收集点，并训练员工填制表单；

④ 记录及观察所得之数值；

⑤ 整理资料、分类绘制应有的图表；

⑥ 比较分析与最终推论。

（3）层别法使用的注意事项

① 实施前，首选确定层别的目的——不良率分析、效率的提升、作业条件确认；

② 检查表的设计应针对所怀疑的对象设计；

③ 数据的性质分类应清晰、详细、简明；

④ 依各种可能原因加以层别，直至寻出真因所在；

⑤ 区别所得的情报，并且应与对策相连接，付诸实际行动。

例 8-6　某公司注塑机生产是三班轮班，前周所生产的产品均为同一产品，结果如图 8-10所示，以班别来分类统计后，就可得知各班的产量及不良率状况，用这些数据可以实施哪些改良措施？

解：在图 8-10 中可看出，在改善前的产量与不良率都不及改善后的结果，由此前后数据对比分析，可再进一步了解其中不良数的不良现象，从而提出改善措施，获得更高的产量，维持生产线应有的任务目标，并可以让生产线生产更多机种或增加某机种的产量，来提升效率。

产线别	A 线	B 线	C 线
投入数	10000	9800	8500
不良数	20	18	22
不良率	0.20%	0.18%	0.26%

改善前

产线别	A 线	B 线	C 线
投入数	11000	9900	9500
不良数	18	15	15
不良率	0.16%	0.15%	0.16%

改善后

图 8-10　产品不良率层别

8.3.2.6　散布图

为研究两个变量间的相关性，而搜集成对两组数据（如温度与湿度或海拔高度与温度等），在方格纸上以点来表示出两个特性值之间相关情形的图形，称之为“散布图”。它与因果图相同，可以了解工程上的哪些要因会影响产品的品质特性。散布图将因果关系所对应变化的数据分别点绘在 X-Y 轴坐标的象限上，以观察其中是否存在相关性。

（1）散布图的作用

① 能掌握原因与结果之间是否有相关性，以及相关的程度如何。

② 能检验数据散布，如各群体数个现象是否存在。

③ 原因与结果相关性高时，二者可互为替代变数。对于制程参数或产品特性，可从原因或结果中选择较经济性的变数予以监测，并可依此观察一个变数的变化，而给另一变数带来的变化。

简单地说，通过要因与特性的关系、特性与特性的关系、特性的两个要因之间的关系，从中来分析其关联性，以此作为工程设计开发与解决生产在线问题的依据。

（2）散布图的判读方法

① 强正相关：X 增大，Y 也随之增大，称为强正相关，如图 8-11 所示，实线为强正相关，虚线为强负相关。

② 强负相关：X 增大时，Y 反而减小，称为强负相关。

③ 弱正相关：X 增大，Y 也随之增大，但增大的幅度不显著，如图 8-12 实线所示。

④ 弱负相关：X 增大时，Y 反而减小，但幅度并不显著，如图 8-12 虚线所示。

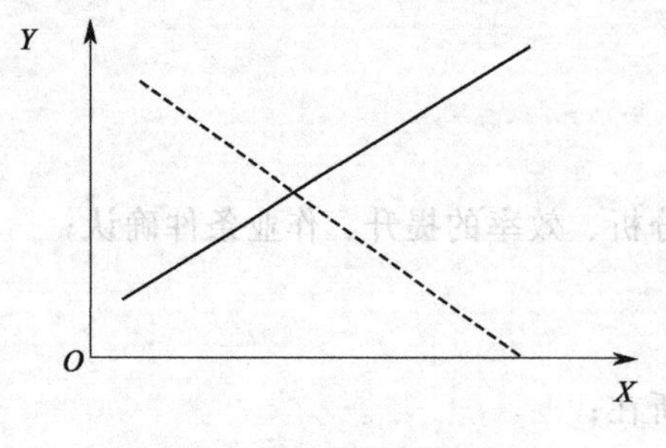

图 8-11 散布图相关性（一）

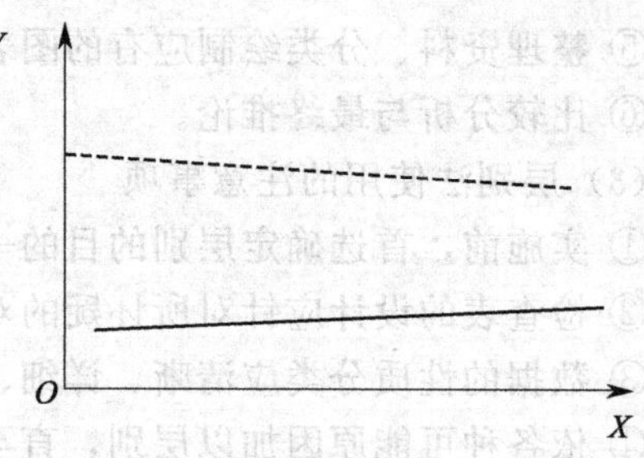

图 8-12 散布图相关性（二）

⑤ 曲线相关：X 开始增大时，Y 也随之增大，但达到某一值后，当 X 增大时，Y 却减小，如图 8-13 所示。

⑥ 无相关：X 与 Y 之间毫无任何关系，如图 8-14 所示。

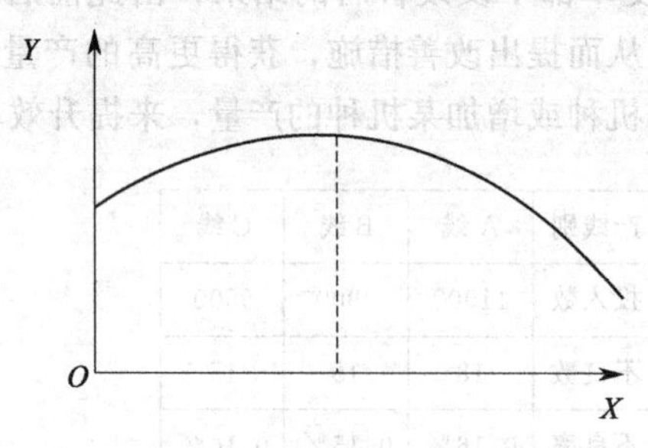

图 8-13 散布图相关性（三）

图 8-14 散布图相关性（四）

(3) 散布图使用的注意事项

① 注意有无异常点；

② 看是否有层别必要；

③ 是否为假相关；

④ 勿依据技术、经验做直觉的判断；

⑤ 数据太少，易发生误判。

例 8-7 喷涂作业过程中，喷枪的油墨喷出的压力会影响产品的油墨膜厚，请找出两者之间的相互关系。

解：

(1) 收集数据

序号	1	2	3	4	5	6	7	8	9	10
X(压力)/bar	50	70	100	80	60	50	90	90	70	70
Y(膜厚)/μm	3.2	4.7	5.4	4.9	3.8	3.4	5.1	5.0	4.5	4.3

注：1bar$=10^5$Pa。

(2) 找出 X、Y 的最大值及最小值

$X_{max}=100$bar，$Y_{max}=5.4\mu$m；$X_{min}=50$bar；$Y_{min}=3.2\mu$m。

(3) 划出 X-Y 轴的坐标并取适当刻度，将数据点绘 X-Y 坐标中，如图 8-15 所示。

8.3.2.7 柏拉图

根据生产现场所收集到的数据，必须有效地加以分析、运用，才能成为有价值的数据。而将此数据加以分类、整理，并作成图表，充分地掌握问题点及其产生的重要原因，则是企业不

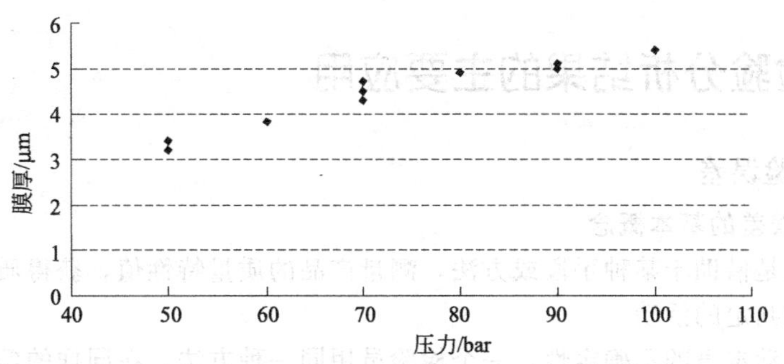

图 8-15　喷枪的压力与油墨膜厚散布图

可或缺的管理工具，其中，现场人员广泛使用的数据管理图表为柏拉图。柏拉图与直方图不同之处，主要是以大小顺序由高而低排列，所搜集的数据按不良现象的原因、产品不合格状况、不良现象发生位置等不同进行区分，以寻求占最大比率项目产生的原因、状况或位置。

(1) 柏拉图的作用

① 作为降低不良品的依据。

② 决定改善的目标。

③ 确认改善效果。

④ 用于发掘现场的重要问题点。

⑤ 用于整理报告或记录。

⑥ 可用作不同条件的评价。

(2) 柏拉图使用的注意事项

① 柏拉图是按所选取的项目来分析的，因此，它只能针对所做项目加以比较。若发现各项目分配比例相差不多时，则不符合柏拉图法则，应从其他角度作项目分析，再重新搜集资料进行分析。

② 数据应正确无误，重点在于改善项目管理的方法。

③ 柏拉图分析的主要目的是从分析图中获得信息，进而设法采取对策。

④ 应努力改善第一顺位不合格项，后面的其他项目以不超过前面三项为原则。

⑤ 必要时可作层别的柏拉图。对有问题的项目，再进行层别作出柏拉图，直到找到问题原因类型的柏拉图为止。

例 8-8　某产品按不良现象统计出前三大不良现象为 A、B、C，此三大不良现象的累计不合格率占总不合格率（累计影响度）以达 70%以上，所以是优先改善的重点，所以维持在生产过程中的合格品的产出情况如图 8-16 所示。此外，还应当注意改善的成效是否符合预期，若过不久问题再现时，则需考虑将要因予以重新整理分类，另作柏拉图分析。

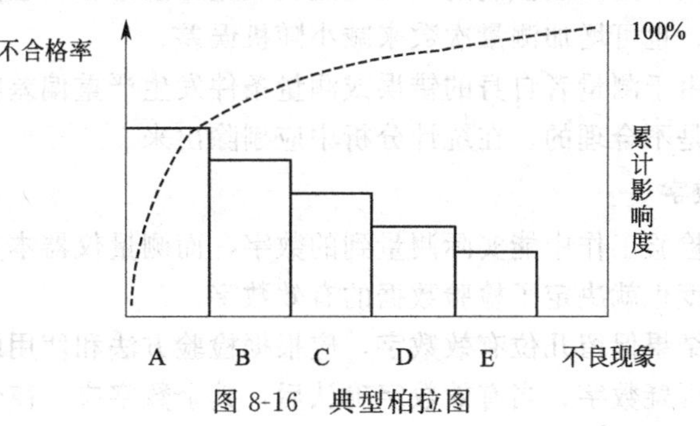

图 8-16　典型柏拉图

8.4 检验分析结果的主要应用

8.4.1 检验误差

8.4.1.1 误差的基本概念

检验实质上是借助于某种手段或方法，测量产品的质量特性值，获得质量数据后与标准要求进行对比和判定的活动。

由于测量活动本身的不确定性，一个检验员用同一种方法，在同样的条件下，对同一产品的某种特性进行多次检验，每次检验所得到的数据不会完全相同。即误差是客观存在的，人们只能凭经验的积累、测试方法的改进以及测试手段的提高将误差控制得越来越小，而不可能完全将测量误差消除。

(1) 绝对误差　定义为某质量特性参数的测量值与真值之间的差称为绝对误差：

$$绝对误差=测量值-真值$$

说明：真值是指某质量特性的真实值，是理想值，一般来说是未知的。

(2) 相对误差　定义为绝对误差与真值的比值称为相对误差：

$$相对误差=\frac{绝对误差}{真值}$$

8.4.1.2 误差产生的原因

① 计量器具、测试设备以测试用试剂本身浓度的精度不足而产生的误差；

② 环境条件如温度、湿度、气压、振动、磁场、风、尘等达不到要求而造成的测量误差；

③ 方法误差：检验方法本身的科学性不足而产生的误差；

④ 不同检验员自身不同造成的检验误差；

⑤ 被测量对象本身存在的差异而造成的检验误差。

8.4.1.3 误差的分类

(1) 系统误差　在同一条件下多次测量同一质量特性值时的误差，误差的绝对值和符号保持恒定，或在条件改变时按某种确定规律变化的误差。

当系统误差方向和绝对值已知时，可以修正或在测量过程中加以消除。增加测量次数并不能使系统误差变小。

(2) 随机误差　在相同条件下多次测量同一质量特性值时的误差，误差的绝对值和符号的变化不确定，以不可预定的方式变化的误差。

引起随机误差的因素是无法控制的，因此随机误差无法修正，但具有统计规律，可以用统计学知识进行估计，也可增加测量次数来减小随机误差。

(3) 粗大误差　由于测量者自身的错误或测量条件发生严重偏差时所测量出来的质量特性值，显然粗大误差是不合理的，在统计分析中应剔除出来。

8.4.1.4 有效数字

有效数字是指在检验工作中能实际测量到的数字，而测量仪器本身具有一定的精度，因此测量仪器本身的精度也就决定了检验数据的有效数字。

记录数据和计算结果保留几位有效数字，应根据检验方法和使用的测量仪器的精度来决定，一般只保留一位可疑数字，当有效数字确认后，其余数字应一律舍去。

8.4.2　检验结果的应用

只有合格的原材料、外购件才能投入生产，只有合格的零部件才能转序或组装，只有合格的产品才能出厂发送给客户。因此需要正确区分和管理原材料、零部件、外购件、成品等产品所处的检验和试验状态，并以恰当的方式标识，以标明是否经过检验和试验，检验后是否合格等状态。

8.4.2.1　检验和试验状态的分类

① 产品未经检验或待检的；

② 产品已经检验但尚待判定的；

③ 产品通过检验合格的；

④ 产品通过检验判定为不合格的。

8.4.2.2　检验和试验状态的管理

① 做好标识，可用标签、印章、生产路线卡、划分存放区域等方法标明不同的检验和试验状态；

② 做好标识保护，防止涂改、丢失等而造成误用或混用；

③ 相关标识的发放和控制应安排专人管理。

注意：企业应正确区别产品标识和检验及试验状态标识，产品标识是产品在整个生产过程中自始至终的唯一标识，当需要时可以追溯。而检验及试验状态标识在每个过程中有相应的标识，是动态的。

8.4.2.3　检验及试验结果

根据检验结果并与相应的产品标准做对比，检验及试验结果可分两类：合格和不合格。合格品就是满足要求的产品，不合格品就是不满足要求的产品。

8.4.2.4　不合格品控制

(1) 不合格的处置

① 采取措施，消除发现的不合格；

② 经有关授权人员批准，适用时经顾客批准，让步使用，放行或接收不合格品；

③ 采取措施，防止不合格品非预期后果的发生。

同时，应保留不合格的性质及随后所采取临时措施的相关记录，包括批准的让步记录。对纠正后的产品应再次进行验证，以确认符合要求，当在交付或开始使用后发现产品不合格时，应采取与不合格的影响或潜在影响的程度相适应的措施。

(2) 不合格品的控制

① 标识：经检验或其他方法一旦发现不合格品，就要及时对不合格品进行标识；

② 隔离：发现不合格品时，完成标识后要立即隔离，即将不合格品和合格品隔离存放，并以检验状态标识予以区别；

③ 记录：做好不合格品的记录，确定不合格品的范围，如产品型号、规格、批次、时间、地点等；

④ 评价：规定由谁或哪个部门来主持评价，由哪些人员参加，各自所赋予的权限，以共同确认是否能返工、返修、让步接收、降级或报废。

(3) 不合格品的评审和处置　必须以书面的方式授权相关责任人或责任部门主持不合格品的评审，形成书面的处置要求，由相关责任部门负责对不合格品进行返工、返修、报废等事项的实施。

① 返工　返工后需经重新检验，符合规定要求即合格后才能转序。

② 返修　返修后需经重新检验，虽不能符合规定要求，但能满足预定的使用要求，经检验符合放宽的规定后才能转序。

③ 让步放行或降级使用　除参与评审的相关人员确认，还应得到企业质量主管的同意，如有合同要求，必须得到客户的批准。

④ 拒收或报废　对外购件的拒收，应书面通知供方换货或退货，而对报废处置，除参与评审的相关人员确认外，还应得到企业领导的批准。

⑤ 纠正与预防措施　当产品出现质量问题时，特别是重大质量问题，应找出不合格产生的主要原因，采取纠正措施，对潜在的不合格原因采取预防措施。

8.5　建立电子产品成熟度模型

如图 8-17 所示为建立电子产品成熟度的模型。

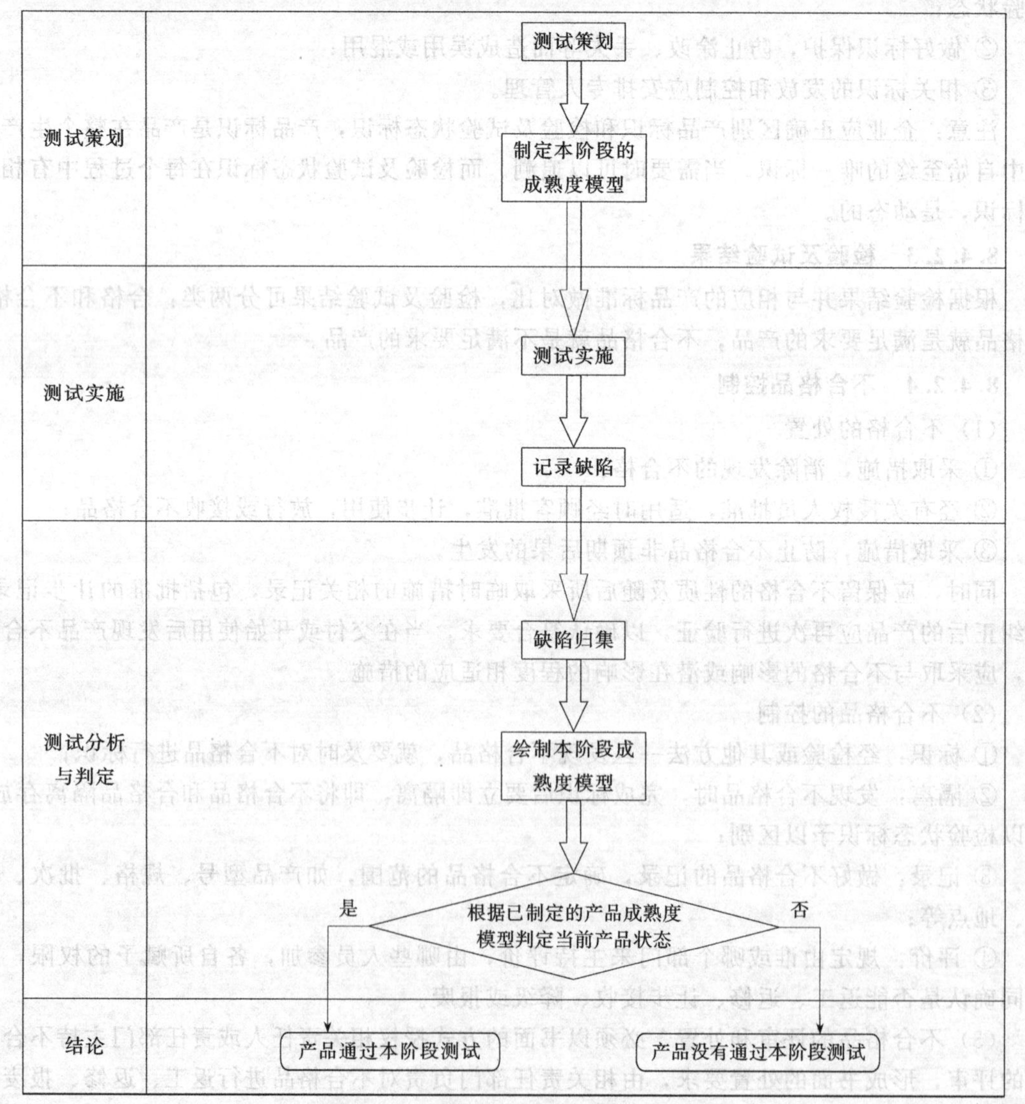

图 8-17　建立电子产品成熟度的模型

8.6　8D改善报告

8D的原名叫做 8 Disciplines，意思是团队导向解决问题的 8 个步骤，8D 方法也适用于制程能力指数低于其应有值时有关问题的解决，提出治标及治本的概念，对数据的收集及分类，找到为什么，并利用 QC 七大手法分析，产生一套符合逻辑的解决问题的方法，同时对于统计制程控制与实际的品质提升建立了联系。8D 的方法就是建立一个体系，便于整个团队共享信息，努力达成目标。8D 本身不提供解决问题的方法或途径，但它是解决问题的一个很有用的工具，其内容包括：

① 纠正措施：针对现存的不合格项，采取改正措施；

② 预防措施：对于潜在的不合格项采取预防措施，并杜绝或尽量减少重复问题的出现。

8.6.1　8D 报告内容

（1）D1：小组成立　具备产品及制程知识，能支配时间且拥有职权及技能的人士，组成一个小组，解决所见问题及采取纠正措施，此小组指定一位小组领导人员。

（2）D2：清楚描述问题　将遭遇的外界、内部、客户问题，以计量方式确认该问题的人、事、时、地、如何、为何及多少（5W2H），即（WHO）何人、（What）何事、（When）何时、（Where）何处、（Why）为何、（How）如何、（How Many）多少。

（3）D3：执行和验证临时措施　根据问题的性质，确定并执行相应的临时措施，以控制外界、内部、客户问题发生的效应不致扩大，直到永久措施执行为止。

（4）D4：原因分析及验证真因　发生 D2 问题的真正原因、说明分析方法、使用工具（品质工具）的应用。

（5）D5：决定及验证纠正措施　针对真正的原因，应群策群力、脑力激荡并提出措施，拟订改善计划、列出可能解决方案、选定与执行长期对策、验证改善措施，清除 D4 发生的真正原因，通常以逐步进行的方式说明长期改善对策，可以应用专案计划甘特图（有计划性的安排日程与安排人员等的一种工作日程表），并说明品质改善的具体方法。

（6）D6：执行永久措施　执行永久措施，注意持续改善，确保消除原因，提出持续纠正的措施。

（7）D7：避免再度发生　此时应着手进行管理制度操作，避免再度发生。

（8）D8：恭贺小组成员　问题解决完成后，应肯定小组成员的努力，恭贺小组的每一成员，并规划未来改善方向。

报告撰写时应注意以下事项。

① 问题叙述：叙述此不良品何时、在哪里及如何发生，可再增加能说明问题的不良品照片。

② 暂时矫正措施：写出暂时矫正方法，包含执行时间、责任人，以及改善效果，最好以数据方式呈现。

③ 发生原因：必须明确提出可能与不良品相关的原因，经过分析后以图片表示。

④ 永久纠正措施：写出永久纠正措施，包括执行时间及责任者、计划表，并考虑是否讨论仍有其他相似的问题也可能发生。主要以改善前后的现象做对比，或者经过数据上的统计分析，体现改善成效。

8.6.2　8D 报告撰写流程

对于 8D 改善报告的撰写，首先是对问题发生的状况进行初步了解，问题发生可能是多种因素的相关性，经过相关部门讨论后，再建立其相关问题的改善小组，主要针对工程或内部生产状况进行策划，可包括生产部门、质量部门与工程部门的跨部门的成员，以水平方式展开各工作的进行与改善；在生产方面，对于不良现象的发生及数量进行区分，在质量方面则进行相关数据上的统计与检验，在工程上开始设计与执行相关验证与改善；经过各工艺流程调查后将问题描述清楚，并研究在生产流程上的质量管理，同时规划其日程实施，以验证问题发生的根本原因，从中改善不合格品的问题，经过反复查证，让问题可再现，并了解相关生产流程的可达到合格品率的最高目标，订立合理解决对策与实施作业方法；在实际的操作上，在产品开发时期，应查出影响生产的问题，避免在正式生产时，造成重大损失与危害，最后以此解决对策作为借鉴，让之后所有产品在设计开发的时期，能更快速、更有效率导入生产作业。8D 报告撰写流程如图 8-18 所示，其中找出最有可能的根本原因是相当困难的，同时也是问题改善的核心。因此，根本问题能否确认与开始实施改进对策，将影响整个生产规划能否顺利进行，同时还将考验突发紧急状况下企业的应变能力。

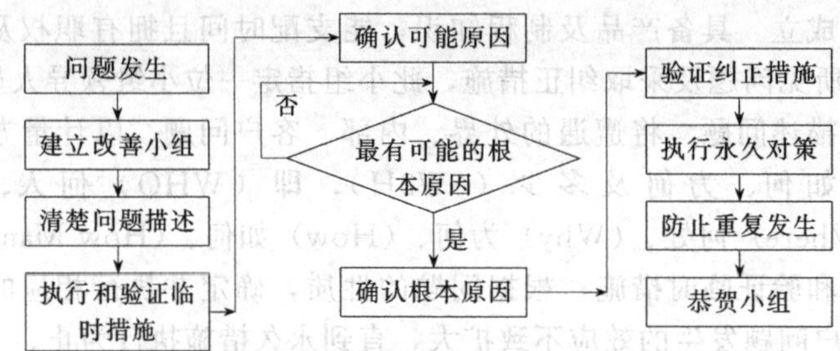

图 8-18　8D 报告撰写流程

8.7　形成 PDCA 的持续改进

8.7.1　PDCA 的基本定义

PDCA 作为一种全面质量管理的工作方法，PDCA 循环的工作程序化，并包含充分的预测、优化、验证以及融入适宜的科学方法，是有效完成工作任务，多快好省地取得工作效果的科学工作程序，是任何工作都应遵循的：

P——计划：根据顾客的要求和组织方针，为提供结果建立必要的目标和过程；

D——实施：根据计划实施过程；

C——检查：根据方针、目标和产品要求，对过程和产品进行监视和测量，并报告结果；

A——处置：采取措施，以持续改进过程的业绩。

8.7.2　PDCA 循环的基本步骤

PDCA 循环把工作分为四个阶段：计划或策划阶段、实施或执行阶段、检查阶段、总结或处置阶段。通常情况下，又把四个阶段分成七个步骤。

(1) 分析现状，发现问题　主要任务是认识问题的特征，要求要从不同的角度以不同的观点去广泛而深入地调查问题特定的特性，只有深入认识问题的实质，才可能定出切实可行的解决问题的计划或策划。

调查要求：

① 调查过程至少要在时间、地点、类型、症状四个角度去发现问题的特征；

② 调查应从不同的着眼点去发现问题的变化情况；

③ 调查必须收集相关数据及各种必要的信息；

④ 调查应取得问题的充分背景资料以及经历的过程；

⑤ 调查结果要用具体的词语把不良结果表达出来，要展示不良结果所导致的损失以及改进到什么程度可以获得的改进效果；

⑥ 调查结束时必须制订出解决问题后的改进目标以及实现目标的依据和可能性，目标值既要有先进性又要有现实性。

(2) 分析影响质量问题的各种因素　原因分析是根据现状调查所掌握的问题的特性或特征，探索解决问题的线索。影响因素明确以后才能得到解决问题的途径，因此应力求找出影响问题的全部原因。

分析影响质量问题的主要原因：影响质量问题的原因很多，但其影响程度各不相同，在众多原因中总有少数原因对质量问题起决定性作用，被称为关键因素，抓住关键的少数原因采取措施，质量问题就会得到很大程度的解决，最终达到以最少的投入取得最佳的改进效果。如果针对所有的原因去采取措施，必然造成技术力量分散，其结果是不能快速解决问题。

(3) 针对主要原因，采取解决措施　为什么要制定这个措施？达到什么样的目标？在何处执行？由谁负责？何时完成？如何执行等。制定对策的目的在于消除主要原因。采取措施应充分考虑是否可能产生其他问题，对预料有可能产生的其他问题，应同时制订消除措施，杜绝副作用的发生。

对制订的措施要检查其有利及不利的地方，尽可能取得所有参与改进的成员的一致同意。

解决问题的措施与以后的巩固措施可以有所不同，解决问题的措施可以是临时的、应急的。

(4) 执行：按措施计划的要求去做

① 执行：措施计划是经过充分调查研究后而制订的，原则上是切实可行的，所以主观上要努力做到严格按措施计划去执行。

② 控制：应采取必要的措施，控制措施计划的实施，如人力、物力、财力的保证以及各相关部门的协调。

③ 调整：当原定措施计划由于受到因素、条件的变化而无法执行时，必须及时对原定措施计划进行调整。调整措施包括工作内容、手段和方法的调整，确保计划目标的实现。

(5) 检查：把执行结果与要求达到的目标进行对比

① 检查阶段的内容是检查措施实施后的实际效果，因此，效果检查与现状调查最好用同一图表对比采取措施前后问题的改进情况；

② 用经济价值来计算效果，更能反映问题的实质；

③ 所有的相关效果都应当列出来，不论其大小；

④ 当效果并不如预料的那样令人满意时，或者达不到目标值时，应重新回到现状调查的步骤从头开始。

(6) 把成功的经验总结出来，制定相应的工作指引或标准　完成措施计划或对策的实施后，为了防止已解决的问题再发生，应采取巩固措施，具体要求如下：

① 对策表是按何人、何时、何地、做什么、为什么及如何做的模式设计的，如果措施

是成功的，就应将其纳入标准（可为技术标准或工作指引）。

② 新标准的制定应按组织的文件管理规定的要求实施，并要求相关部门及人员进行必要的培训。

③ 新标准的建立要由责任部门保证得到贯彻执行，要有必要的检查手段。

④ 任何问题都很难一次性得到完全解决，必然会存在遗留问题，为此，根据取得的效果评估还存在什么问题。

a. 计划还应当继续做什么，去解决什么问题；

b. 总结前面的工作，确认什么事情做得好，什么事情做得不好，对解决问题本身进行反思，有助于以后改进工作质量。

(7) 把没有解决或新出现的问题转入下一个 PDCA 循环中去解决

① PDCA 循环是连续的循环过程，每经过一个循环，质量水平就得到一步提高，若干循环的连续是一步一个台阶，不断提高就是持续不断改进，最终可达到高境界的质量水平。

② PDCA 循环各步骤之间一环套一环，具有很强的关联性和逻辑性。

③ PDCA 循环过程中要从周围众多的问题中选取最重要的问题去着手改进，针对影响问题的众多原因，要确认最重要的原因以解决问题，体现了抓住重点的思想。

④ PDCA 是大环套小环，小环保证大环的一种持续改进模式。

⑤ 电子产品的检验只是对产品质量特性状况的一种确认，并通过电子产品的检验来确认原材料、零部件以及产成品的质量水平，从而发现问题，触发 PDCA 管理流程，以最终提升产品的质量特性。

习　题

一、选择题

1. 品质管理中常用的统计手法，分别是：查检表、排列图、层别法、控制图，还有（　）。

A. 鱼骨图　　B. 直方图　　C. 散布图　　D. 矩阵图

2. 对品质问题，我们需要分析产生的原因，一般来说影响品质的因素可以概括为 4M1E，下列（　）不包括在内。

A. 人　　B. 机器　　C. 物料　　D. 时间

3. 调查表又称（　）。

A. 统计分析表　　B. 检查表　　C. 核对表　　D. 对策表

4. 以下（　）不正确。

A. 质量是制造出来的　　B. 质量是管理出来

C. 质量是设计出来　　D. 质量是检验出来的

5. 改善的出发点是（　）。

A. 问题　　B. 对策　　C. 思考　　D. 构想

6. 有 80%～90% 的质量不良问题是因为（　）不当所产生。

A. 量具　　B. 管理　　C. 设备　　D. 检验

7. 根据数据或不良原因、状况、位置或客户种类等依大小排序及累积值而画的图称为（　）。

A. 直方图　　B. 特性要因图　　C. 散布图　　D. 柏拉图

8. 统计分析过程中，其相对误差的定义是（　　）。

A. 测量值-真值　　B. 真值-测量值　　C. 绝对误差/真值　　D. 真值/绝对误差

9. 8D 改善报告中，最强调的重点是（　　）。

A. 原因的改善办法　B. 根本的发生原因　C. 问题的永久对策　D. 以上皆是

二、判断题

（　　）1. PDCA 管理循环中，P 是计划；D 是执行/实施；C 是检查；A 是处置。

（　　）2. 对产品不良的原因，一般可从 4M1E 来进行分析，即：人、机、料、法、环 5 个方面。

（　　）3. 对于不合格品应进行标识、记录、隔离、评价与处置。

（　　）4. SPC 是统计技术与工序控制相结合，称为统计过程控制，它不是重要的品质控制手段。

（　　）5. 控制图是为了寻找主要问题或影响品质的主要原因所使用的图。

（　　）6.“零缺陷”品质阶段的核心是第一次就把事情做对，它追求的标准为“零缺陷”，即没有不良品。

（　　）7. 5W2H，分别是 Why、What、Where、Who、When、How、How much。

（　　）8. GR&R 测试强调的是量具的重复性与再现性。

（　　）9. 质量改善应由高级管理者发起。

（　　）10. 有好的质量系统，一定会有高质量的产品。

三、综合分析题

1. 请设计示波器与信号发生器设备点检表，并说明需要点检项目及其原因。

2. 某电子产品送到客户处，发现在电信号输出功能上出现问题，请以 8D 报告格式撰写一份改善报告，说明为何在客户端会出现此重大不合格现象，并提出对公司内部进行立即性的改善对策。

附　录

附录A　行业标准代号及其主管部门

序号	标准类别	标准代号	批准发布部门	标准制定部门
1	林业	LY	国家林业局	国家林业局
2	纺织	FZ	国家发改委	中国纺织工业协会
3	医药	YY	国家食品药品监督管理局	国家食品药品监督管理局
4	烟草	YC	国家烟草专卖局	国家烟草专卖局
5	有色冶金	YS	国家发改委	中国有色金属工业协会
6	地质矿产	DZ	国土资源部	国土资源部
7	土地管理	TD	国土资源部	国土资源部
8	海洋	HY	国家海洋局	国家海洋局
9	档案	DA	国家档案局	国家档案局
10	商检	SN	国家质量监督检验检疫总局	国家认证认可监督管理委员会
11	国内贸易	SB	商务部	商务部
12	稀土	XB	国家发改委稀土办公室	国家发改委会稀土办公室
13	城镇建设	CJ	建设部	建设部
14	建筑工业	JG	建设部	建设部
15	卫生	WS	卫生部	卫生部
16	物资管理	WB	国家发改委	中国物流与采购联合会
17	公共安全	GA	公安部	公安部
18	包装	BB	国家发改委	中国包装工业总公司
19	旅游	LB	国家旅游局	国家旅游局
20	气象	QX	中国气象局	中国气象局
21	供销	GH	中华全国供销合作总社	中华全国供销合作总社
22	粮食	LS	国家粮食局	国家粮食局
23	体育	TY	国家体育总局	国家体育总局
24	农业	NY	农业部	农业部
25	水产	SC	农业部	农业部
26	水利	SL	水利部	水利部
27	黑色冶金	YB	国家发改委	中国钢铁工业协会
28	轻工	QB	国家发改委	中国轻工业联合会

续表

序号	标准类别	标准代号	批准发布部门	标准制定部门
29	民政	MZ	民政部	民政部
30	教育	JY	教育部	教育部
31	石油天然气	SY	国家发改委	中国石油和化学工业协会
32	海洋石油天然气	SY(10000 号以后)	国家发改委	中国海洋石油总公司
33	化工	HG	国家发改委	中国石油和化学工业协会
34	石油化工	SH	国家发改委	中国石油和化学工业协会
35	兵工民品	WJ	国防科学工业委员会	中国兵器工业总公司
36	建材	JC	国家发改委	中国建筑材料工业协会
37	测绘	CH	国家测绘局	国家测绘局
38	机械	JB	国家发改委	中国机械工业联合会
39	汽车	QC	国家发改委	中国机械工业联合会
40	民用航空	MH	中国民航管理总局	中国民航管理总局
41	船舶	CB	国防科学工业委员会	中国船舶工业总公司
42	航空	HB	国防科学工业委员会	中国航空工业总公司
43	航天	QJ	国防科学工业委员会	中国航天工业总公司
44	核工业	EJ	国防科学工业委员会	中国核工业总公司
45	铁道	TB	铁道部	铁道部
46	劳动和劳动安全	LD	劳动和社会保障部	劳动和社会保障部
47	交通	JT	交通部	交通部
48	电子	SJ	信息产业部	信息产业部
49	通信	YD	信息产业部	信息产业部
50	广播电影电视	GY	国家广播电影电视总局	国家广播电影电视总局
51	电力	DL	国家发改委	国家发改委
52	金融	JR	中国人民银行	中国人民银行
53	文化	WH	文化部	文化部
54	环境保护	HJ	国家环境保护总局	国家环境保护总局
55	新闻出版	CY	国家新闻出版总署	国家新闻出版总署
56	煤炭	MT	国家发改委	中国煤炭工业协会
57	地震	DB	中国地震局	中国地震局
58	海关	HS	海关总署	海关总署
59	邮政	YZ	国家邮政局	国家邮政局
60	中医药	ZY	国家中医药管理局	国家中医药管理局
61	安全生产	AQ	国家安全生产监督管理总局	国家安全生产监督管理总局
62	文物保护	WW	国家文物局	国家文物局

附录B GB 4064—83 电气设备安全设计导则

中华人民共和国国家标准

GB 4064—83 电气设备安全设计导则 UDC 621.3：621-7

General guide for designing of electrical equipment to satisfy safety requirements

1 适用范围

本标准适用于各类电气设备。

本标准不适用于不能独立使用的半成品。

本标准是各类电气设备安全标准的基础。其规定在有关各类标准中再具体化。电气设备的设计应符合本标准的有关规定，以保证安全。

2 名词术语

2.1 电气设备

包括发电、变电、输电、配电或用电的器件，例如电机、电器、变压器、测量仪表、保护装置、电气用具（以下简称设备）。

2.2 危险

对人的生命和健康可能造成的各种危害，包括由于触电、噪声、辐射、高频、过热，起火、弧光、污染和其他影响所造成的危害。

2.3 按规定使用

按照设备制造厂给出的条件使用。保持预定的运行和维护条件也属按规定使用。

2.4 安全技术措施

所有为了避免危险而采取的结构上和说明性的措施。可以分为直接的、间接的和提示性的安全技术措施。

2.5 特殊安全技术措施

只具有改进和保证安全使用设备的目的而不带其他功能的装置。

2.6 使用人员

2.6.1 专业人员

受过专业教育、具有专业知识和经验，能够识别出其所操作和使用的设备可能出现的危险的人员。

2.6.2 受过初级训练的人员

受过与其所承担的任务有关的专业技术和安全技术训练，对不按规程操作可能发生危险有足够了解的人员。

2.6.3 外行

非专业人员，又未受过初级训练的人员。

2.7 电气操作场所

主要用于电气设备运行，且只允许有关专业人员或受过初级训练的人员进入的房间或场所。如开关室、控制室、试验室、发电机房、隔离开的配电设备、隔离开的试验场等。

2.8 锁闭的电气操作场所

锁闭起来的用于电气设备运行的房间或场所（例如锁闭的开关和配电设备，变压器房和电梯驱动室等）。只有受权的有关专业人员和受过有关初级训练的人员可以开锁进入。

2.9 带电部分

处于正常使用电压的导体或导电部分。

2.10 导电部分

能导电，但并不一定承载工作电流的部分。

2.11 外露导电部分

易触及的导电部分和虽不是带电部分但在故障情况下可变为带电的部分。

2.12 直接接触防护

所有防止人接触电气设备带电部分而遭受危害的措施。

2.13 间接接触防护

所有防止人遭受电气设备外露导电部分上危险接触电压伤害的措施。

3 安全设计的基本要求

3.1 安全技术的目标

在按规定安装和使用设备时必须保证安全不得发生任何危险。所有电气设备、装置和部件，均应符合安全要求。如果在安全技术和经济利益之间发生矛盾时，应该优先考虑安全技术上的要求，并按下列等级顺序考虑。

3.1.1 直接安全技术措施

设备本身要设计得没有任何危险和隐患。

3.1.2 间接安全技术措施

如果不可能或不安全可能实现直接安全技术措施时，应采取特殊安全技术措施。

3.1.3 提示性安全技术措施

如果直接或间接安全技术措施都不能或不能完全达到目的，必须说明在什么条件下才能安全地使用设备。

3.1.3.1 如果需要采用某种运输、储存、安装、定位、接线或投入运行等方式才能预防某些危险的话，则要对此给以足够的说明。

3.1.3.2 如果为了预防发生危险，在设备使用和维修中必须注意某些规则时，则应提供通俗易懂的使用和操作说明书。

3.2 特殊条件下的安全

如果在按规定使用设备时，遇有特殊的环境或运行条件，则必须将设备设计得在所要求的特殊条件下也符合本标准。属于这些特殊条件的有：

a. 有爆炸危险或有易燃危险；

b. 异常高或异常低的温度；

c. 异常的潮湿；

d. 特殊的化学、物理或生物作用。

3.3 制造过程中的安全

在设计设备时，必须考虑在设备制造过程中的安全性。

4 一般规则

4.1 要求

设备的设计必须保证设备在按规定使用时，不会发生任何危险。设备必须能够承受在正常使用中可能出现的物理和化学作用的影响。

如果考虑到由于预计的负载与实际的负载不一致，或者由于不能及早发现的材料缺陷，而可能出现有害影响，则要采用适当的安全技术措施，例如采用熔断器和防护罩等，以防止由于过负载、材料缺陷或磨损而引起的危险。

4.2　材料

4.2.1　一般要求

只允许选用能够承受在按规定使用时可能出现的物理和化学作用的材料。

4.2.2　有害材料

所使用的材料不能对人体生理上产生任何有害影响。如达不到这一要求，就必须按 3.1 中的顺序采取安全技术措施。

4.2.3　耐老化材料

凡是由于材料老化可能使设备性能降低而影响安全的部位，必须选用有足够耐老化能力的材料。

4.2.4　抗腐蚀材料

凡是由于腐蚀可能影响设备安全的部位，必须选用有足够抗腐蚀能力的材料，或以其他方式采取足够的抗腐蚀措施。

4.2.5　电气绝缘

4.2.5.1　设备必须有良好的电气绝缘，以保证设备安全可靠并防止由于电流直接使用所造成的危险。为此目的必须：

a. 根据应用范围的不同，把泄漏电流限制在不影响安全的极限值之内；

b. 绝缘材料要具有足够的绝缘性能；

c. 绝缘要有一定的安全系数，以承受各种原因所造成的过电压。

4.2.5.2　对于在基本绝缘损坏情况下出现的危险接触电压进行防护的绝缘，要单独给以鉴定。

4.2.5.3　各类绝缘件必须有足够的耐热性。支承、覆盖或包裹带电部分或导电部分(特别是在运行时能出现电弧和按规定使用时出现特殊高温的受热件）的绝缘件，不得由于受热而危及其安全性。

4.2.5.4　支承带电部分的绝缘件，要有足够的耐受潮湿、污秽或类似影响而不致使其安全性降低的能力。

4.3　运动部件

设备的旋转、摆动和传动部件，应设计得使人不能接近或触及，以防发生危险。如果不能避免，则必须采取安全技术措施。

4.4　表面、角和棱

要避免设备上有可能造成伤害的外露尖角、棱以及粗糙的表面。如果有，则应加以遮盖。

4.5　脚踏和站立的安全性

为保证操作人员和维修人员有足够安全的脚踏和站立的位置，必要时要采取诸如工作平台和维修平台这样的特殊安全技术手段，而且要有防滑结构和栏杆等。

4.6　设备的稳定性

立式设备必须有可靠的稳定性，不允许由于振动、大风或其他外界作用力而翻倒。

如果通过造型或本身的重量分布不能满足或不能完全满足这一要求时，则必须采用特殊安全技术措施，以使其有较合理的重心位置。对于有驾驶位置的可行驶的设备，要考虑防倾覆装置。如果所要求的设备的稳定性只有通过在安装和使用现场的特殊措施或通过一定的使用方式才能实现的话，则必须在设备本身或使用说明中给以指出。

4.7 符合运输要求的结构

凡是人力不能移动或搬运的设备，必须装设或能够装设适当的装卸装置。设备的可拆卸部件，如工具和夹具，由于重量的原因不能用手搬动时，要注明重量。所注的数据要清晰可见，而且要使人能识别出所注数据是指可拆卸部件还是整个设备的重量。

4.8 运行时出现的危险

4.8.1 能飞甩出去的物件

电气设备在运行时，如果工件、工具、部件和所产生的金属屑有可能飞甩出去，则应该使用诸如防护罩等特殊安全技术措施。一般不得使用提示性安全技术措施。

4.8.2 噪声和振动

设备的设计必须使其所发出的噪声和振动保持在尽可能低的水平上。例如选取较合适的转速、应用低噪声的驱动机构和减振构件等。如果采用这些措施有困难或者这些措施还不能保证安全，则必须在使用说明书中指出应采取的其他措施。

4.8.3 过热和过冷

如果设备的灼热或过冷部分能造成危险，则必须采取防接触屏蔽。

4.8.4 液体

带有液体的设备，在正常使用中，当液体逸出时，不得损害电气绝缘。在发生故障和事故时，不致使液体流到工作间或喷溅到工作人员身上。如果采取措施有困难或者采取了措施还不能保证安全，则必须在使用说明书中指出应采取的其他措施。如果在运行中出现有害的液体，则必须将其密闭起来，或者使其变为无害而后排出。

4.8.5 粉尘、蒸汽和气体

如果在工作过程中产生有害的粉尘、蒸汽和气体，必须将其密闭起来或者使其变为无害而后排出。如果采用这些措施有困难或者这些措施还不能保证安全，则必须在使用说明书中指出应采取的其他措施。

4.9 电能

4.9.1 电能直接作用的危险

4.9.1.1 总要求

设备的设计，必须使其在按规定使用时，对由于电能直接作用所造成的危险有足够的防护。

4.9.1.2 直接接触防护

4.9.1.2.1 设备的设计，必须使其使用人员不通过辅助手段或工具就不能触及带电部分，或者不能接近到使他们遭受危险的程度。

4.9.1.2.2 如果无法使带电部分断电而同时又允许拆卸或打开设备的起直接接触防护的部件时，则只能允许使用适当绝缘的工具拆卸或打开。

4.9.1.2.3 如果满足下列条件之一时，即可不采用4.9.1.2.1和4.9.1.2.2中的防护：

a. 无论在正常情况或故障情况下，带电部分的电压不超过所规定的安全电压值；

b. 在直接接触时，只能有不超过安全值的电流流过；

c. 对于不独立使用的设备，可通过将其装设在一台较大的、有足够直接接触防护的电气设备中，以达到必要的保护目的；

d. 将电气设备装设在锁闭的电气操作场所中来实现必要的保护。

4.9.1.3 间接接触防护

设备的设计，必须达到当基本绝缘发生故障或出现电弧时，使用人员不致受到危险的接触电压的伤害。因此，设备必须有下列之一的防护措施：

a. 导电部分必须有与接地线连接的装置，并要保证接线处在电气上和机械上有非常可靠的连接；

b. 采用双重绝缘结构，不允许接地；

c. 导电部分的接触电压不超过所规定的安全电压值。

4.9.2 有意识地把电能施加到人体上可能造成的危险

有意识地将电能以导电、照射、电场和类似的形式施加到人体上，只允许使用专用的、为防止危险经过特殊考虑的设备。例如医疗电气设备和利用有限的、无危险的电流流经人体的器件，如单相验电笔、电子开关等。

4.9.3 电能间接作用的危险

4.9.3.1 除了由于电能直接作用所造成的危险之外，还必须避免由于电能间接作用所造成的危险。为此要把各种射线、高频、有损于健康的气体、蒸汽、噪声、振动以及类似的机械作用和热作用限制在无害的范围内。

4.9.3.2 设备内部或周围所出现的温度（包括由于过负载和短路所造成的高温），不得对设备的性能及其周围环境产生有损于安全的影响。

4.9.4 外界影响所造成的危险

4.9.4.1 环境的影响

设备必须具有足够的防止由于环境影响（例如：冲击、压力、潮湿、异物侵入等）而危及安全的保护。

4.9.4.2 过负载

设备必须有能承受一定的过负载而又不危及安全的能力。必要时要装设自动切断电流或限制电流增长的装置。

4.9.5 标志和标牌

4.9.5.1 设备上必须有能保持长久、容易辨认而且清晰的标志或标牌。这些标志或标牌给出了安全使用设备所必需的主要特征，例如额定参数，接线方式、接地标记、危险标记、可能有的特殊操作类型和运行条件的说明等。

4.9.5.2 对于能根据使用人员的选择置于不同运行或功能（例如当有几个额定电压可供选择时）状态的设备，必须具有能够清楚表明所选择状态的装置或标记。为此目的设置的装置（例如测量仪器、功能选择开关）其定量或定性的指示值要有足够的精度。

4.9.5.3 由于设备本身的条件所限，不能在其上注出时，则必须以其他方式清楚、可靠和有效地将应注意的事项告诉使用人员。例如用操作说明书或安装说明书的形式。在此情况下，这种文件应被视为设备的组成部分。

4.9.6 额定运行状态

设备在额定参数下按规定使用时，不得对人造成危害。只要安全上有要求，设计额定参数应有适当容差。

4.9.7 电气接线和电气连接

4.9.7.1 设备必须装设有能与电源可靠连接的装置。

4.9.7.2 所需要的连接手段，如接插件、连接线、接线端子等，必须能承受所规定的电（电压、电流和功率）、热（内部或外部受热）和机械（拉、压、弯、扭等）负载。特别容易造成危害的部位必须通过位置排列、结构设计或附加装置来保护。

4.9.7.3 母线和导电或带电的连接件，按规定使用时，不应发生过热、松动或造成其他危险的变动。

4.9.8 电气间隙和爬电距离

4.9.8.1 在所有可能由于电压、故障电流、泄漏电流或类似作用而发生危险的地方，必须留有足够的电气间隙和爬电距离。

4.9.8.2 在特殊情况下，如由于使用化学腐蚀液体或在按规定使用时出现粉尘，使电气间隙和爬电距离可能受到损害时，则应通过设计结构、选材和适当的防污、防潮或防其他有害作用的措施，对其加以保护。

4.10 开关、控制和调节装置

4.10.1 控制和调节装置电能的接通、分断和控制，必须保证有最大限度的安全性。调节部分的设计，必须防止造成误接通、误分断。对于手动控制，要保证操作件运动的作用清楚明了，必要时必须辅以容易理解的图形符号和文字说明。对于自动或部分自动的开关和控制过程，必须保证排除由于过程重叠或交叉可能造成的危险，为此要有相应的联锁或限位装置。控制系统的设计，要保证即使在导线损坏的情况下也不致造成危害。复杂的安全技术系统要装设自动监控装置。如果在设备上装有控制装置和作为特殊安全技术措施的离合器或联锁机构，这些机构必须具有强制性作用。在下列情况之一时，此要求就能够得到满足：

a. 特殊安全技术措施要与工作过程和运行过程的开始同时起作用；

b. 特殊安全技术措施起作用之后，工作过程和运行过程才有可能开始；

c. 在工作人员接近出现危险的区域时，先强制性地停止工作过程和运行过程。

4.10.2 紧急开关

如遇下列情况时，设备必须装设紧急开关：

a. 在可能发生危险的区域内，工作人员不能快速地操纵操作开关，以防止可能造成的危险；

b. 有几个可能造成危险的部分存在，工作人员不能快速地操纵一个共用的操作开关来终止可能造成的危险；

c. 由于切断某个部分，可能引起危险；

d. 在控制台处不能看到所控制的全套设备。

必须把足够数量的紧急开关装设在从各个控制位置人手都能迅速地摸得着的地方，并用醒目的红色标记。无论是被接通还是被分断电源的设备，都不允许由于启动紧急开关而造成危险。有时还需要刹住缓慢停下来的危险运动。紧急开关应该用手动复位。

4.10.3 防止误启动措施

对于在安装、维护、检验时，需要察看危险区域或人体部分（例如手或臂）需要伸进危险区域的设备，必须防止误启动。可通过下列措施来满足此项要求：

a. 先强制分断设备的电能输入；

b. 在“断开”位置用多重闭锁的总开关；

c. 控制或联锁元件位于危险区域，并只能在此处闭锁或启动；

d. 具有可拔出的开关钥匙。

4.11 静电集聚

必须防止危险的静电集聚。如不可能，则应采取特殊安全技术措施使其变为无害。

4.12 工作介质

设备运行所需要的工作介质不得对人和周围环境产生的有害的影响。如果不能避免危险的工作介质（例如淬火设备、喷漆设备、电镀设备等的工作介质），则必须采取特殊安全技术措施，或者在操作说明书中指明在什么条件下才能无危险地使用。

4.13 符合人类工效学的结构

为了减轻劳动强度和疲劳，为了便于使用，设备的设计要和人体尺寸、体力和生理特点相适应。

附录C RoHS六大类有害物质含量标准表

物质名称	用途与适用条件	零件允许值	零件禁止含有期限	试用法规	测试方法
Pb 铅	包装材料（纸箱，缓冲材，PE袋，胶带）使用涂料，墨水	$<100\times10^{-6}$	2005/4/1	94/62/EEC，美国包装材料重金属限制	US EPA 3050B
	PVC电线，接头 标示用涂料，墨水，树脂，橡胶稳定剂	$<1000\times10^{-6}$	2005/4/1	2002/95/EC（RoHS指令）	
	焊接的铅，基板和电子零件的铅锡焊接	$<1000\times10^{-6}$	2005/4/1	2002/95/EC（RoHS指令）	
	钢材中含有的铅	$<3500\times10^{-6}$		2002/525/EC（ELV指令）	
	铝材中含有的铅	$<4000\times10^{-6}$		2002/525/EC（ELV指令）	
	铜材中含有的铅	<4%		2002/525/EC（ELV指令）	
	陶瓷基材中含有铅的电子零件（电阻，压电器件）			2002/525/EC（ELV指令）	
Cd 镉	包装材料（纸箱，缓冲材，PE袋，胶带）使用涂料，墨水	$<100\times10^{-6}$	2005/4/1	94/62/EEC，美国包装材料重金属限制	EN1122 Method B
	表面处理（电镀，铬酸盐处理）涂料	禁止特意添加	完全禁止	76/769/EEC	
	电气触点，保险丝，电阻，焊锡	禁止特意增加或$<75\times10^{-6}$	2005/4/1	2002/95/EC（RoHS指令）	
	使用在高可靠性电气接点表面处理中没有代替材料产品			2002/95/EC（RoHS指令）	
Hg 汞	包装材料（纸箱，缓冲材，PE袋，胶带）使用涂料，墨水	$<100\times10^{-6}$	2005/4/1	94/62/EEC，美国包装材料重金属限制	US EPA 3052
	塑料，PVC电线，接头 标示用涂料，墨水，树脂，橡胶稳定剂	$<100\times10^{-6}$	2005/4/1	2002/95/EC（RoHS指令）	
Cr^{6+} 六价铬	包装材料（纸箱，缓冲材，PE袋，胶带）使用涂料，墨水	$<100\times10^{-6}$	2005/4/1	94/62/EEC，美国包装材料重金属限制	US EPA 3060A 7196A
	防锈处理（螺丝，钢板），涂料，墨水的颜料	$<1000\times10^{-6}$	2005/4/1	2002/95/EC（RoHS指令）	

附录D 电工电子产品环境试验国家相关标准

一、GB2421—2008 电工电子产品基本环境试验规程 总则

二、GB/T2422—2012 电工电子产品环境试验 术语

三、GB2423 电工电子基本环境试验规程 方法

1. GB2423.1 低温试验方法
2. GB2423.2 高温试验方法
3. GB2423.3 恒定湿热试验方法
4. GB2423.4 交变湿热试验方法
5. GB2423.5 试验 Ea 和导则冲击
6. GB2423.6 试验 Eb 和导则碰撞
7. GB2423.7 试验 Ec 和导则倾跌与翻倒
8. GB2423.8 试验 Ed：自由跌落
9. GB2423.9 试验 Cb：设备用恒定温热试验方法
10. GB2423.10 试验 Fc 和导则：振动（正弦）
11. GB2423.11 试验：宽频带随机振动——一般要求
12. GB2423.12 试验 Fda：宽频带随机振动——高再现性
13. GB2423.13 试验 Fdb：宽频带随机振动——中再现性
14. GB2423.14 试验 Fdc：宽频带随机振动——低再现性
15. GB2423.15 试验 Ga 和导则：稳态加速度
16. GB2423.16 试验 J：长霉试验方法
17. GB2423.17 试验 Ka：盐雾试验方法
18. GB2423.18 试验 Kb：交变盐雾试验方法
19. GB2423.19 试验 Kc：接触点和连接件的二氧化硫
20. GB2423.20 试验 Kd：接触点和连接件的硫化氢
21. GB2423.21 试验 M：低气压试验方法
22. GB2423.22 试验 N：温度变化试验方法
23. GB2423.23 试验 Q：密封
24. GB2423.24 试验 Sa：模拟地面上的太阳辐射
25. GB2423.25 试验 Z/AM：低温/低气压综合试验
26. GB2423.26 试验 Z/BM：高温/低气压综合试验
27. GB2423.27 试验 Z/AMD：低温/低气压/湿热连续综合
28. GB2423.28 试验 T：锡焊试验方法
29. GB2423.29 试验 U：引出端及整体安装件强度
30. GB2423.30 试验 XA：在清洗剂中浸渍
31. GB2423.31 倾斜和摇摆试验方法
32. GB2423.32 润湿称量法可焊性试验方法
33. GB2423.33 试验 Kca：高浓度二氧化硫试验方法
34. GB2423.34 试验 Z/AD：温度/湿度组合试验方法
35. GB2423.35 试验样品的低温/振动（正弦）综合试验方法

36. GB2423.36　高温/振动（正弦）综合试验方法

37. GB2423.37　试验 L：砂尘试验方法

38. GB2423.38　试验 R：水试验方法

39. GB2423.39　试验 Ee：弹跳试验方法

40. GB2423.40　试验 Cx：未饱和高压蒸汽恒定湿热

41. GB2423.41　风压试验方法

42. GB2423.42　低温/低气压/振动（正弦）综合试验方法

43. GB2423.43　元件、设备和其他产品在冲击（Ea）、碰撞（Eb）、振动（Fc 和 Fd）和稳态加速度（Ga）等动力学试验中的安装要求和导则

44. GB2423.44　试验 Eg：撞击　弹簧锤

45. GB2423.45　试验 Z/ABDM：气候顺序

46. GB2423.46　试验 Ef：撞击　摆锤

47. GB2423.47　试验 Fg：声振

48. GB2423.48　试验 Ff：振动-时间历程法

四、GB2424 电工电子产品基本环境试验规程　导则

1. GB2424.1—2015 电工电子产品基本环境试验规程　高温低温试验导则

2. GB/T2424.2—2005 电工电子产品基本环境试验规程　湿热试验导则

3. GB/T2424.9—2005 电工电子产品基本环境试验规程　长霉试验导则

4. GB/T2424.10—2005 电工电子产品基本环境试验规程　大气腐蚀加速试验的通用导则

5. GB/T2424.11—2013 电工电子产品基本环境试验规程　接触点和链接件的二氧化硫试验导则

6. GB/T2424.12—2014 电工电子产品基本环境试验规程　接触点和连接件的硫化氢试验导则

7. GB/T2424.13—2002 电工电子产品基本环境试验规程　温度变化试验导则

8. GB/T2424.14—1995 电工电子产品基本环境试验规程　第 2 部分：试验方法 太阳辐射试验导则

9. GB/T2424.15—2008 电工电子产品基本环境试验规程　温度/低气压综合试验导则

10. GB/T2424.17—2008 电工电子产品基本环境试验规程　锡焊试验导则

11. GB/T2424.18—1982 电工电子产品基本环境试验规程　在清洗剂中浸渍试验导则

12. GB/T2424.19—2005 电工电子产品基本环境试验规程　模拟储存影响的环境试验导则

13. GB/T2424.20—1985 电工电子产品基本环境试验规程　倾斜和摇摆试验导则

14. GB/T2424.21—1985 电工电子产品基本环境试验规程　润湿称量法可焊性试验导则

15. GB/T2424.22—1986 电工电子产品基本环境试验规程　温度（低温、高温）和振动（正弦）综合试验导则

16. GB/T2424.23—1990 电工电子产品基本环境试验规程　水试验导则

17. GB/T2424.24—1995 电工电子产品基本环境试验规程　温度（低温、高温）/低气压/振动（正弦）综合试验导则

五、其他

1. GB10586—2006 湿热试验箱技术条件

2. GB10587—2006 盐雾试验箱技术条件

3. GB10588—2006 长霉试验箱技术条件

4. GB10589—1989 低温试验箱技术条件

5. GB10590—2006 低温/低气压试验箱技术条件

6. GB10591—1989 高温/低气压试验箱技术条件

7. GB10592—2008 高、低温试验箱技术条件

8. GB11158—2008 高温试验箱技术条件

9. GB11159—2010 低气压试验箱技术条件

10. GB/T5170.1—2008 电工电子产品环境试验设备基本参数检定方法　总则

11. GB/T5170.2—2008 电工电子产品环境试验设备基本参数检定方法　温度试验设备

12. GB/T5170.5—2008 电工电子产品环境试验设备基本参数检定方法　湿热试验设备

13. GB/T5170.8—2008 电工电子产品环境试验设备基本参数检定方法　盐雾试验设备

14. GB/T5170.9—2008 电工电子产品环境试验设备基本参数检定方法　太阳辐射试验设备

15. GB/T5170.10—2008 电工电子产品环境试验设备基本参数检定方法　高低温低气压试验设备

16. GB/T5170.11—2008 电工电子产品环境试验设备基本参数检定方法　腐蚀气体试验设备

17. GB5170.13—2005 电工电子产品环境试验设备基本参数检定方法　振动（正弦）试验用机械振动台

18. GB5170.14—2009 电工电子产品环境试验设备基本参数检定方法　振动（正弦）试验用电动振动台

19. GB5170.15—2005 电工电子产品环境试验设备基本参数检定方法　振动（正弦）试验用液压振动台

20. GB5170.16—2005 电工电子产品环境试验设备基本参数检定方法　恒加速度试验用离心式试验机

21. GB5170.17—2005 电工电子产品环境试验设备基本参数检定方法　低温/低气压/湿热综合顺序试验设备

22. GB5170.18—2005 电工电子产品环境试验设备基本参数检定方法　温度/湿度组合循环试验设备

23. GB5170.19—2005 电工电子产品环境试验设备基本参数检定方法　温度/振动（正弦）综合试验设备

24. GB5170.20—2005 电工电子产品环境试验设备基本参数检定方法　水试验设备

25. GB2421—1989 电工电子产品基本环境试验规程　总则

26. GB/T2422—2012 电工电子产品环境试验　术语

27. GB2423.1—2008 电工电子产品基本环境试验规程　试验 A：低温试验方法

28. GB2423.2—2008 电工电子产品基本环境试验规程　试验 B：高温试验方法

29. GB/T2423.3—2006 电工电子产品基本环境试验规程　试验 Ca：恒定湿热试验方法

30. GB/T2423.4—2008 电工电子产品基本环境试验规程　试验 Db：交变湿热试验方法

31. GB/T2423.5—2008 电工电子产品环境试验　第 2 部分：试验方法　试验 Ea 和导则：冲击

32. GB/T2423.6—1995 电工电子产品环境试验　第 3 部分：试验方法　试验 Eb 和导则：碰撞

33. GB/T2423.7—1995 电工电子产品环境试验　第 4 部分：试验方法　试验 Ec 和导则：倾跌与翻倒（主要用于设备样品）

34. GB/T2423.8—1995 电工电子产品环境试验　第 5 部分：试验方法　试验 Ed：自由跌落

35. GB2423.9—2001 电工电子产品环境试验规程　试验 Cb：设备用恒定湿热试验方法

36. GB/T2423.10—2008 电工电子产品环境试验　第 2 部分：试验方法　试验 Fc 和导则：振动（正弦）

37. GB/T2423.11—1997 电工电子产品环境试验　第 2 部分：试验方法　试验 Fd：宽频带随机振动——一般要求

38. GB/T2423.12—1997 电工电子产品环境试验　第 2 部分：试验方法　试验 Fda：宽频带随机振动—高再现性

39. GB/T2423.13—1997 电工电子产品环境试验　第 2 部分：试验方法　试验 Fdb：宽频带随机振动—中再现性

40. GB/T2423.14—1997 电工电子产品环境试验　第 2 部分：试验方法　试验 Fdc：宽频带随机振动—低再现性

41. GB/T2423.15—2008 电工电子产品环境试验　第 2 部分：试验方法　试验 Ga 和导则：稳态加速度

42. GB/T2423.16—2008 电工电子产品环境试验　第 2 部分：试验方法　试验 J 和导则：长霉

43. GB/T2423.17—2008 电工电子产品基本环境试验规程　试验 Ka：盐雾试验方法

44. GB2423.18—2012 电工电子产品基本环境试验规程　试验 Kb：交变盐雾试验方法（氯化钠溶液）

45. GB2423.19—2013 电工电子产品基本环境试验规程　试验 Kc：接触点和连接件的二氧化硫试验方法

46. GB2423.20—2014 电工电子产品基本环境试验规程　试验 Kd：接触点和连接件的硫化氢试验方法

47. GB2423.21—2008 电工电子产品基本环境试验规程　试验 M：低气压试验方法

48. GB2423.22—2012 电工电子产品基本环境试验规程　试验 N：温度变化试验方法

49. GB/T2423.23—2013 电工电子产品环境试验　试验 Q：密封

50. GB/T2423.24—2013 电工电子产品环境试验　第 2 部分：试验方法　试验 Sa：模拟地面上的太阳辐射

51. GB/T2423.25—2008 电工电子产品基本环境试验规程　试验 Z/AM：低温/低气压综合试验

52. GB/T2423.26—2008 电工电子产品基本环境试验规程　试验 Z/BM：高温/低气压

综合试验

53. GB2423.27—2005 电工电子产品基本环境试验规程 试验 Z/AMD：低温/低气压/湿热连续综合试验方法

54. GB2423.28—2005 电工电子产品基本环境试验规程 试验 T：锡焊试验方法

55. GB2423.29—1999 电工电子产品环境试验 第 2 部分：试验方法 试验 U：引出端及整体安装件强度

56. GB2423.30—2013 电工电子产品环境试验 第 3 部分：试验方法 试验 XA 和导则：在清洗剂中浸渍

57. GB2423.31—1985 电工电子产品基本环境试验规程 倾斜和摇摆试验方法

58. GB2423.32—2008 电工电子产品基本环境试验规程 润湿称量法可焊性试验方法

59. GB2423.33—2005 电工电子产品基本环境试验规程 试验 Kca：高浓度二氧化硫试验方法

60. GB2423.34—2012 电工电子产品基本环境试验规程 试验 Z/AD：温度/湿度组合循环试验方法

61. GB2423.35—1986 电工电子产品基本环境试验规程 试验 Z/AFc：散热和非散热试验样品的低温/振动（正弦）综合试验方法

62. GB2423.36—2005 电工电子产品基本环境试验规程 试验 Z/BFc：散热和非散热样品的高温/振动（正弦） 综合试验方法

63. GB2423.37—2006 电工电子产品基本环境试验规程 试验 L：砂尘试验方法

64. GB2423.38—2008 电工电子产品基本环境试验规程 试验 R：水试验方法

65. GB2423.39—2008 电工电子产品基本环境试验规程 试验 Ee：弹跳试验方法

66. GB/T2423.40—2013 电工电子产品环境试验 第 2 部分：试验方法 试验 Cx：：未饱和高压蒸汽恒定湿热

67. GB/T2423.41—2013 电工电子产品基本环境试验规程 风压试验方法

68. GB/T2423.42—1995 电工电子产品环境试验 低温/低气压/振动（正弦）综合试验方法

69. GB/T2423.43—2008 电工电子产品环境试验 第 2 部分：试验方法 元件、设备和其他产品在冲击（Ea）、碰撞（Eb）、振动（Ec 和 Fd）和稳态加速度（Ga）等动力学试验中的安装要求和导则

70. GB/T2423.44—1995 电工电子产品环境试验 第 2 部分：试验方法 试验 Eg：撞击弹簧锤

71. GB/T2423.45—2012 电工电子产品环境试验 第 2 部分：试验方法 试验 Z/ABDM：气候顺序

72. GB/T2423.46—1997 电工电子产品环境试验 第 2 部分：试验方法 试验 Ef：撞击摆锤

73. GB/T2423.47—1997 电工电子产品环境试验 第 2 部分：试验方法 试验 Fg：声振

74. GB/T2423.48—2008 电工电子产品环境试验 第 2 部分：试验方法 试验 Ff：振动—时间历程法

75. GB/T2423.49—1997 电工电子产品环境试验 第 2 部分：试验方法 试验 Fe：振动—正弦拍频法

76. GB2424.1—2005 电工电子产品基本环境试验规程　高温低温试验导则

77. GB/T2424.2—2005 电工电子产品基本环境试验规程　湿热试验导则

78. GB2424.9—1990 电工电子产品基本环境试验规程　长霉试验导则

79. GB/T2424.10—2012 电工电子产品基本环境试验规程　大气腐蚀加速试验的通用导则

80. GB2424.11—2013 电工电子产品基本环境试验规程　接触点和连接件的二氧化硫试验导则

81. GB2424.12—2014 电工电子产品基本环境试验规程　接触点和连接件的硫化氢试验导则

82. GB2424.13—2002 电工电子产品基本环境试验规程　温度变化试验导则

83. GB/T2424.14—1995 电工电子产品环境试验　第 2 部分：试验方法　太阳辐射试验导则

84. GB/T2424.15—2008 电工电子产品基本环境试验规程　温度/低气压综合试验导则

85. GB/T2424.17—2008 电工电子产品环境试验　锡焊试验导则

86. GB2424.18—1982 电工电子产品基本环境试验规程　在清洗剂中浸渍试验导则

87. GB2424.19—2005 电工电子产品基本环境试验规程　模拟贮存影响的环境试验导则

88. GB2424.20—1985 电工电子产品基本环境试验规程　倾斜和摇摆试验导则

89. GB2424.21—1985 电工电子产品基本环境试验规程　润湿称量法可焊性试验导则

90. GB2424.22—1986 电工电子产品基本环境试验规程　温度（低温、高温）和振动（正弦）综合试验导则

91. GB2424.23—1990 电工电子产品基本环境试验规程　水试验导则

92. GB/T2424.24—1995 电工电子产品环境试验　温度（低温、高温）/低气压/振动（正弦）综合试验导则

93. GB10593.1—1989 电工电子产品环境参数测量方法　振动

94. GB10593.2—2012 电工电子产品环境参数测量方法　盐雾

95. GB10593.3—1990 电工电子产品环境参数测量方法　振动数据处理和归纳

96. GB11804—2005 电工电子产品环境条件术语

97. GB4796—2008 电工电子产品环境参数分类及其严酷程度分级

98. GB4797.1—2005 电工电子产品自然环境条件　温度和湿度

99. GB4797.2—2005 电工电子产品自然环境条件　海拔与气压、水深与水压

100. GB4797.3—2014 电工电子产品自然环境条件　生物

101. GB4797.4—2006 电工电子产品自然环境条件　太阳辐射与温度

102. GB/T4797.5—2008 电工电子产品自然环境条件　降水和风

103. GB/T4797.6—2013 电工电子产品自然环境条件　尘、沙、盐雾

104. GB4798.1—2005 电工电子产品应用环境条件　储存

105. GB/T4798.2—2008 电工电子产品应用环境条件　运输

106. GB4798.3—2007 电工电子产品应用环境条件　有气候防护场所固定使用

107. GB4798.4—2007 电工电子产品应用环境条件　无气候防护场所固定使用

108. GB4798.5—2007 电工电子产品应用环境条件　地面车辆使用

109. GB/T4798.6—2012 电工电子产品应用环境条件　船用

110. GB4798.7—2007 电工电子产品应用环境条件　携带和非固定使用
111. GB/T4798.9—2012 电工电子产品应用环境条件　产品内部的微气候
112. GB/T4798.10—2006 电工电子产品应用环境条件　导言
113. GB/T13952—1992 移动式平台及海上设施用电工电子产品环境条件参数分级
114. GB/T16422.1—2006 塑料实验室光源曝露试验方法　第一部分　通则
115. GB/T2951.1～2951.10—2008 电缆绝缘和护套料通用试验方法
116. GB/T14597—2010 电工产品不同海拔的气候环境条件
117. GB11606.1～11606.17—2007 分析仪器环境试验方法
118. GB12085.1～12085.14—2010 光学和光学仪器　环境试验方法
119. GB6999—2010 环境试验用相对湿度查算表
120. GB/T6031—1998 硫化橡胶或热塑性橡胶硬度的测定
121. GB/T17782—1999 硫化橡胶压力空气热老化试验方法
122. GB9868—1988 橡胶获得高于或低于常温试验温度通则
123. GB/T12831—1991 硫化橡胶人工气候（氙灯）老化试验方法
124. GB/T12584—2008 橡胶或塑料涂覆织物低温冲击试验
125. GB/T14710—2009 医用电气设备环境要求及试验方法
126. GB14048.3—2012 低压开关设备和控制设备低压开关　隔离器　隔离开关及熔断器组合器
127. GB8747—2010 气象用玻璃液体温度表
128. GB/T7020—1986 中空玻璃测试方法
129. GB3100～3102—1993 量和单位
130. GB3836.1—2010 爆炸性气体环境用电设备　第 1 部分：通用要求
131. GB3836.2—2010 爆炸性气体环境用电设备　第 2 部分：隔爆型“d”
132. GB11605—2005 湿度测量方法
133. GB/T4857.7—2005 包装、运输包装件　正弦频振动试验方法
134. GB/T4857.9—2008 包装、运输包装件喷淋试验方法
135. GB/T4857.3—2008 包装运输包装件静载荷堆码试验方法
136. GB/T5398—1999 大型运输包装件试验方法
137. GB/T4857.5～4857.6—1992 包装、运输包装件跌落试验方法　滚动试验方法
138. GB/T4857.2—2005 包装、运输包装件温湿度调节处理
139. GB/T19000.2—2008 质量管理和保证标准　第 2 部分：GB/T　19001，19002，19003
140. GB/T19004.2—2000 质量管理和质量体系表　第 2 部分：服务指南
141. GB/T19003—1994 质量体系：最终检验和试验的质量保证模式
142. GB/T19004.3—2011 第三部分：流程性材料指南
143. GB/T19004.4—1994 质量管理和质量体系要素　第四部分：质量改进指南
144. GB/T15497—2003 企业标准体系　技术标准体系的构成和要求
145. GB/T15498—2003 企业标准体系　管理标准工作标准体系的构成和要求
146. GB/T1.1—2009 标准化工作导则　第 1 部分：标准的结构和编写规则
147. GB/T13017—2008 企业标准表编制指南
148. GB/T13264—2008 不合格品率的小批计数抽样检查程序及抽样表

附录 E 常用电子元器件的 QA 规范

<table>
<tr><td colspan="2" rowspan="2">××××××××××××××××</td><td colspan="2">文件编号:××××××××××</td></tr>
<tr><td colspan="2">编制:×××</td></tr>
<tr><td colspan="2" rowspan="2">QA 规范　　来料检验</td><td>版本号:A</td><td>页 码:1</td></tr>
<tr><td colspan="2">本页修改序号:00</td></tr>
<tr><td colspan="4">1. 目的
对本公司的进货原材料按规定进行检验和试验,确保产品的最终质量。
2. 范围
适用于本公司对原材料的入库检验。
3. 职责
检验员按检验手册对原材料进行检验与判定,并对检验结果的正确性负责。
4. 检验
4.1　检验方式:抽样检验。
4.2　抽样方案:元器件类:按照 GB 2828.1—2003,正常检查,一次抽样方案,一般检查水平Ⅱ进行。
非元器件类:按照 GB 2828.1—2003,正常检查,一次抽样方案,特殊检查水平Ⅲ进行。
盘带包装物料按每盘取 3 只进行测试。
替代法检验的物料其替代数量依据本公司产品用量的 2～3 倍进行替代测试。
4.3　合格质量水平:A 类不合格 AQL=0.4;B 类不合格 AQL=1.5。替代法测试的物料必须全部满足指标要求。
4.4　定义:
A 类不合格:指对本公司产品性能、安全、利益有严重影响不合格项目。
B 类不合格:指对本公司产品性能影响轻微可限度接受的不合格项目。
5. 检验仪器、仪表、量具的要求。
所有的检验仪器、仪表、量具必须在校正计量期内。
6. 检验结果记录在“IQC 来料检验报告”中。</td></tr>
</table>

×××××××××××××××××××	文件编号:×××××××××
	编制:×××
QA 规范　　来料检验	版本号:A　　页码:2
	本页修改序号:00

目　　录

<table>
<tr><td colspan="3">××××××××××××</td><td colspan="3">文件编号:×××××××××
编制:×××</td></tr>
<tr><td colspan="3">QA规范　　来料检验</td><td colspan="2">版本号:A
本页修改序号:00</td><td>页码:3</td></tr>
<tr><td colspan="6">名称:电阻器</td></tr>
<tr><td>检验项目</td><td>检验方法</td><td colspan="3">检验内容</td><td>判定等级</td></tr>
<tr><td>1. 型号、规格</td><td>目检</td><td colspan="3">检查型号、规格是否符合规定要求</td><td>A</td></tr>
<tr><td rowspan="2">2. 包装、数量</td><td rowspan="2">目检</td><td colspan="3">检查包装是否符合要求</td><td>A</td></tr>
<tr><td colspan="3">清点数量是否符合</td><td>B</td></tr>
<tr><td rowspan="3">3. 外形尺寸、色环、封装、标志</td><td rowspan="3">目检</td><td rowspan="2">测量外形尺寸,检查表面有无破损</td><td colspan="2">十分微小的破裂,但不会破坏密封</td><td>B</td></tr>
<tr><td colspan="2">破裂处暴露出零件内部</td><td>A</td></tr>
<tr><td colspan="3">检查色环、标志是否正确,引脚无氧化痕迹</td><td>A</td></tr>
<tr><td>4. 电阻值、偏差</td><td>仪器测量</td><td colspan="3">用LCR数字电桥测量电阻值</td><td>A</td></tr>
<tr><td colspan="6">测试用仪器、仪表、工具:
1. LCR数字电桥(TH2817)
2. 游标卡尺</td></tr>
</table>

<table>
<tr><td colspan="2" rowspan="2">××××××××××××××</td><td colspan="2">文件编号:×××××××××</td></tr>
<tr><td colspan="2">编制:×××</td></tr>
<tr><td colspan="2" rowspan="2">QA 规范　来料检验</td><td>版本号:A</td><td>页码:4</td></tr>
<tr><td colspan="2">本页修改序号:00</td></tr>
<tr><td colspan="4">名称:电容器(无极性)</td></tr>
</table>

<table>
<tr><th>检验项目</th><th>检验方法</th><th colspan="2">检验内容</th><th>判定等级</th></tr>
<tr><td>1. 型号、规格</td><td>目检</td><td colspan="2">检查型号、规格是否符合规定要求</td><td>A</td></tr>
<tr><td rowspan="2">2. 包装、数量</td><td rowspan="2">目检</td><td colspan="2">检查包装是否符合要求</td><td>A</td></tr>
<tr><td colspan="2">清点数量是否符合</td><td>A</td></tr>
<tr><td rowspan="3">3. 外形尺寸、封装、标志</td><td rowspan="3">目检</td><td rowspan="2">测量外形尺寸,检查表面有无破损</td><td>十分微小的破裂,但不会破坏密封</td><td>B</td></tr>
<tr><td>破裂处暴露出零件内部</td><td>A</td></tr>
<tr><td colspan="2">检查标志是否正确,引脚无氧化痕迹</td><td>A</td></tr>
<tr><td>4. 电容量、损耗</td><td>仪器测量</td><td colspan="2">用 LCR 数字电桥测量</td><td>A</td></tr>
</table>

测试用仪器、仪表、工具:

1. LCR 数字电桥 (TH2817)
2. 游标卡尺

<table>
<tr><td colspan="3" rowspan="2">××××××××××××××××××</td><td colspan="2">文件编号:×××××××××</td></tr>
<tr><td colspan="2">编制:×××</td></tr>
<tr><td colspan="3" rowspan="2">QA规范　来料检验</td><td>版本号:A</td><td>页码:5</td></tr>
<tr><td colspan="2">本页修改序号:00</td></tr>
<tr><td colspan="5">名称:电容器(有极性)</td></tr>
<tr><td>检验项目</td><td>检验方法</td><td colspan="2">检验内容</td><td>判定等级</td></tr>
<tr><td>1. 型号、规格</td><td>目检</td><td colspan="2">检查型号、规格是否符合规定要求</td><td>A</td></tr>
<tr><td rowspan="2">2. 包装、数量</td><td rowspan="2">目检</td><td colspan="2">检查包装是否符合要求</td><td>A</td></tr>
<tr><td colspan="2">清点数量是否符合</td><td>A</td></tr>
<tr><td rowspan="3">3. 外形尺寸、封装、标志</td><td rowspan="3">目检</td><td rowspan="2">测量外形尺寸,检查表面有无破损</td><td>十分微小的破裂,但不会破坏密封</td><td>B</td></tr>
<tr><td>破裂处暴露出零件内部</td><td>A</td></tr>
<tr><td colspan="2">检查标志是否正确,引脚无氧化痕迹</td><td>A</td></tr>
<tr><td>4. 电容量</td><td>仪器测量</td><td colspan="2">用LCR数字电桥测量</td><td>A</td></tr>
<tr><td>5. 漏电流</td><td>仪器测量</td><td colspan="2">用仪表测量漏电流值</td><td>A</td></tr>
<tr><td colspan="5">测试用仪器、仪表、工具:
1. LCR数字电桥(TH2817)
2. 万用表
3. 稳压电源</td></tr>
</table>

<table>
<tr><td colspan="3" rowspan="2">××××××××××××××××××</td><td colspan="2">文件编号:×××××××××</td></tr>
<tr><td colspan="2">编制:×××</td></tr>
<tr><td colspan="3" rowspan="2">QA 规范　　来料检验</td><td>版本号:A</td><td>页码:6</td></tr>
<tr><td colspan="2">本页修改序号:00</td></tr>
<tr><td colspan="5">名称:电感器</td></tr>
<tr><td>检验项目</td><td>检验方法</td><td colspan="2">检验内容</td><td>判定等级</td></tr>
<tr><td>1. 型号、规格</td><td>目检</td><td colspan="2">型号、规格是否符合规定要求</td><td>A</td></tr>
<tr><td rowspan="2">2. 包装、数量</td><td rowspan="2">目检</td><td colspan="2">检查包装是否符合要求</td><td>A</td></tr>
<tr><td colspan="2">清点数量是否符合</td><td>A</td></tr>
<tr><td rowspan="3">3. 外形尺寸、封装、标志</td><td rowspan="3">目检</td><td rowspan="2">测量外形尺寸,检查表面有无破损</td><td>十分微小的破裂,但不会破坏密封</td><td>B</td></tr>
<tr><td>破裂处暴露出零件内部</td><td>A</td></tr>
<tr><td colspan="2">检查标志是否正确,引脚无氧化痕迹</td><td>A</td></tr>
<tr><td>4. 电感量、偏差</td><td>仪器测量
替代测试</td><td colspan="2">电感量用 LCR 数字电桥测量
用替代法测试叠层电感(31 层、33 层、34 层、35 层、36 层、38 层)
用测试好的测试平台高频板与遥控器高频板上相同型号的电感元件进行替换测试,接收和发射指标保持相同或超出原指标则判定为合格</td><td>A</td></tr>
<tr><td colspan="5">测试用仪器、仪表、工具:
1. LCR 数字电桥(TH2817)
2. 测试平台高频板/遥控器高频板
注:功率电感必须测量电阻值(小于 0.48Ω)</td></tr>
</table>

×××××××××××××××××		文件编号:×××××××××	
		编制:×××	
QA 规范　　来料检验		版本号:A	页码:7
		本页修改序号:00	

名称:集成电路

检验项目	检验方法	检验内容	判定等级
1. 型号、规格	目检	检查型号、规格是否符合规定要求	A
2. 包装、数量	目检	检查包装是否为防静电密封包装	A
		清点数量是否符合	A
3. 封装、标志	目检	检查封装是否符合要求,表面有无破损、引脚是否平整且无氧化现象	A
		检查标志是否正确、清晰	A
4. 功能测试	替代法测试	将需测试的 IC 与车台板(振动传感器)上相同型号的 IC 替换,再进行功能测试,功能正常的则判合格	A

测试用仪器、仪表、工具:

1. 放大镜(5 倍)
2. 模拟板
3. 车台控制板工装、振动传感器

注意事项:

1. 检验时需戴手套,不能直接用手接触集成电路
2. 要有防静电措施

注:车台 CPU 与遥控器 CPU 不做第 3 项功能测试

<table>
<tr><td colspan="3" rowspan="2">××××××××××××××××</td><td colspan="2">文件编号:×××××××××</td></tr>
<tr><td colspan="2">编制:×××</td></tr>
<tr><td colspan="3" rowspan="2">QA 规范　来料检验</td><td>版本号:A</td><td>页码:8</td></tr>
<tr><td colspan="2">本页修改序号:00</td></tr>
<tr><td colspan="5">名称:线路板</td></tr>
<tr><th>检验项目</th><th>检验方法</th><th colspan="2">检验内容</th><th>判定等级</th></tr>
<tr><td>1. 型号、规格</td><td>目检</td><td colspan="2">检查型号、规格是否符合规定要求</td><td>A</td></tr>
<tr><td>2. 材质</td><td>目检</td><td colspan="2">检查材质是否符合规定要求</td><td>A</td></tr>
<tr><td rowspan="2">3. 包装、数量</td><td rowspan="2">目检</td><td colspan="2">检查包装是否为密封包装</td><td>B</td></tr>
<tr><td colspan="2">清点数量是否符合</td><td>A</td></tr>
<tr><td>4. 外形尺寸</td><td>目检</td><td colspan="2">测量外形尺寸是否符合要求</td><td>A</td></tr>
<tr><td>5. 表面丝印质量</td><td>目检</td><td colspan="2">检查表面丝印内容是否正确,有无漏印、印斜、字迹模糊不清等现象</td><td>B</td></tr>
<tr><td rowspan="7">6. 线路板质量</td><td rowspan="7">目检</td><td rowspan="2">线路板有无弯曲、变形现象</td><td>线路板有轻微的弯曲和变形,但不影响安装质量</td><td>B</td></tr>
<tr><td>线路板有严重的弯曲和变形,影响安装质量</td><td>A</td></tr>
<tr><td colspan="2">检查各线路之间是否有桥接现象,焊盘孔、安装孔是否有被堵现象</td><td>A</td></tr>
<tr><td rowspan="2">导体线路是否有损坏</td><td>表面损坏未露出基层金属,对焊接没有影响,断裂未超过横切面的 20%</td><td>B</td></tr>
<tr><td>表面损坏露出基层金属,断裂超过横切面的 20%</td><td>A</td></tr>
<tr><td rowspan="2">表面是否有起泡、上升或浮起现象</td><td>有局部起泡、上升或浮起,在非焊盘或导体区域</td><td>B</td></tr>
<tr><td>在焊盘或导体处有起泡、上升或浮起现象,影响焊接质量</td><td>A</td></tr>
</table>

<table>
<tr><td colspan="3" rowspan="2">××××××××××××××××</td><td colspan="2">文件编号:×××××××××</td></tr>
<tr><td colspan="2">编制:×××</td></tr>
<tr><td colspan="3" rowspan="2">QA 规范　来料检验</td><td>版本号:A</td><td>页码:9</td></tr>
<tr><td colspan="2">本页修改序号:00</td></tr>
<tr><td colspan="5">名称:线路板</td></tr>
<tr><td>检验项目</td><td>检验方法</td><td colspan="2">检验内容</td><td>判定等级</td></tr>
<tr><td rowspan="5">6. 线路板质量</td><td rowspan="5">目检</td><td rowspan="2">焊盘和贯穿孔的对准度</td><td>贯穿孔与焊盘的对准度明显已脱离中心,但与焊盘边的距离在0.05mm 以上</td><td>B</td></tr>
<tr><td>贯穿孔与焊盘的对准度很明显地脱离中心</td><td>A</td></tr>
<tr><td colspan="2">是否有因斑点、小水泡或膨胀而造成叠板内部纤维分离</td><td>A</td></tr>
<tr><td colspan="2">是否有脏、油和外来物影响安装质量</td><td>A</td></tr>
<tr><td colspan="2">有轻微的脏污</td><td>B</td></tr>
<tr><td colspan="5">测试用仪器、仪表、工具:
1. 游标卡尺
2. 放大镜</td></tr>
</table>

<table>
<tr><td colspan="2" rowspan="2">××××××××××××××××××</td><td colspan="2">文件编号:×××××××××</td></tr>
<tr><td colspan="2">编制:×××</td></tr>
<tr><td colspan="2" rowspan="2">QA规范　来料检验</td><td>版本号:A</td><td>页码:10</td></tr>
<tr><td colspan="2">本页修改序号:00</td></tr>
<tr><td colspan="4">名称:二极管</td></tr>
</table>

检验项目	检验方法	检验内容	判定等级
1. 型号、规格	目检	型号、规格是否符合规定要求	A
2. 包装、数量	目检	检查包装是否符合要求	A
		清点数量是否符合	A
3. 外形尺寸、封装、标志	目检	测量外形尺寸,检查表面有无破损	B
		检查标志是否正确、清晰,引脚无氧化现象	A
4. 极性	仪表测量	用数字万用表测量极性是否正确	A
5. 电气参数	仪表测量	用晶体管图示仪测试二极管的 U_F、I_{FM}、U_R 值	A

测试用仪器、仪表、工具:

1. 晶体管图示仪(QT2)
2. 万用表

<table>
<tr><td colspan="2" rowspan="2">××××××××××××××××</td><td colspan="2">文件编号:×××××××××</td></tr>
<tr><td colspan="2">编制:×××</td></tr>
<tr><td colspan="2" rowspan="2">QA 规范　　来料检验</td><td>版本号:A</td><td>页码:11</td></tr>
<tr><td colspan="2">本页修改序号:00</td></tr>
<tr><td colspan="4">名称:二极管(高频)</td></tr>
</table>

检验项目	检验方法	检验内容	判定等级
1. 型号、规格	目检	型号、规格是否符合规定要求	A
2. 包装、数量	目检	检查包装是否符合要求	A
		清点数量是否符合	A
3. 外形尺寸、封装、标志	目检	测量外形尺寸,检查表面有无破损	B
		检查标志是否正确、清晰,引脚无氧化现象	A
4. 极性	仪表测量	用数字万用表测量极性是否正确	A
5. 性能测试	替代法测试	用经指标测试合格的车台射频板或遥控器射频板、遥控器控制板,将需测试的三极管替换原板上相同规格之元件,然后测试指标进行对比,若代换后之指标参数与原参数相同或超过原参数则判定为合格	A

测试用仪器、仪表、工具:

1. 万用表
2. 综测仪
3. 示波器
4. 稳压电源
5. 自制测试架

注:需用替代法测试的二极管有:1SV153、1SS241

×××××××××××××××××	文件编号:×××××××××	
	编制:×××	
QA 规范　来料检验	版本号:A	页码:12
	本页修改序号:00	
名称:三极管(低频)		

检验项目	检验方法	检验内容	判定等级
1. 型号、规格	目检	型号、规格是否符合规定要求	A
2. 包装、数量	目检	检查包装是否符合要求	A
		清点数量是否符合	A
3. 外形尺寸、封装、标志	目检	测量外形尺寸,检查表面有无破损	B
		检查标志是否正确、清晰,引脚无氧化现象	A
4. 电气参数	仪表测量	用晶体管图示仪测量三极管的放大倍数、U_{CEO}、U_{CBO}	A

测试用仪器、仪表、工具:
1. 晶体管图示仪(QT2)
2. 万用表

<table>
<tr><td colspan="2" rowspan="2">××××××××××××××××</td><td colspan="2">文件编号:×××××××××</td></tr>
<tr><td colspan="2">编制:×××</td></tr>
<tr><td colspan="2" rowspan="2">QA 规范　来料检验</td><td>版本号:A</td><td>页码:13</td></tr>
<tr><td colspan="2">本页修改序号:00</td></tr>
<tr><td colspan="4">名称:三极管(高频)</td></tr>
<tr><td>检验项目</td><td>检验方法</td><td>检验内容</td><td>判定等级</td></tr>
<tr><td>1. 型号、规格</td><td>目检</td><td>型号、规格是否符合规定要求</td><td>A</td></tr>
<tr><td rowspan="2">2. 包装、数量</td><td rowspan="2">目检</td><td>检查包装是否符合要求</td><td>A</td></tr>
<tr><td>清点数量是否符合</td><td>A</td></tr>
<tr><td rowspan="2">3. 外形尺寸、封装、标志</td><td rowspan="2">目检</td><td>测量外形尺寸,检查表面有无破损</td><td>B</td></tr>
<tr><td>检查标志是否正确、清晰,引脚无氧化现象</td><td>A</td></tr>
<tr><td>4. 性能测试</td><td>替代法测试</td><td>用经指标测试合格的车台射频板或遥控器射频板、遥控器控制板,将需测试的三极管替换原板上相同规格之元件,然后测试指标进行对比,若代换后之接收和发射指标参数与原参数相同或超过原参数则判定为合格</td><td>A</td></tr>
</table>

测试用仪器、仪表、工具:

1. 万用表
2. 综测仪
3. 示波器
4. 稳压电源
5. 自制测试架

注:需用替代法测试的三极管有:2SC3356、PBR951、2SA1162、DTB114TK

<table>
<tr><td rowspan="2" colspan="2">××××××××××××××××××××</td><td colspan="2">文件编号:××××</td></tr>
<tr><td colspan="2">编制:×××</td></tr>
<tr><td rowspan="2" colspan="2">QA 规范　来料检验</td><td>版本号:A</td><td>页码:14</td></tr>
<tr><td colspan="2">本页修改序号:00</td></tr>
<tr><td colspan="4">名称:塑胶件</td></tr>
</table>

检验项目	检验方法	检验内容	判定等级
1. 型号、规格	目检	型号、规格是否符合规定要求	A
2. 包装、数量	目检	检查外包装是否破损	B
		清点数量是否符合,是否齐全	A
3. 结构尺寸	目检	用游标卡尺测量结构尺寸是否符合图纸要求	A
4. 外观	目检	检查塑料件表面处理是否符合要求	A
		检查塑料件表面有无划痕、毛刺、脏污、断裂等现象	A
		丝印标记是否有印记模糊、印反、印歪等现象	

测试用仪器、仪表、工具:
游标卡尺

×××××××××××××××××××			文件编号:××××	
			编制:×××	
QA 规范　来料检验			版本号:A	页码:15
			本页修改序号:00	
名称:按键、开关				
检验项目	检验方法	检验内容		判定等级
1. 型号、规格	目检	检查型号、规格是否符合规定要求		A
2. 包装、数量	目检	检查外包装是否破损		B
		清点数量是否符合		A
3. 外形尺寸	目检	测量外形尺寸是否符合安装要求,检查有无破损、外伤、动作是否阻滞		A
4. 导通测试	仪表测量	用数字万用表测量		A
5. 可焊性	实际焊接试验	可焊性良好		A

测试用仪器、仪表、工具:

1. 万用表
2. 电烙铁

<table>
<tr><td colspan="2" rowspan="2">××××××××××××××××××××</td><td colspan="2">文件编号:××××</td></tr>
<tr><td colspan="2">编制:×××</td></tr>
<tr><td colspan="2" rowspan="2">QA 规范　　来料检验</td><td>版本号:A</td><td>页码:16</td></tr>
<tr><td colspan="2">本页修改序号:00</td></tr>
<tr><td colspan="4">名称:天线座、插针、插座</td></tr>
<tr><td>检验项目</td><td>检验方法</td><td>检验内容</td><td>判定等级</td></tr>
<tr><td>1. 型号、规格</td><td>目检</td><td>检查型号、规格是否符合规定要求</td><td>A</td></tr>
<tr><td rowspan="2">2. 包装、数量</td><td rowspan="2">目检</td><td>检查外包装是否破损</td><td>B</td></tr>
<tr><td>清点数量是否符合</td><td>A</td></tr>
<tr><td>3. 外形尺寸</td><td>目检</td><td>测量外形尺寸是否符合要求,检查表面有无破损、外伤、不光滑</td><td>A</td></tr>
<tr><td>4. 可焊性</td><td>实际焊接试验</td><td>可焊性良好</td><td>A</td></tr>
<tr><td colspan="4">测试用仪器、仪表、工具:
1. 数字万用表(DT-9201)
2. 游标卡尺</td></tr>
</table>

<table>
<tr><td colspan="3" rowspan="2">××××××××××××××××××××××××××××</td><td colspan="2">文件编号：××××</td></tr>
<tr><td colspan="2">编制：×××</td></tr>
<tr><td colspan="3" rowspan="2">QA 规范　来料检验</td><td>版本号：A</td><td>页码：17</td></tr>
<tr><td colspan="2">本页修改序号：00</td></tr>
<tr><td colspan="5">名称：线材</td></tr>
</table>

<table>
<tr><th>检验项目</th><th>检验方法</th><th colspan="2">检验内容</th><th>判定等级</th></tr>
<tr><td>1. 型号、规格</td><td>目检</td><td colspan="2">检查型号、规格是否符合规定要求</td><td>A</td></tr>
<tr><td rowspan="2">2. 包装、数量</td><td rowspan="2">目检</td><td colspan="2">检查外包装是否破损</td><td>B</td></tr>
<tr><td colspan="2">清点数量是否符合</td><td>A</td></tr>
<tr><td>3. 外形尺寸</td><td>目检</td><td colspan="2">用卡尺或卷尺测量线材的长度及插头的尺寸</td><td>A</td></tr>
<tr><td rowspan="3">4. 外观检查</td><td rowspan="3">目检</td><td rowspan="3">检查线材表面有无破损、外伤，剥出的线头是否按规定要求进行处理</td><td>线材破损露出内部金属导线</td><td>A</td></tr>
<tr><td>线材破损但没有露出内部金属导线</td><td>B</td></tr>
<tr><td>剥出的线头没有按规定要求进行处理</td><td>A</td></tr>
<tr><td>5. 导通测试</td><td>仪表测量</td><td colspan="2">用数字万用表测量</td><td>A</td></tr>
</table>

测试用仪器、仪表、工具：

1. 数字万用表(DT-9201)
2. 游标卡尺
3. 卷尺(3m)

<table>
<tr><td colspan="3" rowspan="2">××××××××××××××××××××××××××××</td><td colspan="2">文件编号:×××××××××</td></tr>
<tr><td colspan="2">编制:×××</td></tr>
<tr><td colspan="3" rowspan="2">QA 规范　来料检验</td><td>版本号:A</td><td>页码:18</td></tr>
<tr><td colspan="2">本页修改序号:00</td></tr>
<tr><td colspan="5">名称:电池正、负极、天线弹簧</td></tr>
<tr><td>检验项目</td><td>检验方法</td><td colspan="2">检验内容</td><td>判定等级</td></tr>
<tr><td>1. 型号、规格</td><td>目检</td><td colspan="2">检查型号、规格是否符合规定要求</td><td>A</td></tr>
<tr><td>2. 包装数量</td><td>目检</td><td colspan="2">清点数量是否符合</td><td>B</td></tr>
<tr><td>3. 外形尺寸</td><td>目检</td><td colspan="2">测量外形尺寸是否符合安装要求</td><td>A</td></tr>
<tr><td>4. 外观质量</td><td>目检</td><td colspan="2">检查表面有无破损、腐蚀痕迹</td><td>A</td></tr>
<tr><td>5. 可焊性</td><td>实际焊接试验</td><td colspan="2">焊接性能良好</td><td>A</td></tr>
<tr><td colspan="5">测试用仪器、仪表、工具:
1. 游标卡尺
2. 电烙铁</td></tr>
</table>

×××××××××××××××××××××××××××××	文件编号:××××××××××	
	编制:×××	
QA规范　来料检验	版本号:A	页码:19
	本页修改序号:00	

名称:螺钉、铜螺柱、8字扣、万向转

检验项目	检验方法	检验内容	判定等级
1. 材质	目检	材质是否符合规定要求	A
2. 型号、规格	目检	检查型号、规格是否符合规定要求	A
3. 数量	目检	检查数量是否符合	B
4. 外形尺寸	目检	测量外形尺寸是否符合安装要求	A
5. 外观	目检	表面处理是否符合要求	A
		检查表面有无破损、腐蚀痕迹	A

测试用仪器、仪表、工具:
游标卡尺

××××××××××××××××××××××××××××	文件编号：×××××××××	
	编制：×××	
QA 规范　来料检验	版本号：A	页码：20
	本页修改序号：00	

名称：三端稳压器 78L05

检验项目	检验方法	检验内容	判定等级
1. 型号、规格	目检	检查型号、规格是否符合规定要求	A
2. 数量	目检	检查包装数量是否符合	B
3. 外形尺寸	目检	外形尺寸是否符合安装要求	A
4. 外观质量	目检	检查表面有无破损、标志是否清晰，引脚无氧化现象	A
5. 性能测试	工装测试	1mA $\leqslant I_0 \leqslant$ 40mA 时，$U_i = 7 \sim 20$V 时，4.75V $\leqslant U_0 \leqslant$ 5.25V	A

测试用仪器、仪表、工具：

1. 稳压电源
2. 自制工装

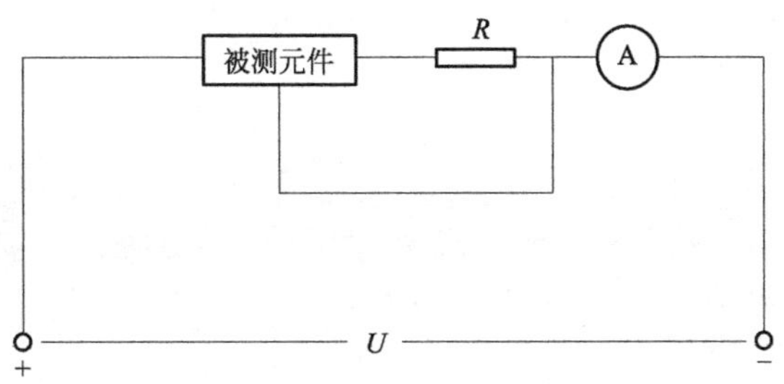

<table>
<tr><td rowspan="2">××××××××××××××××××××××××××××</td><td colspan="2">文件编号：×××××××××</td></tr>
<tr><td colspan="2">编制：×××</td></tr>
<tr><td rowspan="2">QA规范　来料检验</td><td>版本号：A</td><td>页码：21</td></tr>
<tr><td colspan="2">本页修改序号：00</td></tr>
<tr><td colspan="3">名称：包装材料</td></tr>
</table>

检验项目	检验方法	检验内容	判定等级
1. 材质	目检	材质是否符合规定要求	A
2. 型号、规格	目检	检查型号、规格是否符合规定要求	A
3. 数量	目检	检查数量是否与进货数量相符	A
4. 外形尺寸	目检	测量外形尺寸是否符合图纸要求	A
5. 外观	目检	印刷质量良好，无色偏、印错等现象	A
		检查表面有无破损、脏污痕迹	A

测试用仪器、仪表、工具：

卷尺(3m)

<table>
<tr><td colspan="3" rowspan="2">××××××××××××××××××××××××××</td><td colspan="2">文件编号:×××××××××</td></tr>
<tr><td colspan="2">编制:×××</td></tr>
<tr><td colspan="3" rowspan="2">QA 规范　来料检验</td><td>版本号:A</td><td>页码:22</td></tr>
<tr><td colspan="2">本页修改序号:00</td></tr>
<tr><td colspan="5">名称:液晶屏</td></tr>
<tr><td>检验项目</td><td>检验方法</td><td colspan="2">检验内容</td><td>判定等级</td></tr>
<tr><td>1. 型号、规格</td><td>目检</td><td colspan="2">检查型号、规格是否符合规定要求</td><td>A</td></tr>
<tr><td rowspan="2">2. 包装、数量</td><td rowspan="2">目检</td><td colspan="2">检查包装是否为防静电包装</td><td>A</td></tr>
<tr><td colspan="2">清点数量是否符合</td><td>A</td></tr>
<tr><td>3. 外形尺寸</td><td>目检</td><td colspan="2">外形尺寸是否符合安装要求</td><td>A</td></tr>
<tr><td>4. 外观</td><td>目检</td><td colspan="2">表面有无破损、划痕、脏污、漏液、黑点等不良现象</td><td>A</td></tr>
<tr><td>5. 功能测试</td><td>工装测试</td><td colspan="2">将液晶屏放在遥控器控制板上相对应的位置上,将引脚与焊盘一一对应放好,将导电胶条放在引脚上压紧,给遥控器控制板加 1.5V 电源,此时观察液晶屏显示图标是否完整正确</td><td>A</td></tr>
<tr><td>6. 可焊性</td><td>实际焊接</td><td colspan="2">可焊性良好</td><td>A</td></tr>
<tr><td colspan="5">测试用仪器、仪表、工具:
1. 遥控器控制板
2. 稳压电源
3. 电烙铁</td></tr>
</table>

<table>
<tr><td colspan="2" rowspan="2">××××××××××××××××××××××××××××××</td><td colspan="2">文件编号:×××××××××</td></tr>
<tr><td colspan="2">编制:×××</td></tr>
<tr><td colspan="2" rowspan="2">QA 规范　来料检验</td><td>版本号:A</td><td>页码:23</td></tr>
<tr><td colspan="2">本页修改序号:00</td></tr>
<tr><td colspan="4">名称:扎带</td></tr>
</table>

检验项目	检验方法	检验内容	判定等级
1. 型号、规格	目检	检查型号、规格是否符合	A
2. 数量	目检	清点数量是否符合	A
3. 外观质量	目检	表面无破损、脏污	B

测试用仪器、仪表、工具:

<table>
<tr><td colspan="3" rowspan="2">××××××××××××××××××××××××××</td><td colspan="2">文件编号:×××××××××</td></tr>
<tr><td colspan="2">编制:×××</td></tr>
<tr><td colspan="3" rowspan="2">QA 规范　来料检验</td><td>版本号:A</td><td>页码:24</td></tr>
<tr><td colspan="2">本页修改序号:00</td></tr>
<tr><td colspan="5">名称:说明书、圆贴等印刷品</td></tr>
<tr><td>检验项目</td><td>检验方法</td><td colspan="2">检验内容</td><td>判定等级</td></tr>
<tr><td>1. 纸质</td><td>目检</td><td colspan="2">检查纸质是否符合规定要求</td><td>A</td></tr>
<tr><td>2. 规格</td><td>目检</td><td colspan="2">检查规格是否符合规定要求</td><td>A</td></tr>
<tr><td rowspan="2">3. 印刷质量</td><td rowspan="2">目检</td><td colspan="2">检查有无破损、划痕、脏污等现象</td><td>A</td></tr>
<tr><td colspan="2">印刷字样及图案内容及位置是否正确</td><td>A</td></tr>
<tr><td colspan="5">测试用仪器、仪表、工具:</td></tr>
</table>

<table>
<tr><td colspan="3" rowspan="2">××××××××××××××××××××××××××××××</td><td colspan="2">文件编号:×××××××××</td></tr>
<tr><td colspan="2">编制:×××</td></tr>
<tr><td colspan="3" rowspan="2">QA 规范　来料检验</td><td>版本号:A</td><td>页码:25</td></tr>
<tr><td colspan="2">本页修改序号:00</td></tr>
<tr><td colspan="5">名称:海绵胶条、贴片</td></tr>
<tr><td>检验项目</td><td>检验方法</td><td colspan="2">检验内容</td><td>判定等级</td></tr>
<tr><td>1. 型号、规格</td><td>目检</td><td colspan="2">检查型号、规格是否符合规定要求</td><td>A</td></tr>
<tr><td>2. 材质</td><td>目检</td><td colspan="2">材质是否符合规定要求</td><td>A</td></tr>
<tr><td>3. 印刷质量</td><td>目检</td><td colspan="2">丝印内容正确,无印歪、漏印、模糊等不良现象</td><td>A</td></tr>
<tr><td>4. 外形尺寸</td><td>目检</td><td colspan="2">用游标卡尺测量外形尺寸是否符合规定要求,检查表面有无破损、外伤、不光滑</td><td>A</td></tr>
<tr><td>5. 黏性</td><td>实际安装</td><td colspan="2">将所需检测之物料,实际进行安装,符合要求且不易脱落,则判定为合格</td><td>A</td></tr>
<tr><td colspan="5">测试用仪器、仪表、工具:
游标卡尺</td></tr>
</table>

××××××××××××××××××××××××××	文件编号:×××××××××	
	编制:×××	
QA规范　来料检验	版本号:A	页码:26
	本页修改序号:00	

名称:热缩套管

检验项目	检验方法	检验内容	判定等级
1. 型号、规格	目检	检查型号、规格是否符合要求	A
2. 包装数量	目检	数量是否符合	A
3. 外形尺寸、外观质量	目检	外形尺寸是否符合安装要求,检查表面有无破损、皱折等现象	A
4. 热缩性能	实际使用	热缩性能良好,能达到使用要求	A

测试用仪器、仪表、工具:

<table>
<tr><td rowspan="2">××××××××××××××××××××××××××××</td><td colspan="2">文件编号:×××××××××</td></tr>
<tr><td colspan="2">编制:×××</td></tr>
<tr><td rowspan="2">QA 规范　来料检验</td><td>版本号:A</td><td>页码:27</td></tr>
<tr><td colspan="2">本页修改序号:00</td></tr>
</table>

名称:跳线

检验项目	检验方法	检验内容	判定等级
1. 型号、规格	目检	检查型号、规格是否符合规定要求	A
2. 外观质量	目检	无氧化、生锈等不良现象	A
3. 可焊性	焊接试验	可焊性良好	A

测试用仪器、仪表、工具:

<table>
<tr><td colspan="3" rowspan="2">××××××××××××××××××××××××××××</td><td colspan="2">文件编号:×××××××××</td></tr>
<tr><td colspan="2">编制:×××</td></tr>
<tr><td colspan="3" rowspan="2">QA 规范　来料检验</td><td>版本号:A</td><td>页码:28</td></tr>
<tr><td colspan="2">本页修改序号:00</td></tr>
<tr><td colspan="5">名称:蜂鸣片</td></tr>
<tr><td>检验项目</td><td>检验方法</td><td colspan="2">检验内容</td><td>判定等级</td></tr>
<tr><td>1. 型号、规格</td><td>目检</td><td colspan="2">检查型号、规格是否符合规定要求</td><td>A</td></tr>
<tr><td rowspan="2">2. 包装、数量</td><td rowspan="2">目检</td><td colspan="2">检查外包装是否破损</td><td>B</td></tr>
<tr><td colspan="2">清点数量是否符合</td><td>A</td></tr>
<tr><td>3. 外形尺寸</td><td>目检</td><td colspan="2">测量外形尺寸是否符合安装要求</td><td>A</td></tr>
<tr><td>4. 外观</td><td>目检</td><td colspan="2">检查表面有无破损、划痕、脏污等现象</td><td>A</td></tr>
<tr><td>5. 功能测试</td><td>用仪表进行测试</td><td colspan="2">用低频信号发生器输出 1kHz 的信号,将信号加在蜂鸣片两极片上测试发声,发声正常则判定为合格,不发声或发声不正常则判定为不合格</td><td>A</td></tr>
<tr><td>6. 可焊性</td><td>焊接实验</td><td colspan="2">可焊性良好</td><td>A</td></tr>
<tr><td colspan="5">测试用仪器、仪表、工具:
1. 游标卡尺
2. 低频信号发生器
3. 电烙铁</td></tr>
</table>

<table>
<tr><td colspan="3" rowspan="2">××××××××××××××××××××××××××××××</td><td colspan="2">文件编号:×××××××××</td></tr>
<tr><td colspan="2">编制:×××</td></tr>
<tr><td colspan="3" rowspan="2">QA 规范　来料检验</td><td>版本号:A</td><td>页码:29</td></tr>
<tr><td colspan="2">本页修改序号:00</td></tr>
<tr><td colspan="5">名称:蜂鸣器</td></tr>
<tr><td>检验项目</td><td>检验方法</td><td colspan="2">检验内容</td><td>判定等级</td></tr>
<tr><td>1. 型号、规格</td><td>目检</td><td colspan="2">检查型号、规格是否符合规定要求</td><td>A</td></tr>
<tr><td rowspan="2">2. 包装、数量</td><td rowspan="2">目检</td><td colspan="2">检查外包装是否破损</td><td>B</td></tr>
<tr><td colspan="2">清点数量是否符合</td><td>A</td></tr>
<tr><td>3. 外形尺寸</td><td>目检</td><td colspan="2">用游标卡尺测量外形尺寸是否符合规定要求</td><td>A</td></tr>
<tr><td>4. 外观</td><td>目检</td><td colspan="2">检查表面有无破损、划痕、脏污等现象,引脚无氧化现象</td><td>A</td></tr>
<tr><td>5. 发声测试</td><td>用工装进行测试</td><td colspan="2">用测试工装进行测试,声音清晰,无杂音</td><td>A</td></tr>
<tr><td colspan="5">测试用仪器、仪表、工具:
1. 测试工装
2. 稳压电源
3. 游标卡尺</td></tr>
</table>

<table>
<tr><td colspan="3">××××××××××××××××××××××××××</td><td colspan="2">文件编号:×××××××××
编制:×××</td></tr>
<tr><td colspan="3">QA规范　来料检验</td><td>版本号:A
本页修改序号:00</td><td>页码:30</td></tr>
<tr><td colspan="5">名称:晶体、陶振、滤波器</td></tr>
<tr><td>检验项目</td><td>检验方法</td><td colspan="2">检验内容</td><td>判定等级</td></tr>
<tr><td>1. 型号、规格</td><td>目检</td><td colspan="2">检查型号、规格是否符合规定要求</td><td>A</td></tr>
<tr><td rowspan="2">2. 包装、数量</td><td rowspan="2">目检</td><td colspan="2">检查外包装是否破损</td><td>B</td></tr>
<tr><td colspan="2">清点数量是否符合</td><td>A</td></tr>
<tr><td>3. 外形尺寸</td><td>目检</td><td colspan="2">是否符合规格要求</td><td>A</td></tr>
<tr><td>4. 外观</td><td>目检</td><td colspan="2">检查表面有无破损、划痕、脏污等现象,引脚无氧化现象</td><td>A</td></tr>
<tr><td>5. 频率偏差</td><td>用仪表测试或替代法测试</td><td colspan="2">20.945M/4M/32.768M测试频率偏差满足规格要求
发射晶体用替代法测试指标必须满足频差±1kHz,车台RF板功率≥16dBm,遥控器RF板功率≥9dBm
接收晶体/陶振/滤波器替代法测试指标必须满足灵敏度≤−118dBm
2M陶振替代法测试指标要求10kHz±5‰(测试电池负极倒数第三个孔)</td><td>A</td></tr>
<tr><td colspan="5">测试用仪器、仪表、工具:
1. 示波器
2. 频率计
3. 测试用工装
4. 稳压电源</td></tr>
</table>

<table>
<tr><td colspan="3" rowspan="2">××××××××××××××××××××××××××</td><td colspan="2">文件编号:×××××××××</td></tr>
<tr><td colspan="2">编制:×××</td></tr>
<tr><td colspan="3" rowspan="2">QA 规范　来料检验</td><td>版本号:A</td><td>页码:31</td></tr>
<tr><td colspan="2">本页修改序号:00</td></tr>
<tr><td colspan="5">名称:继电器</td></tr>
<tr><td>检验项目</td><td>检验方法</td><td colspan="2">检验内容</td><td>判定等级</td></tr>
<tr><td>1.型号、规格</td><td>目检</td><td colspan="2">型号、规格是否符合规定要求</td><td>A</td></tr>
<tr><td rowspan="2">2.包装数量</td><td rowspan="2">目检</td><td colspan="2">检查包装是否破损</td><td>B</td></tr>
<tr><td colspan="2">清点数量是否符合</td><td>A</td></tr>
<tr><td rowspan="2">3.外形尺寸、封装、标志</td><td rowspan="2">目检</td><td colspan="2">外形尺寸是否符合安装要求,检查表面有无破损</td><td>B</td></tr>
<tr><td colspan="2">检查标志是否正确、清晰</td><td>A</td></tr>
<tr><td>4.功能测试</td><td>仪器测试</td><td colspan="2">测试线圈电阻、吸合电压、工作电流
用汽车蓄电池供电,灯泡作负载,测试常开、常闭两组触点吸合及释放的可靠性</td><td>A</td></tr>
<tr><td>5. 可焊性</td><td>实际焊接</td><td colspan="2">可焊性良好</td><td>A</td></tr>
<tr><td colspan="5">测试用仪器、仪表、工具:
1. 万用表(DT-9201)
2. 稳压电源
3. 汽车蓄电池
4. 灯泡</td></tr>
</table>

<table>
<tr><td colspan="3">××××××××××××××××××××××××××</td><td colspan="2">文件编号:×××××××××
编制:×××</td></tr>
<tr><td colspan="3">QA 规范—来料检验</td><td>版本号:A</td><td>页码:32</td></tr>
<tr><td colspan="3"></td><td colspan="2">本页修改序号:00</td></tr>
<tr><td colspan="5">名称:报警器</td></tr>
<tr><td>检验项目</td><td>检验方法</td><td colspan="2">检验内容</td><td>判定等级</td></tr>
<tr><td>1.型号、规格</td><td>目检</td><td colspan="2">型号、规格是否符合规定要求</td><td>A</td></tr>
<tr><td>2.包装数量</td><td>目检</td><td colspan="2">清点数量是否符合</td><td>B</td></tr>
<tr><td>3.外观质量</td><td>目检</td><td colspan="2">外观完好,无破损脏污,引线出口处是否点黑胶固定</td><td>B</td></tr>
<tr><td>4.功能测试</td><td>仪表测试</td><td colspan="2">用稳压电源给报警器供电,调节稳压电源输出 6～15V,报警器发声连续无间断,无异常,12V 时电流 600mA</td><td>A</td></tr>
<tr><td colspan="5">测试用仪器、仪表、工具:
稳压电源</td></tr>
</table>

<table>
<tr><td colspan="3" rowspan="2">××××××××××××××××××××××××××××</td><td colspan="2">文件编号:×××××××××</td></tr>
<tr><td colspan="2">编制:×××</td></tr>
<tr><td colspan="3" rowspan="2">QA规范　来料检验</td><td>版本号:A</td><td>页码:33</td></tr>
<tr><td colspan="2">本页修改序号:00</td></tr>
<tr><td colspan="5">名称:自恢复保险丝</td></tr>
<tr><td>检验项目</td><td>检验方法</td><td colspan="2">检验内容</td><td>判定等级</td></tr>
<tr><td>1.型号、规格</td><td>目检</td><td colspan="2">型号、规格是否符合规定要求</td><td>A</td></tr>
<tr><td>2.包装数量</td><td>目检</td><td colspan="2">清点数量是否符合</td><td>A</td></tr>
<tr><td>3.外观质量</td><td>目检</td><td colspan="2">外形尺寸符合安装要求,外观光洁,无破损脏污等不良现象,引脚无氧化现象</td><td>B</td></tr>
<tr><td>4.功能测试</td><td>仪器实验</td><td colspan="2">1.测试自恢复保险丝的阻值
2.测试自恢复保险丝的动作电流
3.正常电流条件下,工作30min后自恢复保险丝无动作</td><td>A</td></tr>
<tr><td colspan="5">测试用仪器、仪表、工具:
1.稳压电源
2.万用表</td></tr>
</table>

<table>
<tr><td colspan="3" rowspan="2">××××××××××××××××××××××××××××</td><td colspan="2">文件编号:×××××××××</td></tr>
<tr><td colspan="2">编制:×××</td></tr>
<tr><td colspan="3" rowspan="2">QA规范　来料检验</td><td>版本号:A</td><td>页码:34</td></tr>
<tr><td colspan="2">本页修改序号:00</td></tr>
<tr><td colspan="5">名称:电动机</td></tr>
<tr><td>检验项目</td><td>检验方法</td><td colspan="2">检验内容</td><td>判定等级</td></tr>
<tr><td>1.型号、规格</td><td>目检</td><td colspan="2">型号、规格是否符合规定要求</td><td>A</td></tr>
<tr><td>2.包装数量</td><td>目检</td><td colspan="2">清点数量是否符合</td><td>A</td></tr>
<tr><td>3.外观质量</td><td>目检</td><td colspan="2">外形尺寸是否符合安装要求,表面无破损、生锈等不良现象,引脚无氧化现象</td><td>B</td></tr>
<tr><td>4.功能测试</td><td>仪器测量</td><td colspan="2">1.调节稳压电源输出0.75～1.6V电动机均能正常运转
2.额定电压1.3V时,额定电流最大值为75mA</td><td>A</td></tr>
</table>

测试用仪器、仪表、工具:

1. 稳压电源
2. 万用表

<table>
<tr><td rowspan="2">××××××××××××××××××××××××××</td><td colspan="2">文件编号:×××××××××</td></tr>
<tr><td colspan="2">编制:×××</td></tr>
<tr><td rowspan="2">QA规范　来料检验</td><td>版本号:A</td><td>页码:35</td></tr>
<tr><td colspan="2">本页修改序号:00</td></tr>
<tr><td colspan="3">名称:天线</td></tr>
</table>

检验项目	检验方法	检验内容	判定等级
1.型号、规格	目检	型号、规格是否符合规定要求	A
2.包装数量	目检	清点数量是否符合	A
3.外观质量	目检	外观无破损、脏污等不良现象,天线与天线插孔能良好接触	A
4.结构尺寸	实际安装	实际安装于PCB上,再与天线进行配合,观察配合是否良好	A
5.可焊性	实际焊接	可焊性良好	A

测试用仪器、仪表、工具:

×××××××××××××××××××××××××××	文件编号:×××××××××	
	编制:×××	
QA规范　来料检验	版本号:A	页码:36
	本页修改序号:00	

名称:辅料

检验项目	检验方法	检验内容	判定等级
1.型号、规格	目检	型号、规格是否符合规定要求	A
2.包装数量	目检	清点数量是否符合	A
3.试用	试用实验	是否能够达到使用要求	A

测试用仪器、仪表、工具:

×××××××××××××××××××××××××××	文件编号:×××××××××	
	编制:×××	
QA规范　来料检验	版本号:A	页码:37
	本页修改序号:00	

名称:镜面

检验项目	检验方法	检验内容	判定等级
1. 型号、规格	目检	检查型号、规格是否符合规定要求	A
2. 材质	目检	材质是否符合规定要求	A
3. 外观质量	目检	丝印内容正确,无印歪、漏印、模糊等不良现象	A
4. 外形尺寸	目检	用游标卡尺测量外形尺寸是否符合规定要求,检查表面有无破损、外伤、不光滑	A
	结构性检验	黑色边框的粘胶不能超出视框内,且距视框的距离不能大于1mm,撕去镜贴纸将镜面贴在遥控器外壳视框内,用手压紧。使其无间隙,然后将样品分别做高低温试验,高温放入+50℃的烘箱内进行24h高温测试,1h观察一次,看镜面是否有脱落、翘边、间隙等,低温测试放入−20℃的冰柜内进行24h冷冻测试,24h后观察镜面是否存在脱落、翘边、间隙等不良现象。按批次相同抽5个镜面做试验	A
5. 黏性	实际安装	将所需检测之物料,实际进行安装,符合要求且不易脱落,则判定为合格	A

测试用仪器、仪表、工具:
游标卡尺

×××××××××××××××××××××××××××	文件编号:××××××××× 编制:×××	
QA规范　来料检验	版本号:A 本页修改序号:00	页码:38

名称:遥控器外壳

检验项目	检验方法	检验内容	判定等级
1. 型号、规格	目检	检查型号、规格是否符合规定要求	A
2. 材质	目检	材质是否符合规定要求	A
3. 外观质量	目检	1. 将外壳与图纸或样品做对比,观其结构型号是否相同 2. 外壳不能有脏污,胶水等外来脏物 3. 遥控器表面不能有明显划痕:a. 正面、侧面不能有任何划痕、外伤及异色点。b. 背面不能有任何有感划痕,无感划痕不能超过3mm 4. 用游标卡尺测量外形尺寸是否符合规定要求,上下盖闭合后不能存有毛边,内部毛边不能影响结构装配 5. 上下盖闭合错位需小于0.3mm,螺钉孔位要对准,无错位。电池盖无松动。A型机上下盖闭合后不能存有间隙。B型机上下盖的闭合间隙为0.3mm±0.05mm,电池盖的间隙为0.1～0.2mm,天线闭合处的间隙为0.1mm以下	A
4.结构性检验	目检	按批随机抽样5个进行组装,组装后外观检验依“遥控器与车台外观检验标准”,组装中检查各扣位是否容易断裂,螺钉孔位是否对准,螺钉进出是否顺畅,电池盖与底盒配合是否良好,锁定扣与电池盖配合是否良好	A

测试用仪器、仪表、工具:
游标卡尺
注:若在以上检验项目中出现缺陷项但未超过范围的则判定为B类缺陷

<table>
<tr><td colspan="3" rowspan="2">××××××××××××××××××××××××××××××</td><td colspan="2">文件编号:×××××××××</td></tr>
<tr><td colspan="2">编制:×××</td></tr>
<tr><td colspan="3" rowspan="2">QA 规范　来料检验</td><td>版本号:A</td><td>页码:39</td></tr>
<tr><td colspan="2">本页修改序号:00</td></tr>
<tr><td colspan="5">名称:车台外壳</td></tr>
<tr><td>检验项目</td><td>检验方法</td><td colspan="2">检验内容</td><td>判定等级</td></tr>
<tr><td>1. 型号、规格</td><td>目检</td><td colspan="2">检查型号、规格是否符合规定要求</td><td>A</td></tr>
<tr><td>2. 材质</td><td>目检</td><td colspan="2">材质是否为 ABS 防火材质</td><td>A</td></tr>
<tr><td>3. 外观质量</td><td>目检</td><td colspan="2">1. 将外壳与图纸或样品做对比,观其结构型号是否相同
2. 外壳不能有脏污,胶水等外来脏物
3. 车台表面不能有明显划痕. a. 正面不能有有感划痕,无感划痕不能＞5mm。b. 背面与侧面无感划痕不能＞8mm,有感划痕不能＞3mm,深度不能超过 0.5mm
4. 上、下盖闭合处不能有毛边,内部毛边不能影响结构装配
5. 上、下盖错位不超过 0.75mm 螺钉孔位需对齐,不能错位</td><td>A</td></tr>
<tr><td>4. 结构尺寸</td><td>目检</td><td colspan="2">按批随机抽样 5pcs 组装,组装后外观检验依“遥控器与车台外观检验标准”进行,组装中各螺钉孔位是否有爆裂/断裂现象,螺钉孔位是否对齐,螺钉进出是否顺畅,组装后是否有松动现象</td><td>A</td></tr>
<tr><td colspan="5">测试用仪器、仪表、工具:
游标卡尺
注:若在以上检验项目中出现缺陷项但未超过范围的则判定为 B 类缺陷</td></tr>
</table>

××××××××××××××××××××××××××	文件编号:××××××××××	
	编制:×××	
QA规范　来料检验	版本号:A	页码:40
	本页修改序号:00	

名称:射频盒塑料件

检验项目	检验方法	检验内容	判定等级
1. 型号、规格	目检	检查型号、规格是否符合规定要求	A
2. 材质	目检	材质是否为ABS材质	A
3. 外观质量	目检	1. 将外壳与图纸或样品做对比,观其结构型号是否相同 2. 外壳不能有脏污,胶水等外来脏物 3. 射频盒表面不能有明显划痕;侧面不能有有感划痕,无感划痕不能＞8mm 4. 上、下盖闭合处不能有毛边,内部毛边不能影响结构装配 5. 上、下盖闭合后错位不超过0.2mm,间隙不能超过0.1mm 6. 上、下盖螺钉孔位需对齐,不能错位	A
4. 结构尺寸	目检	按批随机抽样5pcs组装,射频盒上下盖闭合时,成年男性手上用力才能完全将射频盒合拢,且松手后不回弹出来。组装中各螺钉孔位是否有爆裂/断裂现象,螺钉孔位是否对齐,螺钉进出是否顺畅,组装后是否有松动现象	A

测试用仪器、仪表、工具:
游标卡尺
注:若在以上检验项目中出现缺陷项但未超过范围的则判定为B类缺陷

附录 F 常用电子产品检验记录表格

××××有限公司

来料检验报告

表单编号：

供应商：______ 检验数量：

物料名称：______ 抽验数量：

型号规格：______ 不良数量：

检验方式： □全检 □抽检	实测数据	判定
一、AQL 抽检规定		
1.严重缺陷(CR)＝ 允许(ACC)： 拒收(REJ)：		
2.主要缺陷(MA)＝ 允许(ACC)： 拒收(REJ)：		
3.次要缺陷(MI)＝ 允许(ACC)： 拒收(REJ)：		
二、外观检验		
1. 标识是否清楚、完整		
2. 物料外观是否与样板一致		
3. 包装是否与合同约定的一致		
三、性能测试		
1. 性能指标 1		
2.性能指标 2		
3.性能指标 3		

质检员：	不良数：	不良率：
QC 判定：	□接收	□拒收
采购部：	质管部：	总经理：

××××有限公司

过程检验记录

表单编号：

<table>
<tr><td colspan="8">车间：　　　　车间主任：　　　　日期：</td></tr>
<tr><td rowspan="11">巡回检查记录</td><td>序号</td><td colspan="2">检验项目</td><td>8:00～10:00</td><td>10:00～12:00</td><td>14:00～16:00</td><td>16:00～18:00</td><td>备注</td></tr>
<tr><td>1</td><td colspan="2">生产现场指导文件核对</td><td></td><td></td><td></td><td></td><td></td></tr>
<tr><td>2</td><td colspan="2">产品物料摆放</td><td></td><td></td><td></td><td></td><td></td></tr>
<tr><td>3</td><td colspan="2">环境</td><td></td><td></td><td></td><td></td><td></td></tr>
<tr><td>4</td><td colspan="2">员工作业方法</td><td></td><td></td><td></td><td></td><td></td></tr>
<tr><td>5</td><td colspan="2">货品标识</td><td></td><td></td><td></td><td></td><td></td></tr>
<tr><td>6</td><td colspan="2">货品摆放</td><td></td><td></td><td></td><td></td><td></td></tr>
<tr><td>7</td><td colspan="2">仪器设备状态</td><td></td><td></td><td></td><td></td><td></td></tr>
<tr><td>8</td><td colspan="2">不合格品标识与隔离</td><td></td><td></td><td></td><td></td><td></td></tr>
<tr><td>9</td><td colspan="2">首件检验记录</td><td></td><td></td><td></td><td></td><td></td></tr>
<tr><td>10</td><td colspan="2">机器标识状态</td><td></td><td></td><td></td><td></td><td></td></tr>
<tr><td rowspan="11">不合格之处理</td><td>序号</td><td>时间</td><td>不合格项目及说明</td><td>生产确认</td><td>不合格处理</td><td>改善结果确认</td><td colspan="2">备注</td></tr>
<tr><td>1</td><td></td><td></td><td></td><td></td><td></td><td colspan="2"></td></tr>
<tr><td>2</td><td></td><td></td><td></td><td></td><td></td><td colspan="2"></td></tr>
<tr><td>3</td><td></td><td></td><td></td><td></td><td></td><td colspan="2"></td></tr>
<tr><td>4</td><td></td><td></td><td></td><td></td><td></td><td colspan="2"></td></tr>
<tr><td>5</td><td></td><td></td><td></td><td></td><td></td><td colspan="2"></td></tr>
<tr><td>6</td><td></td><td></td><td></td><td></td><td></td><td colspan="2"></td></tr>
<tr><td>7</td><td></td><td></td><td></td><td></td><td></td><td colspan="2"></td></tr>
<tr><td>8</td><td></td><td></td><td></td><td></td><td></td><td colspan="2"></td></tr>
<tr><td>9</td><td></td><td></td><td></td><td></td><td></td><td colspan="2"></td></tr>
<tr><td>10</td><td></td><td></td><td></td><td></td><td></td><td colspan="2"></td></tr>
<tr><td rowspan="10">检验项目标准说明</td><td>1</td><td colspan="7">检查生产线上是否挂有作业指导书，以及作业指导书与正在生产的产品是否相符</td></tr>
<tr><td>2</td><td colspan="7">检查产品、物料、边角废物、不合格品是否摆放在指定的区域</td></tr>
<tr><td>3</td><td colspan="7">检查环境是否清洁、是否有产品、物料、废纸及泡沫散落在地面上</td></tr>
<tr><td>4</td><td colspan="7">检查员工是否按仪器、设备操作指引进行操作；更换产品型号时是否通知 IPQC</td></tr>
<tr><td>5</td><td colspan="7">检查货品是否有随工单；是否有合格品、不合格品的状态标识或是否有待检品、已检的状态标识</td></tr>
<tr><td>6</td><td colspan="7">半成品和成品是否分区放置、摆放是否整齐</td></tr>
<tr><td>7</td><td colspan="7">仪器、设备是否处于正常状态</td></tr>
<tr><td>8</td><td colspan="7">不合格品是否用红色周转盒进行标识并隔离</td></tr>
<tr><td>9</td><td colspan="7">检查物料、产品、机器是否正确标识</td></tr>
<tr><td>10</td><td colspan="7">检查生产线工序首检记录是否有，生产批次的制程检验记录是否有</td></tr>
<tr><td colspan="9">备注：打“×”表示不合格，打“√”表示合格</td></tr>
<tr><td colspan="9">检验员：　　　　审核：</td></tr>
</table>

××××有限公司

IPQC过程检验记录

表单编号：

<table>
<tr><td colspan="10">车间：　　　　　　车间主任：　　　　　　日期：</td></tr>
<tr><td rowspan="10">巡回检查记录</td><td>工序</td><td>工号</td><td colspan="2">型号规格</td><td colspan="2">检验数量</td><td colspan="3"></td></tr>
<tr><td></td><td></td><td colspan="2"></td><td colspan="2"></td><td colspan="3"></td></tr>
<tr><td></td><td></td><td colspan="2"></td><td colspan="2"></td><td colspan="3"></td></tr>
<tr><td></td><td></td><td colspan="2"></td><td colspan="2"></td><td colspan="3"></td></tr>
<tr><td></td><td></td><td colspan="2"></td><td colspan="2"></td><td colspan="3"></td></tr>
<tr><td></td><td></td><td colspan="2"></td><td colspan="2"></td><td colspan="3"></td></tr>
<tr><td></td><td></td><td colspan="2"></td><td colspan="2"></td><td colspan="3"></td></tr>
<tr><td></td><td></td><td colspan="2"></td><td colspan="2"></td><td colspan="3"></td></tr>
<tr><td></td><td></td><td colspan="2"></td><td colspan="2"></td><td colspan="3"></td></tr>
<tr><td></td><td></td><td colspan="2"></td><td colspan="2"></td><td colspan="3"></td></tr>
<tr><td rowspan="7">不合格之处理</td><td>工号</td><td>时间</td><td>规格型号</td><td>设备编号</td><td>不合格项目及说明</td><td>改善措施</td><td>不合格处理</td><td>改善结果确认</td><td>备注</td></tr>
<tr><td></td><td></td><td></td><td></td><td></td><td></td><td></td><td></td><td></td></tr>
<tr><td></td><td></td><td></td><td></td><td></td><td></td><td></td><td></td><td></td></tr>
<tr><td></td><td></td><td></td><td></td><td></td><td></td><td></td><td></td><td></td></tr>
<tr><td></td><td></td><td></td><td></td><td></td><td></td><td></td><td></td><td></td></tr>
<tr><td></td><td></td><td></td><td></td><td></td><td></td><td></td><td></td><td></td></tr>
<tr><td></td><td></td><td></td><td></td><td></td><td></td><td></td><td></td><td></td></tr>
<tr><td colspan="10">检验员：　　　　　　审核：</td></tr>
</table>

××××有限公司

成品检验报告

车间： 送检日期： 表单编号：

客户：______ 生产批号：______
产品名称：______ 批量：______
型号规格：______

检验项目	标准	检验情况记录	不良数	判定
指标 1	标准 1			
…	…			
指标 4	标准 4			

保留原始检验记录(10pcs)

项目	指标 1	指标 2	指标 3	指标 4			
标准	标准 1	标准 2	标准 3	标准 4			
单位	单位 1	单位 2	单位 3	单位 4			
1							
…							
10							

检验结果： □合格 □不合格

检验员： 日期： 生产主管： 日期：

质量部门意见：

□入库 □让步放行 □返工 □报废

质量主管： 日期：

××××有限公司

品质异常通知

表单编号：

<table>
<tr><td>问题界定：
致：　　　　　　　　　　　　　　　　　　　发出日期：
部门：　　　　　　　　　　　　　　　　　　发出时间：
产品/工序/物料　　　　　　　　　　　　　　　发出人：</td></tr>
<tr><td>问题描述：</td></tr>
<tr><td>接获通知者：　　　　　　　　　　　　　　日期/时间：</td></tr>
<tr><td>原因分析：

分析人：　　　　　　　分析时间：</td></tr>
<tr><td>改善行动：

负责人/日期：　　　　　　　　　　　　预计完成日期/时间：</td></tr>
<tr><td>受影响的产品处理：
返工数量(　　　)
报废数量(　　　)
其他：

负责人/日期：　　　　　　　　　　　　预计完成日期/时间</td></tr>
<tr><td>核实：
可接受(　　　)　　　　　　　　　　不可接受(　　　)
质检员核实：　　　　　　　　　　　　主管：
要求下一步行动：</td></tr>
<tr><td>抄送：</td></tr>
</table>

××××有限公司

来料检验报告

表单编号：

型号规格	一次送检批数	一次合格批数	检验总批数	返工批数	让步放行批数	批量	抽检数	不良数	不良原因

参 考 文 献

[1] 宋占侠. 企业质量检验工作指南. 沈阳：辽宁人民出版社，1996.

[2] 马毅林，严擎宇. 工业产品抽样方法. 北京：机械工业出版社，1998.

[3] 蒲伦昌，王毓芳. ISO9000 统计技术应用教程. 北京：中国科学技术出版社，2000.

[4] 肖诗唐，王毓芳. 质量检验试验与统计技术. 北京：中国计量出版社，2001.

[5] 张玉柱. 产品质量检验标准选择与方案制定. 北京：中国标准出版社，2005.

[6] 许兆祥，光昕. 生产与运作管理. 北京：机械工业出版社，2006.

[7] 李军昭. 现代企业营销管理. 北京：电子工业出版社，2007.

[8] 佘少华. 电器产品强制认证基础. 北京：机械工业出版社，2008.